"十三五"应用型本科院校系列教材/数学

U0223188

主 编 金宝胜

副主编 武 斌 刘怡秀

概率论与数理统计学习指导

（第2版）

A Guide to the Study of Probability Theory and Mathematical Statistics

哈尔滨工业大学出版社

内 容 简 介

本书是与朱志范主编的《概率论与数理统计》配套使用的参考书,本书与教材同样分为 8 章,每章包括:考试要求,基本内容小结,典型例题与例题分析,习题,教材习题答案。并在本书最后给出习题的参考答案。

本书可作为应用型本科院校各有关专业概率论与数理统计课程的教学参考书。

图书在版编目(CIP)数据

概率论与数理统计学习指导/金宝胜主编. —2 版
—哈尔滨:哈尔滨工业大学出版社,2018.1(2022.1重印)
ISBN 978 - 7 - 5603 - 7085 - 9

Ⅰ.①概… Ⅱ.①金… Ⅲ.①概率论-高等学校-教学
参考资料 ②数理统计-高等学校-教学参考资料
Ⅳ.①O21

中国版本图书馆 CIP 数据核字(2017)第 294336 号

策划编辑 杜 燕
责任编辑 王勇钢
封面设计 卞秉利
出版发行 哈尔滨工业大学出版社
社 址 哈尔滨市南岗区复华四道街 10 号 邮编 150006
传 真 0451 - 86414749
网 址 http://hitpress.hit.edu.cn
印 刷 哈尔滨久利印刷有限公司
开 本 787mm×960mm 1/16 印张 11.75 字数 268 千字
版 次 2012 年 8 月第 1 版 2018 年 1 月第 2 版
2022 年 1 月第 5 次印刷
书 号 ISBN 978 - 7 - 5603 - 7085 - 9
定 价 21.80 元

序

　　哈尔滨工业大学出版社策划的《"十三五"应用型本科院校系列教材》即将付梓，诚可贺也。

　　该系列教材卷帙浩繁，凡百余种，涉及众多学科门类，定位准确，内容新颖，体系完整，实用性强，突出实践能力培养。不仅便于教师教学和学生学习，而且满足就业市场对应用型人才的迫切需求。

　　应用型本科院校的人才培养目标是面对现代社会生产、建设、管理、服务等一线岗位，培养能直接从事实际工作、解决具体问题、维持工作有效运行的高等应用型人才。应用型本科与研究型本科和高职高专院校在人才培养上有着明显的区别，其培养的人才特征是：①就业导向与社会需求高度吻合；②扎实的理论基础和过硬的实践能力紧密结合；③具备良好的人文素质和科学技术素质；④富于面对职业应用的创新精神。因此，应用型本科院校只有着力培养"进入角色快、业务水平高、动手能力强、综合素质好"的人才，才能在激烈的就业市场竞争中站稳脚跟。

　　目前国内应用型本科院校所采用的教材往往只是对理论性较强的本科院校教材的简单删减，针对性、应用性不够突出，因材施教的目的难以达到。因此亟须既有一定的理论深度又注重实践能力培养的系列教材，以满足应用型本科院校教学目标、培养方向和办学特色的需要。

　　哈尔滨工业大学出版社出版的《"十三五"应用型本科院校系列教材》，在选题设计思路上认真贯彻教育部关于培养适应地方、区域经济和社会发展需要的"本科应用型高级专门人才"精神，根据前黑龙江省委书记吉炳轩同志提出的关于加强应用型本科院校建设的意见，在应用型本科试点院校成功经验总结的基础上，特邀请黑龙江省9所知名的应用型本科院校的专家、学者联合编写。

　　本系列教材突出与办学定位、教学目标的一致性和适应性，既严格遵照学科体系的知识构成和教材编写的一般规律，又针对应用型本科人才培养目标及与之相适应的教学特点,精心设计写作体例,科学安排知识内容,围绕应用讲授理论,做到"基础知识够用、实践技能实用、专业理论管用"。同时注意适当融入新理论、新技术、新工艺、新成果,并且制作了与本书配套的 PPT 多媒体教学课件,形成立体化教材,供教师参考使用。

《"十三五"应用型本科院校系列教材》的编辑出版,是适应"科教兴国"战略对复合型、应用型人才的需求,是推动相对滞后的应用型本科院校教材建设的一种有益尝试,在应用型创新人才培养方面是一件具有开创意义的工作,为应用型人才的培养提供了及时、可靠、坚实的保证。

希望本系列教材在使用过程中,通过编者、作者和读者的共同努力,厚积薄发、推陈出新、细上加细、精益求精,不断丰富、不断完善、不断创新,力争成为同类教材中的精品。

第 2 版前言

本书是与哈工大出版社出版的《概率论与数理统计》配套使用的参考书。鉴于初学者在学习概率论与数理统计时大多会觉得不太容易，所以本书在每章都给出了与教材相应的习题供学习者参考外，还力求做到。

(1)自学目标明确，每章给出考试要求，易于学生自学。

(2)内容丰富，将生活中的问题引入书本。

(3)由浅入深，例题及习题都给出较为详细的答案，在解答中帮助学生掌握解题方法。

本书充分考虑了应用型本科院校以培养具有实践能力和创新能力的应用型人才为宗旨，力求"够用、管用、会用"原则，旨在帮助、指导广大读者理解基本概念，掌握基本知识，学会基本基本解题方法和技巧。

本学习指导共分 8 章，由金宝胜老师担任主编并对全书进行统稿，其中，金宝胜老师编写第 2 章、第 3 章；武斌老师编写第 1 章；刘怡秀老师编写第 4 章、第 5 章、第 6 章、第 7 章和第 8 章；付吉丽、张瑶、汪永娟、王晓春、高剑、段宏博也为全书出版做了大量工作。本书得到了哈尔滨石油学院院领导及教务处的大力支持，得到了曾昭英教授、张春志教授、朱志范副教授的悉心指导，在此一并表示衷心的感谢。

本书是与教学同步的辅导书，也是阶段复习的指导书。

本书出版得到了哈尔滨石油学院院领导及教务处的大力支持，在此深表谢意。由于编者水平有限，书中难免会有疏漏及不足之处，敬请读者批评指正。

编　者

2017 年 10 月

目　　录

第 1 章

随机事件及其概率

一、考试要求

1.了解随机试验,理解样本空间、随机事件的概念,掌握事件的关系与运算.

2.理解概率、条件概率的概念,掌握概率的基本性质,会计算古典概型和几何概型,掌握概率的加法公式、减法公式和乘法公式、全概率公式及贝叶斯公式.

3.理解事件独立性的概念,掌握用事件独立性进行概率计算,理解伯努利概型.

二、常用公式

1.古典概型

$$P(A) = \frac{A\text{ 包含的基本事件}}{\text{基本事件}}$$

2.几何概型

$$P(A) = \frac{A\text{ 的几何度量}}{\text{必然事件的几何度量}}$$

3.加法公式

$$P(A+B) = P(A) + P(B) - P(AB)$$

$$P(A+B+C) = P(A) + P(B) + P(C) - P(AB) - P(AC) - P(BC) + P(ABC)$$

4.减法公式

$$P(A-B) = P(A) - P(AB)$$

5.乘法公式

$$P(AB) = P(A)P(B|A) = P(B)P(A|B) \quad (P(A) > 0, P(B) > 0)$$

$$P(A_1A_2A_3) = P(A_1)P(A_2|A_1)P(A_3|A_1A_2)$$

6.全概率公式　$A_1, A_2, \cdots, A_n$ 为一完备事件组,$\forall B$ 则

$$P(B) = P(A_1)P(B|A_1) + P(A_2)P(B|A_2) + \cdots + P(A_n)P(B|A_n)$$

7.贝叶斯公式　$A_1, A_2, \cdots, A_n$ 为一完备事件组,$P(A_i) > 0, i = 1, \cdots, n, P(B) > 0$,则

$$P(A_i|B) = \frac{P(A_i)P(B|A_i)}{\sum_{i=1}^{n} P(A_i)P(B|A_i)}$$

8. 事件独立性

(1) 如果 $P(AB) = P(A)P(B)$，称 A,B 独立.

① A,B 独立 $\Rightarrow A$ 与 $\bar{B}$，$\bar{A}$ 与 B，$\bar{A}$ 与 $\bar{B}$ 独立；

② 若 $P(A \mid B) = P(A) \Rightarrow A,B$ 独立；

③ 不可能事件 $\varnothing$ 与任何事件独立；

④ 必然事件 Ω 与任何事件独立.

(2) 对于三个事件 A,B,C，若下列三个等式同时成立

$$P(AB) = P(A)P(B)$$
$$P(AC) = P(A)P(C)$$
$$P(BC) = P(B)P(C)$$

则称 A,B,C 两两相互独立.

(3) 对三个事件 A,B,C，若 A,B,C 两两相互独立，且 $P(ABC) = P(A)P(B)P(C)$，称 A,B,C 相互独立.

9. 伯努利概型

设事件 A 每次试验出现的概率都是 P，n 次独立试验中，事件 A 恰好发生 k 次的概率
为 $$C_n^k P^k (1-P)^{n-k} \quad k = 0,1,2,\cdots,n$$

三、例题

1. 事件的运算及关系

例1 化简下列各式：

(1) $A \bigcup B - A$；

(2) $(A \bigcup B)(A \bigcup \bar{B})$.

解 (1) $A \bigcup B - A = (A+B) - A = (A+B)\bar{A} = A\bar{A} + B\bar{A} = B\bar{A}$；

(2) $(A \bigcup B)(A \bigcup \bar{B}) = A + A\bar{B} + BA + B\bar{B} = A + A(\bar{B} + B) = A + A = A$.

例2 设 A,B 为事件，下列各事件表示什么意思？

(1) $\bar{A} \bigcup \bar{B}$；(2) $\bar{A}B$；(3) $\bar{A}\bar{B}$.

解 (1) $\bar{A} \bigcup \bar{B} = \overline{AB}$，表示 A,B 不同时发生或 A,B 至少有一个不发生；

(2) $\bar{A}B$，表示 A 不发生而 B 发生；

(3) $\bar{A}\bar{B}$，表示 A,B 都不发生.

例3 设 A,B,C 表示三个随机事件，将下列事件表示出来.

(1) A 发生，B,C 不发生；

(2) 三个事件都发生；

(3) 三个事件至少有一个发生；

(4) 三个事件至少有两个发生；

(5) 三个事件都不发生；

(6) 不多于一个事件发生；

(7) 不多于两个事件发生；

(8) 恰有一个事件发生.

解　(1)ABC；(2)$\overline{ABC}$；(3)$A+B+C$；(4)$AB+AC+BC$；(5)$\overline{ABC}$；

(6)$\overline{ABC}+A\overline{BC}+\overline{A}B\overline{C}+\overline{AB}C$；

(7)$\overline{ABC}$ 或 $A\overline{BC}+\overline{A}B\overline{C}+\overline{AB}C+\overline{ABC}+AB\overline{C}+A\overline{B}C+\overline{A}BC$；

(8)$A\overline{BC}+\overline{A}B\overline{C}+\overline{AB}C$.

例 4　以 A 表示事件"甲产品畅销，乙产品滞销"，则 $\overline{A}$ 为_____.

解　A——"甲畅销，乙滞销"，B——"甲畅销"，C——"乙滞销".

$A=BC$，$\overline{A}=\overline{BC}=\overline{B}+\overline{C}$—— 甲滞销或乙畅销.

2. 概率的计算

（Ⅰ）古典概型

例 1　有 r 个球，随机地放在 n 个盒子中$(r\leqslant n)$，试求下列各事件的概率：

(1)A_1——"某指定的 r 个盒中各有一球"；

(2)A_2——"恰有 r 个盒，其中各有一球"；

(3)A_3——"某指定的一个盒子，恰有 k 个球".

解　(1)r 个球放入 n 个盒子里的方法共有 n^r 种，而 r 个球在指定的 r 个盒中各放一个，共有 $r!$ 种放法 ，所以 $P(A_1)=\dfrac{r!}{n^r}$.

(2) 由于在 n 个盒中选出 r 个盒的选法有 C_n^r 个，所以 $P(A_2)=\dfrac{C_n^r\cdot r!}{n^r}$.

(3) 由于在 r 个球中选出 k 个球，有 C_r^k 种，而其余的 $r-k$ 个球，任意放入 $n-1$ 个盒子中，有$(n-1)^{r-k}$ 种，所以 $P(A_3)=\dfrac{C_r^k(n-1)^{r-k}}{n^r}$.

例 2　将 3 封信随机地投入 4 个空邮筒中，试求邮筒中的信的最大数量分别为 1，2，3 封的概率.

解　A_i—— 邮筒中信的最大数量为 i 封信，得

$$P(A_1)=\frac{C_4^3\cdot A_3^3}{4^3}=\frac{4\times3\times2\times1}{4^3}=\frac{3}{8}$$

$$P(A_2)=\frac{C_4^1\cdot C_3^2\cdot C_3^1}{4^3}=\frac{9}{16}$$

$$P(A_3)=\frac{C_4^1}{4^3}=\frac{1}{16}$$

例 3　10 把钥匙，其中有 2 把能打开此门，从中任取 2 把，问能打开此门的概率.

解　A——"取 2 把开此门"，得

$$P(A)=\frac{C_2^2+C_2^1\cdot C_8^1}{C_{10}^2}=\frac{17}{45}$$

例 4 （抽签问题）盒中有 a 个红球，b 个白球，每人取一球不放回，问第 k 个人（$1 \leqslant k \leqslant a+b$）抽到红球的概率.

解 $a+b$ 个球的一个全排列 $(a+b)!$.

我们先安排第 k 个人，让他抽到一个红球，有 C_a^1 种方法，其余的 $a+b-1$ 个球，随意安排在 $a+b-1$ 个位置上，共有 $(a+b-1)!$.

A_k——"第 k 个抽到红球"，得

$$P(A_k) = \frac{C_a^1 (a+b-1)!}{(a+b)!} = \frac{a}{a+b}$$

注：抽签问题与顺序无关！

例 5 哈尔滨石油学院某班有 10 名学生是 1990 年出生的，试求下列事件的概率：

(1) 至少有 2 人生日相同；

(2) 至少有 1 人在十月一日过生日.

解 (1) 每人的生日都可能是 365 天的任何一天，故有 365 种，所以 10 人的生日共有 365^{10} 种.

A——"至少有 2 人生日相同"，得

$$P(A) = 1 - P(\bar{A}) = 1 - \frac{365 \times 364 \times \cdots \times (365-9)}{365^{10}} =$$

$$1 - (1 - \frac{1}{365})(1 - \frac{2}{365}) \cdots (1 - \frac{9}{365}) \approx$$

$$1 - (1 - \frac{1+2+\cdots+9}{365}) = \frac{45}{365} \approx 0.123\ 3$$

(2) B——"至少有一人的生日为十月一日"，得

$$P(B) = 1 - P(\bar{B}) = 1 - \frac{364^{10}}{365^{10}} = 1 - (1 - \frac{1}{365})^{10} \approx \frac{10}{365} \approx 0.03$$

例 6 两盒中分别装有写着 0,1,2,3,4,5 六个数字的六张卡片，从每个盒中各取一张，求所得卡片上两数之和等于 6 的概率.

解 从各盒中各取一张，基本事件总数为 $C_6^1 C_6^1 = 36$.

A——"两卡片上数字之和等于 6"，则事件 A 包括两卡片上的数字，分别为 1,5；2,4；3,3；4,2；5,1 五种情况，所示 $P(A) = \frac{5}{36}$.

（Ⅱ）几何概型

几何概型中事件 A 的概率主要是注意所谓点的"均匀分布"（它实际上是广泛意义下的等可能性）是相对于什么随机试验而言，否则就可能得出错误的结论.

例 7 把长度为 a 的线段在任意两点折断为三线段，求它们可以构成一个三角形的概率.

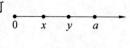

图 1

解 如图 1 所示，取此线段与 x 轴正向相合，端点放在原点处，折断点的坐标为 x,y，则必有 $0 < x < a, 0 < y < a$，且 $x < y$，三段长为 $x, y-x, a-y$，欲构成三角形，必须两边和大于第三边，故有

$$\begin{cases} x+(y-x) > a-y \\ x+(a-y) > y-x \\ (y-x)+(a-y) > x \end{cases}$$

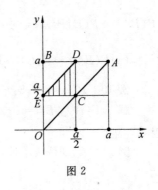

图 2

在条件 $\begin{cases} 0 < x < a \\ 0 < y < a \\ x < y \end{cases}$ 下

$$\begin{cases} y > \dfrac{a}{2} \\ y-x < \dfrac{a}{2} \\ x < \dfrac{a}{2} \end{cases}$$

见阴影部分(图 2),故构成三角形的概率 $P = \dfrac{S_{\triangle DCE}}{S_{\triangle ABO}} = \dfrac{1}{4}$.

例 8　用蒙特卡罗法求 π 值.

解　如图 3 所示,边长为 1 的正方形,在其内部画一个半径为 1 的四分之一圆,向该正方形"随机地"投掷 N 个点,那么,落于四分之一圆内的点的数量 n 与 N 的比值应该等于四分之一圆面积与正方形面积的比值,根据以后讲的"大数定律", N 越大,两个面积的比越精确,故有 $\dfrac{n}{N} = \dfrac{\text{四分之一圆面积}}{\text{正方形面积}} = \dfrac{\pi}{4}$,用计算机生成随机数,用随机数打点,求相对频率 $\dfrac{n}{N}$,得到的值乘以 4,就能求出圆周率 π,这种方法就是蒙特卡罗法,用同样的方法也可以求复杂图形的面积.

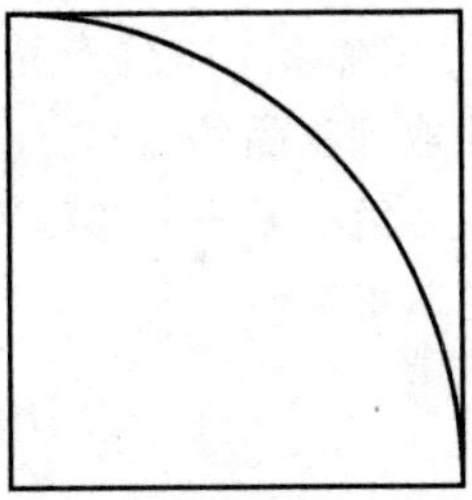

图 3

(Ⅲ)用基本性质计算概率

例 9　$P(A) = \dfrac{1}{3}$,$P(B) = \dfrac{1}{2}$.

(1) $A \subset B$,求 $P(B\bar{A})$;

(2) $AB = \varnothing$,求 $P(B\bar{A})$;

(3) A,B 独立,求 $P(B\bar{A})$;

(4) $P(AB) = \dfrac{1}{8}$,求 $P(B\bar{A})$.

解　(1) $P(B\bar{A}) = P(B) - P(AB) = P(B) - P(A) = \dfrac{1}{2} - \dfrac{1}{3} = \dfrac{1}{6}$;

(2) $P(B\bar{A}) = P(B) - P(AB) = P(B) = \dfrac{1}{2}$;

(3) $P(B\bar{A}) = P(B) - P(AB) = P(B) - P(A)P(B) = \dfrac{1}{2} - \dfrac{1}{3} \times \dfrac{1}{2} = \dfrac{1}{3}$,或

$$P(B\bar{A}) = P(B)P(\bar{A}) = \frac{1}{2} \times \left(1 - \frac{1}{3}\right) = \frac{1}{3};$$

(4) $P(B\bar{A}) = P(B) - P(AB) = \frac{1}{2} - \frac{1}{8} = \frac{3}{8}$.

例 10 $P(A) = 0.5, P(B) = 0.6, P(B|A) = 0.8$,则 $P(A \cup B)$.

解 $P(A \cup B) = P(A) + P(B) - P(AB) = 0.5 + 0.6 - P(A)P(B|A) = 1.1 - 0.5 \times 0.8 = 0.7$.

例 11 A, B 是两事件,$P(A) = 0.6, P(B) = 0.7$. 问在什么条件下 $P(AB)$ 值最大、最小?

解 $P(AB) = P(A) + P(B) - P(A+B) = 1.3 - P(A+B)$.

为使 $P(AB)$ 最大,要 $P(A+B)$ 最小,必须 $A \subset B$.

故 $P(AB) = 1.3 - P(B) = 0.6$ 最大.

为使 $P(AB)$ 最小,要 $P(A+B)$ 最大,此时 $P(A+B) = 1$.

最小 $P(AB) = 1.3 - 1 = 0.3$.

(Ⅳ) 利用条件概率、乘法公式计算概率

例 12   10 件产品中有 2 个次品,从中连续抽取 2 次,每次取一件(不放回). 求第二次才取到正品的概率.

解 C——"第二次才取到正品的概率",A——"第一次取次品",B——"第二次取正品",得

$$P(C) = P(AB) = P(A)P(B|A) = \frac{2}{10} \times \frac{8}{9} = \frac{8}{45}$$

例 13   袋中有 3 个球,2 白,1 红,三人排队抽球(不放回),每人取一个,求每个人取到红球的概率.

解   这是抽签问题,我们用另一种方法求它.

A_i——"第 i 个人抽红球",得

$$P(A_i) = \frac{C_1^1}{C_3^1} = \frac{1}{3}$$

$$P(A_2) = P(\bar{A}_1 A_2) = P(\bar{A}_1)P(A_2|\bar{A}_1) = \frac{2}{3} \times \frac{1}{2} = \frac{1}{3}$$

$$P(A_3) = P(\bar{A}_1 \bar{A}_2 A_3) = P(\bar{A}_1)P(\bar{A}_2|\bar{A}_1)P(A_3|\bar{A}_1 \bar{A}_2) = \frac{2}{3} \times \frac{1}{2} \times 1 = \frac{1}{3}$$

由此可见,三人抽到红球的概率是相等的,这种方法被人类采用了千年之久.

例 14   袋中有 a 个红球,b 个白球,任取一球,看过放回,并加入 c 个同色球,问连续三次都取红球的概率.

解 A_i——"第 i 次取红球",得

$$P(A_1 A_2 A_3) = P(A_1)P(A_2|A_1)P(A_3|A_1 A_2) = \frac{a}{a+b} \cdot \frac{a+c}{a+b+c} \cdot \frac{a+2c}{a+b+2c}$$

(Ⅴ) 利用全概率公式、贝叶斯公式计算概率

例 15   盒中有 12 个乒乓球,其中有 9 个新球,3 个旧球,第一次比赛时,从中任取了 3 个球,练习后仍放回盒中,第二次比赛时,再从盒中任取 3 个球,求第二次取出的球都是

新球的概率.

解　A_i——"第一次取出 i 个新球"，$i=0,1,2,3;B$——"第二次取 3 个新球".

由全概率公式，有

$$P(B)=P(A_0)P(B|A_0)+P(A_1)P(B|A_1)+P(A_2)P(B|A_2)+P(A_3)P(B|A_3)=$$

$$\frac{C_3^3}{C_{12}^3}\frac{C_9^3}{C_{12}^3}+\frac{C_3^2C_9^1}{C_{12}^3}\frac{C_8^3}{C_{12}^3}+\frac{C_3^1C_9^2}{C_{12}^3}\frac{C_7^3}{C_{12}^3}+\frac{C_9^3}{C_{12}^3}\frac{C_6^3}{C_{12}^3}=$$

$$\frac{1}{220^2}(84+9\times3\times56+36\times3\times35+84\times20)=\frac{7\,056}{48\,400}\approx0.146$$

例 16　设工组 A 和工组 B 的产品的次品率分别为 1% 和 2%，A 组和 B 组的产品分别占 60% 和 40%，从它们的产品中任取一件，发现是次品，求它是 A 组生产的概率.

解　C——"取得产品为 A 组生产"，D——"取得产品为次品"，则

$$P(C)=0.6,P(\overline{C})=0.4$$

$$P(D|C)=0.01,P(D|\overline{C})=0.02$$

故　　$$P(C|D)=\frac{P(C)P(D|C)}{P(C)P(D|C)+P(\overline{C})P(D|\overline{C})}=\frac{0.6\times0.01}{0.6\times0.01+0.4\times0.02}=\frac{3}{7}$$

（Ⅵ）利用事件的独立性计算概率

例 17　甲、乙二人射击，甲击中的概率为 0.8，乙击中的概率为 0.7，二人同时射击（独立），求：(1) 二人都中靶的概率；(2) 甲射中，乙射不中的概率.

解　A——"甲中"，B——"乙中"，得

$$P(A)=0.8,\ P(B)=0.7$$

$$P(AB)=P(A)P(B)=0.8\times0.7=0.56$$

$$P(A\overline{B})=P(A)P(\overline{B})=0.8\times0.3=0.24$$

例 18　甲、乙、丙三人独立破译一密码，甲破译概率为 0.8，乙破译概率为 0.7，丙破译概率为 0.6，问密码能被破译的概率？

解　A——"甲破译"，B——"乙破译"，C——"丙破译"，D——"密码破译"，得

$$P(D)=P(A+B+C)=1-P(\overline{A+B+C})=1-P(\overline{A}\,\overline{B}\,\overline{C})=$$

$$1-P(\overline{A})P(\overline{B})P(\overline{C})=1-0.2\times0.3\times0.4=0.976$$

（Ⅶ）利用伯努利概型（二项概率公式）计算概率

例 19　掷一枚均匀硬币 5 次，问正面出现 2 次的概率.

解　A——"掷 5 次，正面出现 2 次"，得

$$P(A)=C_5^2\left(\frac{1}{2}\right)^2\left(\frac{1}{2}\right)^3=\frac{10}{2^5}=\frac{5}{16}$$

例 20　设在某考卷上有 10 道单项选择题，有 4 个答案可供选择，每题 1 分，有一个同学只会做 6 道题，另 4 道不会，于是就瞎猜，试问能猜对 $m(m=0,1,2,3,4)$ 题的概率.

解　$P_4(m)=C_4^m\left(\frac{1}{4}\right)^m\left(1-\frac{1}{4}\right)^{4-m}$，$m=0,1,2,3,4$.

$$P_4(0)=0.316,P_4(1)=0.422,P_4(2)=0.211,P_4(3)=0.048,P_4(4)=0.004.$$

（Ⅷ）关于利用概率不等式求解的问题

例 21 已知一批次品率为 $P=0.01$ 的产品,问需要检查多少件产品,才能使一件废品也没有的概率大于或等于 0.95.

解 A——"查 n 件中一件废品也没有",得

$$P(A)=0.99^n \geqslant 0.95 \Rightarrow \lg 0.99^n \geqslant \lg 0.95 \Rightarrow n \leqslant \frac{\lg 0.95}{\lg 0.99} \leqslant 5$$

例 22 已知步枪击中目标的概率 $P=0.4$,问需多少支步枪才能使击中目标的概率不小于 0.9(每枪一发子弹)?

解 A——"n 支步枪将目标击中",得

$$P(A)=1-P(\bar{A})=1-(0.6)^n \geqslant 0.9 \Rightarrow (0.6)^n \leqslant 0.1 \Rightarrow n \geqslant 5$$

第 1 章习题

一、填空题

1.设 A,B 相互独立,$P(A)=0.3,P(B)=0.5$,则 $P(A-B)=($).

2.$P(A)=0.4,P(B)=0.3,P(A+B)=0.6$,则 $P(A\bar{B})=($).

3.$P(A)=a,P(AB)=P(\bar{A}\bar{B})$,则 $P(B)=($).

4.设 A,B 为随机事件,$P(A)=0.5,P(B)=0.6,P(B\mid A)=0.8$,则 $P(B\bigcup A)=($).

5.设 A,B 相互独立,$P(A)=0.4,P(B)=0.6$,则 $P(A-B)=($).

6.同时掷三枚均匀硬币,恰有 2 枚正面向上的概率为(   ).

7.若事件 A,B 互不相容,则 $P(AB)=($).

8.$P(A)=0.8,P(B)=0.5,A,B$ 独立,则 $P(A-B)=($).

9.已知 $P(A)=0.5,P(B)=0.4,P(A+B)=0.6$,则 $P(A\bar{B})=($).

10.一批产品共有 8 个正品和 4 个次品,每次抽一件(不放回),则第三次抽到次品的概率为(   ).

11.某人向同一目标独立重复射击.每次射击命中目标的概率为 $p(0<p<1)$,则此人第 4 次射击恰好第 2 次命中目标的概率为(   ).

12.设在一次试验中,事件 A 发生的概率为 p,重复进行 n 次独立试验,则事件 A 至少发生一次的概率为(   ).

13.已知 $P(A)=0.5,P(B)=0.6,P(B\mid A)=0.8$,则 $P(B-A)=($).

14.从 5 双不同的鞋子中任取 4 只,这 4 只鞋子中至少有两只配成一双的概率为(   ).

15.三人独立地向同一目标各射击一次,若三人的命中率分别为 0.7,0.6 和 0.4,则恰有一人命中目标的概率为(   ).

16. 设 A,B 为互不相容的随机事件，$P(A-B)=0.4$，则 $P(A)=($).

17. 设 A,B 为相互独立的随机事件，$P(A)=0.4$，$P(B)=0.5$，则 $P(A\bigcup B)=$ (   ).

18. 袋中有2个红球，8个白球，10个人依次抽球，不放回. 问第8位抽到红球的概率为(   ).

19. $P(A)=0.4$，$P(A\bigcup B)=0.7$，A,B 独立，则 $P(B)=($).

20. $P(A)=0.8$，$P(AB)=0.4$，$P(AC)=0.3$，$P(ABC)=0.1$，则 $P(A-B-C)=$ (   ).

21. 甲、乙、丙三人独立破解一密码，甲破解的概率为0.8，乙破解的概率为0.7，丙破解的概率为0.6.问密码能被破解的概率是(   ).

22. 每次射击命中率为0.2，至少要进行(   )次独立射击能使至少击中一次的概率不少于0.9.

23. 设 A,B,C 表示三个随机事件，则事件"不多于两事件发生"为(   ).

24. 有 y 个球，随机地放在 n 个盒子中($y\leqslant n$)，事件 A"恰有 y 个盒子，其中各有一球"的概率 $=($).

25. 事件 A,B 独立，$P(A)=0.25$，$P(B)=0.50$，则 $P(A-B)=($).

26. 若 A 表示甲得100分的事件，B 表示乙得100分的事件，则：

(1)$\bar{A}$ 表示(   );

(2)$A+B$ 表示(   );

(3)AB 表示(   );

(4)$A\bar{B}$ 表示(   );

(5)$\bar{A}\bar{B}$ 表示(   );

(6)$\overline{AB}$ 表示(   ).

27. 已知 $P(AB)=P(\bar{A}\bar{B})$，$P(A)=p$，则 $P(B)=($).

二、单项选择题

1. 设 A,B 为两随机事件，且 $B\subset A$，则下列式子正确的是(   ).

(A)$P(A+B)=P(A)$ (B)$P(AB)=P(\Lambda)$

(C)$P(B\mid A)=P(B)$ (D)$P(B-A)=P(B)-P(A)$

2. 已知 $P(B)>0$，$P((A_1+A_2)\mid B)=P(A_1\mid B)+P(A_2\mid B)$，则(   )成立.

(A)$P(A_1+A_2)=0$ (B)$P(A_1+A_2)=P(A_1)+P(A_2)$

(C)$P(A_1B+A_2B)=P(A_1B)+P(A_2B)$ (D) $P(B)=P(A_1B)+P(A_2B)$

3. 6本英文书和4卷诗集(1~4卷)随机放在书架上，则诗集按顺序放在一起的概率为(   ).

(A) $\dfrac{2\times 7!}{10!}$ (B) $\dfrac{4!\times 7!}{10!}$ (C) $\dfrac{7!}{10!}$ (D) $\dfrac{4!\times 6!}{10!}$

4. 设事件 A 和 B 相互独立，则 $P(B\bigcup A)=($).

(A)$P(A)+P(B)$ (B)$P(\overline{A})+P(\overline{B})$

(C)$1-P(\overline{A})P(\overline{B})$ (D)$1-P(A)P(B)$

5.某人打靶命中率为 0.8,现独立射击 5 次,恰好命中 3 次的概率为(　　).

(A)$0.8^3\times0.2^2$ (B)$C_5^3\,0.2^3\times0.8^2$

(C)$C_5^3\,0.8^3\times0.2^2$ (D)$0.2^3\times0.8^2$

6.袋中有 50 个乒乓球,其中 20 个黄的,30 个白的,现在两个人不放回地依次从袋中随机各取一球,则第二人取到黄球的概率是(　　).

(A)$\dfrac{1}{5}$ (B)$\dfrac{2}{5}$ (C)$\dfrac{3}{5}$ (D)$\dfrac{4}{5}$

7.设 $0<P(A)<1,0<P(B)<1,P(A\mid B)+P(\overline{A}\mid\overline{B})=1$,则(　　)正确.

(A)A,B 互不相容   (B)A,B 互相独立

(C)A,B 互逆   (D)A,B 不独立

8.10 把钥匙,其中有 2 把能打开此门.从中任取 2 把,则这 2 把能打开此门的概率为(　　).

(A)$\dfrac{17}{45}$ (B)$\dfrac{18}{45}$ (C)$\dfrac{19}{45}$ (D)$\dfrac{20}{45}$

9.某人打靶的命中率为 0.7,独立射击 5 次恰好命中 2 次的概率是(　　).

(A)$0.7^2\times0.3^3$ (B)$C_5^2\,0.7^2$ (C)0.7^2 (D)$C_5^2\,0.7^2\times0.3^3$

10.10 张奖券中含有 3 张中奖的奖券.每人购买一张,则前 3 名购买者恰有一人中奖的概率为(　　).

(A)$C_{10}^3\,0.7^2\times0.3$ (B)$C_3^1 0.3\times0.7^2$ (C)$\dfrac{7}{40}$ (D)$\dfrac{21}{40}$

11.设 Ω 是必然事件,则 $P(\Omega)=$(　　).

(A)1   (B)0   (C)2   (D)以上都不对

12.已知随机事件 A 的概率为 $P(A)=0.5$,随机事件 B 的概率为 $P(B)=0.6$,条件概率 $P(B\mid A)=0.8$,则 $P(AB)=$(　　).

(A)0.4   (B)0.3   (C)2   (D)以上都不对

13.设 A,B,C 是三事件,且 $P(A)=P(B)=P(C)=\dfrac{1}{4},P(AB)=P(BC)=0$,$P(AC)=\dfrac{1}{8}$,则 A,B,C 至少有一个发生的概率为(　　).

(A)$\dfrac{5}{8}$ (B)0   (C)1   (D)以上都不对

14.A,B 是任意两个概率不为 0 的不相容事件,则正确的是(　　).

(A)$\overline{A}$ 与 B 不相容   (B)$\overline{A}$ 与 B 相容

(C)$P(AB)=P(A)P(B)$ (D)$P(A-B)=P(A)$

15.A,B 满足 $A\subset B,P(B)>0$,则(　　)正确.

(A)$P(A)<P(A\mid B)$ (B)$P(A)\leqslant P(A\mid B)$

(C)$P(A) > P(A \mid B)$　　　　　　　　(D)$P(A) \geqslant P(A \mid B)$

16.A, B 为随机事件,满足 $B \subset A, P(B) > 0$,则(　)正确.

(A)$P(AB) = P(A)$　　　　　　　　(B)$P(A \bigcup B) = P(A)$

(C)$P(B - A) = P(B) - P(A)$　　　　(D)$P(B \mid A) = P(B)$

17.设 $P(AB) = P(A)P(B)$,则 A 与 B(　).

(A) 对立　　　(B) 互不相容　　　(C) 独立　　　(D) 相等

18.每次试验的成功率为 $p(0 < p < 1)$,在 3 次独立试验中至少失败一次的概率为(　).

(A)$1 - p^3$　　　　　　　　　　(B)$(1 - p)^3$

(C)$3(1 - p)$　　　　　　　　　(D)$(1 - p)^3 + p(1 - p)^2 + p^2(1 - p)$

19.袋中有 5 个黑球,3 个白球,大小相同.一次随机取出 4 个球,其中恰有 3 个白球的概率为(　).

(A)$\dfrac{3}{8}$　　　(B)$\left(\dfrac{5}{8}\right)^3 \times \dfrac{1}{8}$　　　(C)$C_8^4 \left(\dfrac{3}{8}\right)^3 \times \dfrac{1}{8}$　　　(D)$\dfrac{5}{C_8^4}$

20.设事件 A 与 B 同时发生时,C 也发生,则(　)正确.

(A)$P(C) = P(AB)$　　　　　　　(B)$P(C) \leqslant P(A) + P(B) - 1$

(C)$P(C) = P(A + B)$　　　　　　(D)$P(C) \geqslant P(A) + P(B) - 1$

21.事件 A, B 满足 $P(B \mid A) = 1$,则(　)正确.

(A)A 是必然事件　　　　　　　(B)$P(B \mid \bar{A}) = 0$

(C)$A \supset B$　　　　　　　　　(D)$A \subset B$

三、计算题

1.玻璃杯成箱出售,每箱 20 只.假设各箱含 0,1,2 个残次品的概率相应为 0.8, 0.1 和 0.1.一顾客欲购买一箱玻璃杯.在购买时售货员随机抽取一箱,而后顾客开箱随机察看 4 只,若无残次品,则买下该箱玻璃杯,否则退回.求顾客买下该箱玻璃杯的概率.

2.甲袋有 6 个红球,4 个白球.乙袋有 5 个红球,4 个白球.从甲袋任取一球放入乙袋,再从乙袋任取一球.问此球是红球的概率?

3.3 个盒子.第一个盒子中有 4 个红球,1 个白球.第二个盒子中有 3 个红球,3 个白球.第三个盒子中有 3 个红球,5 个白球.现任取一盒,再从这个盒子中取出一个球,问:(1)这个球是白球的概率?(2)已知取出的是白球,这球是第三盒的概率?

4.对飞机进行 3 次独立射击,第一次射击命中率为 0.4,第二次为 0.5,第三次为 0.7.击中飞机一次而飞机被击落的概率为 0.2,击中飞机两次而飞机被击落的概率为 0.6,若被击中三次,则飞机必被击落.求射击三次飞机未被击落的概率.

5.某厂有甲、乙、丙三个车间生产同一种产品,他们的产量之比为 6∶2∶2.各车间的不合格率分别为 4%,2%,1%.现从该厂的产品中任取一件.求:(1)取到不合格品的概率;(2)已知取到的是不合格品,求它是甲车间生产的概率.

6.甲袋中有 3 只白球,7 只红球,15 只黑球.乙袋中有 10 只白球,6 只红球,9 只黑球.在两袋中各取一球,求两球颜色相同的概率.

7. 甲、乙、丙三人同时向一飞机射击一次,击中的概率分别为 0.4, 0.5, 0.7. 如果只有一人击中,则飞机被击落的概率为 0.2;如果两人击中,则飞机被击落的概率为 0.6;如果 3 人都击中,飞机一定被击落. 求:(1)飞机被击落的概率;(2)已知飞机被击落,问飞机是被一人击落的概率.

8. 设 10 件产品中有 4 件不合格品. 从中任取 2 件,已知所取 2 件中至少有一件是不合格,则另一件也是不合格品的概率.

9. 某电子设备厂所用的元件是由三家元件厂提供的,根据以往的记录有以下数据:

元件制造厂	次品率	提供元件的份额
1	0.02	0.15
2	0.01	0.80
3	0.03	0.05

设这三家工厂的产品在仓库中是均匀混合的,且无区别的标志. 在仓库中随机地取一只元件,求它是次品的概率.

10. 一个工人看管三台车床,在一小时内机床不需要工人照管的概率:第一台等于 0.9,第二台等于 0.8,第三台等于 0.7,求在一小时内三台车床中最多有一台需要工人照管的概率,各台机床相互独立.

11. 有两箱同类零件,第一箱有 50 个,其中 10 个一等品;第二箱有 30 个,其中 18 个一等品. 现任取一箱,从中任取零件两次,每次取一个,取后不放回. 求:(1)在第一次取到一等品的条件下,第二次取到一等品的条件概率;(2)两次取到的都不是一等品的概率.

12. 将两信息分别编码为 A 和 B 传递出去,接收台收到时,A 被误收作 B 的概率为 0.02,而 B 被误收作 A 的概率为 0.02,信息 A 与 B 的传递的频繁程度为 2:1,若接收台收到的信息是 A,问原发信息是 A 的概率是多少?

13. 同时掷两颗骰子,求两颗骰子点数不同的概率.

14. 10 件产品其中有 2 件次品,从中任取了 3 件,恰有 2 件正品的概率.

15. 50 只铆钉随机地取来用在 10 个部位上,每个部位用了 3 只铆钉,其中有 3 个铆钉强度太弱,若将 3 只强度太弱的铆钉都装在一个部件上,则这个部件强度就太弱,问发生一个部位强度太弱的概率.

16. 某油漆公司发出 17 桶油漆,其中白漆 10 桶,黑漆 4 桶,红漆 3 桶,在搬运中所有标签脱落,交货人随意将这些油漆发给顾客,问一个订货为 4 桶白漆,3 桶黑漆和 2 桶红漆的顾客能按所定的颜色如数得到订货的概率.

17. 甲盒有 5 个红球,4 个白球,乙盒有 4 个红球,5 个白球,先从甲盒任取 2 只球放入乙盒,然后再从乙盒中任取一球,求取到白球的概率.

18. 从 0, 1, 2, …, 9 十个数字中任意选出 3 个不同的数字,试求事件 A——"三个数字中不含 0 和 5"的概率.

19. 已知某种疾病患者的痊愈率为 25%,为试验一种新药是否有效,把它给 10 个病人服用,且规定若 10 个病人中至少有 4 人治好,则认为这种药有效,反之无效. 试求:

(1)虽然新药有效,且把痊愈率提高到 35%,但通过试验被否定的概率;

(2) 新药完全无效,通过试验认为有效的概率.

20．甲、乙两人同时射击一目标,甲击中概率0.7,乙击中概率0.6,求:

(1) 目标中一枪,问甲击中的概率;

(2) 目标被击中,问甲击中的概率;

(3) 目标被击中,问只有甲击中的概率.

21．考虑一元二次方程 $x^2 + Bx + C = 0$,其中 B,C 分别是将一枚骰子接连掷两次,先后出现的点数,求该方程有实根的概率 p 和有重根的概率 q.

四、证明题

1．设 A,B 为随机事件,且 $P(A \mid B) = P(A \mid \bar{B})$,证明: A 与 B 独立.

习题1参考答案

一、填空题

(1) $\bar{A}$ 表示为"甲滞销或乙畅销".

(2) $\varnothing$．　$(A \cup B)(A \cup \bar{B})(\bar{A} \cup B)(\bar{A} \cup \bar{B}) = (A \cup B)(\bar{A} \cup \bar{B})(A \cup \bar{B})(\bar{A} \cup B) = \{[(A \cup B)\bar{A}] \cup [(A \cup B)\bar{B}]\}(A \cup \bar{B})(\bar{A} \cup B) = (B\bar{A} \cup A\bar{B})(\bar{B}A \cup AB) = (B\bar{A} \cup A\bar{B})\bar{B}A \cup (B\bar{A} \cup A\bar{B})AB = \varnothing \cup \varnothing = \varnothing$.

(3) $P(A) + P(B)$．　A,B 互斥,则 $P(AB) = 0$,所以 $P(A \cup B) = P(A) + P(B)$.

(4)(i) $P(B) = 0.3$．　A,B 互不相容

$$P(AB) = 0, P(A + B) = P(A) + P(B)$$
$$P(B) = P(A + B) - P(A) = 0.7 - 0.4 = 0.3$$

(ii) $P(B) = 0.5$．　见第1章习题,填空题第20题.

(5) $P(A\bar{B}) = 0.3$．　见第1章习题,填空题第2题.

(6) $P(\overline{AB}) = 0.6$．　$P(A - B) = P(A) - P(AB) \Rightarrow P(AB) = 0.7 - 0.3 = 0.4$, $P(\overline{AB}) = 1 - P(AB) = 1 - 0.4 = 0.6$.

(7) (i) 0.3. (ii) 0.07. (iii) 0.73. (iv) 0.14. (v) 0.9. (vi) 0.1.

由图4可知:

(i) 只订 A 的为 0.3.

(ii) 只订 A 及 B 的有 0.07.

(iii) 只订一种报纸的有 $0.3 + 0.23 + 0.2 = 0.73$.

(iv) 只订两种报纸的有 $0.07 + 0.05 + 0.02 = 0.14$.

(v) 至少订一种报纸的有 $0.45 + 0.23 + 0.02 + 0.2 = 0.9$.

(vi) 不订报的有 0.1.

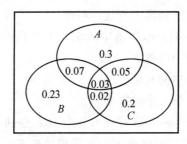

图 4

(8) $\frac{1}{6}$.　抽签问题,每次抽得的概率相同,均为 $\frac{2}{10+2}=\frac{1}{6}$.

(9) $\frac{1}{5}$.　$P($另一件不合格 | 至少一件不合格$)=\dfrac{C_4^2}{C_4^2+C_4^1 C_6^1}=\dfrac{6}{30}=\dfrac{1}{5}$.

(10)0.75.　$P($甲射中 | 目标命中$)=\dfrac{0.6}{1-0.4\times 0.5}=\dfrac{3}{4}=0.75$.

二、单项选择

(1)C.

(2)C.　$P(A-B)=P(A-AB)=P(A)-P(AB)$.

(3)D.　见第 1 章习题,单项选择题第 14 题.

(4)A.　若 A 与 B 互逆,则 $AB=\varnothing$,$A\bigcup B=\Omega$,而 $A=\bar{B}$,$B=\bar{A}$,因此 $\bar{A}$ 与 $\bar{B}$ 互逆.

(5)B.　因为 $B\subset A$,所以 $\bar{A}\subset\bar{B}$.因而 $\bar{A}\bigcup\bar{B}=\bar{B}$,进而 $P(\bar{A}\bigcup\bar{B})=P(\bar{B})$.

(6)D.　由 $P(B\mid A)=P(B\mid\bar{A})$,有 $\dfrac{P(AB)}{P(A)}=\dfrac{P(\bar{A}B)}{P(\bar{A})}$.

再由 $P(\bar{A})=1-P(A)$,$P(\bar{A}B)=P(B)-P(BA)$,所以 $\dfrac{P(AB)}{P(A)}=\dfrac{P(B)-P(BA)}{1-P(A)}$.

因此 $P(AB)=P(A)P(B)$.

(7)A.　$1=P(B\mid A)=\dfrac{P(AB)}{P(A)}\Rightarrow P(A)=P(AB)$.$P(A\bar{B})=P(A)-P(AB)=0$.

(8)B.　$\dfrac{C_7^1 C_3^1 C_2^1}{C_3^1 C_9^2}=\dfrac{7}{18}$.

(9)A.　伯努利概型 $P\{2\ \text{点}\}=\dfrac{1}{6}$,$C_{10}^3\left(\dfrac{1}{6}\right)^3\left(1-\dfrac{1}{6}\right)^{10-3}=C_{10}^3\left(\dfrac{1}{6}\right)^3\left(\dfrac{5}{6}\right)^7$.

(10)C.　由题意可知第 10 次命中,前 9 次命中 4 次,即
$$C_9^4 p^4 (1-p)^5 p=C_9^4 p^5 (1-p)^5$$

三、计算题

(1) $P(\overline{A+B+C})=1-P(A+B+C)=1-[P(A)+P(B)+P(C)-P(AB)-$
$P(AC)-P(BC)+P(ABC)]=\dfrac{7}{12}$.

(2)(i) $\dfrac{C_5^2 + C_3^2}{C_8^2} = \dfrac{13}{28}$；(ii) $1 - \dfrac{C_3^2}{C_8^2} = \dfrac{25}{28}$.

(3) $\dfrac{C_6^2}{C_{10}^6} = \dfrac{1}{14}$.

(4) $P(A) = \dfrac{A_{365}^n}{365^n}$，$P(B) = 1 - P(A) = 1 - \dfrac{365 \times 364 \times \cdots \times (365 - n + 1)}{365^n}$.

注：$n = 23$ 时，$P(B) > \dfrac{1}{2}$；$n = 50$ 时，$P(B) = 0.97$.

(5) $A_i = \{$第 i 次取正品$\}$，$P(\bar{A}_1 A_2) = P(\bar{A}_1) P(A_2 \mid \bar{A}_1) = 0.1 \times \dfrac{90}{99} \approx 0.091$.

(6) B——"产品为次品"，A_1——"甲生产"，A_2——"乙生产"，A_3——"丙生产".

(i) 由全概率公式

$$P(B) = P(A_1) P(B \mid A_1) + P(A_2) P(B \mid A_2) + P(A_3) P(B \mid A_3) =$$
$$45\% \times 40\% + 35\% \times 2\% + 20\% \times 5\% = 1.8\% + 0.7\% + 1\% = 3.5\%$$

(ii) 由贝叶斯公式

$$P(A_1 \mid B) = \frac{P(A_1) P(B \mid A_1)}{P(B)} = \frac{45\% \times 4\%}{3.5\%} \approx 51.4\%$$

(7) A——"元件 A 损坏"，B——"元件 B 损坏"，C——"元件 C 损坏".

该电路不通的概率为

$$P(A \bigcup (BC)) = P(A) + P(BC) - P(ABC) =$$
$$P(A) + P(B) P(C) - P(A) P(B) P(C) =$$
$$0.3 + 0.2 \times 0.1 - 0.3 \times 0.2 \times 0.1 = 0.314$$

(8) 设 A——"A 报警"，B——"B 报警".

(i) $P(B \mid \bar{A}) = 0.5$，因此 $P(B\bar{A}) = P(B \mid \bar{A}) P(\bar{A}) = 0.85 \times (1 - 0.9) = 0.068$.

而 $P(B\bar{A}) = P(B) - P(BA)$，所以 $P(AB) = P(B) - P(B\bar{A}) = 0.93 - 0.668 = 0.862$.

所以两个报警系统至少有一个有效的概率为

$$P(A + B) = P(A) + P(B) - P(AB) =$$
$$0.92 + 0.93 - 0.862 = 0.988$$

(ii) B 失灵的条件下，A 有效的概率为

$$P(A \mid \bar{B}) = \frac{P(A\bar{B})}{P(\bar{B})} = \frac{P(A) - P(AB)}{1 - P(B)} = \frac{0.92 - 0.862}{1 - 0.93} \approx 0.826$$

(9) 设 A_i——"第一次取出 i 个新球"，$i = 0, 1, 2, 3$；B——"第二次取 2 个新球".

由全概率公式

$$P(B) = P(A_0) P(B|A_0) + P(A_1) P(B|A_1) + P(A_2) P(B|A_2) + P(A_3) P(B|A_3) =$$
$$\frac{C_3^3}{C_{12}^3} \frac{C_9^2 C_3^1}{C_{12}^3} + \frac{C_3^2 C_9^1}{C_{12}^3} \frac{C_8^2 C_4^1}{C_{12}^3} + \frac{C_3^1 C_9^2}{C_{12}^3} \frac{C_7^2 C_5^1}{C_{12}^3} + \frac{C_9^3}{C_{12}^3} \frac{C_6^2 C_6^1}{C_{12}^3} = \frac{22\,032}{48\,400} \approx 0.455$$

(10) 设 B——"飞机被击落"；A_i——"飞机被击中"，$i = 0, 1, 2, 3$.
C_1, C_2, C_3 分别表示甲、乙、丙击中，得

$$A_0 = \bar{C_1}\,\bar{C_2}\,\bar{C_3}$$

$$A_1 = C_1\,\bar{C_2}\,\bar{C_3} + \bar{C_1}C_2\,\bar{C_3} + \bar{C_1}\,\bar{C_2}\,\bar{C_3}$$

$$A_2 = C_1 C_2\,\bar{C_3} + C_1\,\bar{C_2}C_3 + \bar{C_1}C_2 C_3$$

$$A = C_1 C_2 C_3$$

$$P(A_1) = 0.441,\ P(A_2) = 0.189,\ P(A_3) = 0.027$$

(i)$P(B) = P(A_0)P(B \mid A_0) + P(A_1)P(B \mid A_1) + P(A_2)P(B \mid A_2) + P(A_3)P(B \mid A_3) =$
$0 + 0.441 \times 0.2 + 0.189 \times 0.6 + 0.027 \times 1 = 0.088\,24 + 0.113\,4 + 0.027 = 0.228\,64.$

(ii)$P(A_2 \mid B) = \dfrac{P(B \mid A_2)}{P(B)} = \dfrac{0.189 \times 0.6}{0.228\,6} \approx 0.497.$

第 2 章

随机变量及其分布

一、考试要求

1. 理解离散型随机变量及其概率分布的概念，掌握 $0-1$ 分布、二项分布、泊松分布、几何分布、超几何分布及其应用，会用泊松分布近似表示二项分布.

2. 理解分布函数 $F(x) = P(X \leqslant x)$ 的概念及性质.

3. 理解连续型随机变量及其概率密度的概念，掌握均匀分布、正态分布、指数分布及其应用.

4. 了解随机变量函数的分布.

二、随机变量及其分布

1. 分布函数 $F(x) = P(X \leqslant x)$ 的性质：

① $0 \leqslant F(x) \leqslant 1$；

② $F(+\infty) = 1$, $F(-\infty) = 0$；

③ $F(x)$ 单调不减函数；

④ 右连续 $F(x+0) = F(x)$；

⑤ $P(a < X \leqslant b) = F(b) - F(a)$.

2. 密度函数 $f(x)$ 的性质：

① $f(x) \geqslant 0$；

② $\displaystyle\int_{-\infty}^{+\infty} f(x)\mathrm{d}x = 1$；

③ $F(x) = \displaystyle\int_{-\infty}^{x} f(t)\mathrm{d}t$；

④ $P(X=a) = 0$（a 为任意一点特定值）；

⑤ $P(a \leqslant X \leqslant b) = \displaystyle\int_{a}^{b} f(x)\mathrm{d}x = P(a < X < b)$.

3. 常见的一维分布

① 两点分布（$0-1$ 分布）

$$P(X=k) = p^k (1-p)^{1-k} \qquad k = 0,1$$

② 二项分布 $X \sim B(n,p)$

$$P(X=k) = C_n^k p^k (1-p)^{n-k} \quad k=0,1,\cdots,n$$

③ 泊松分布 $X \sim P(\lambda)$

$$P(X=k) = \frac{\lambda^k}{k!} e^{-\lambda} \quad \lambda > 0, k=0,1,2,\cdots$$

④ 均匀分布 $X \sim U[a,b]$

$$f(x) = \begin{cases} \dfrac{1}{b-a} & a \leqslant x \leqslant b \\ 0 & \text{其他} \end{cases}$$

⑤ 指数分布 $X \sim E(\lambda)$

$$f(x) = \begin{cases} \lambda e^{-\lambda x} & x > 0 \\ 0 & x \leqslant 0 \end{cases}$$

⑥ 正态分布 $X \sim N(\mu, \sigma^2)$

$$f(x) = \frac{1}{\sqrt{2\pi}\sigma} e^{-\frac{(x-\mu)^2}{2\sigma^2}} \quad \sigma > 0, -\infty < \mu < +\infty$$

⑦ 几何分布 $X \sim G(p)$

$$P(x=k) = (1-p)^{k-1} p \quad 0 < p < 1, k=1,2,\cdots$$

⑧ 超几何分布 $X \sim H(N,M,n)$

$$P(X=k) = \frac{C_M^k C_{N-M}^{n-k}}{C_N^n} \quad k=0,1,\cdots,\min\{n,M\}$$

4. 超几何分布、二项分布、泊松分布之间的关系

$$\lim_{\substack{N \to +\infty \\ \frac{M}{N} \to p}} \frac{C_M^k C_{N-M}^{n-k}}{C_N^n} = C_n^k p^k (1-p)^{n-k}$$

$$\lim_{n \to +\infty} C_n^k p^k (1-p)^{n-k} = \frac{\lambda^k}{k!} e^{-\lambda}$$

三者关系为

$$\frac{C_M^k C_{N-M}^{n-k}}{C_N^n} \underset{p=\frac{M}{N}}{\overset{N充分大}{\approx}} C_n^k p^k (1-p)^{n-k} \underset{\lambda=np}{\overset{n充分大}{\approx}} \frac{\lambda^k}{k!} e^{-\lambda}$$

三、例题

例1 下列函数中,可以做随机变量分布函数的是(　　).

(A) $F(x) = \dfrac{1}{1+x^2}$

(B) $F(x) = \begin{cases} \dfrac{x}{1+x} & x > 0 \\ \dfrac{1}{1+x^2} & x \leqslant 0 \end{cases}$

(C) $F(x) = \begin{cases} \dfrac{x}{1+x} & x \geqslant 0 \\ \dfrac{1}{1+x^2} & x < 0 \end{cases}$

(D) $F(x) = \begin{cases} \dfrac{x}{1+x} & x \geqslant 0 \\ 0 & x < 0 \end{cases}$

解　四个函数均满足 $0 \leqslant F(x) \leqslant 1$，

A 不满足 $F(+\infty)=1$，B、C 不满足整体单调不减，因此选择 D.

例 2　盒中有编号 $1 \sim 5$ 的 5 个球，从中任取 3 个球，X 表示这 3 个球中号码最大者，写出 X 的分布律.

解　可得

X	3	4	5
P	$\dfrac{1}{10}$	$\dfrac{3}{10}$	$\dfrac{6}{10}$

$$P(X=3)=\frac{C_2^2}{C_5^3}=\frac{1}{10}$$

$$P(X=4)=\frac{C_3^2}{C_5^3}=\frac{3}{10}$$

$$P(X=5)=\frac{C_4^2}{C_5^3}=\frac{6}{10}$$

例 3　4 封信随机投入 3 个信箱中，X 是这 3 个信箱中信件数量最大者，写出 X 的分布律及其分布函数 $F(x)$.

解　可得

$$P(X=2)=\frac{C_4^2 \cdot C_3^1 \cdot C_2^2 \cdot C_2^1 + C_4^2 \cdot C_3^2}{3^4}=\frac{54}{81}$$

$$P(X=3)=\frac{C_4^3 \cdot C_3^1 \cdot C_2^1}{3^4}=\frac{24}{81}$$

$$P(X=4)=\frac{C_3^1}{3^4}=\frac{3}{81}$$

X	2	3	4
P	$\dfrac{54}{81}$	$\dfrac{24}{81}$	$\dfrac{3}{81}$

$$F(x)=\begin{cases} 0 & x<2 \\ \dfrac{54}{81} & 2 \leqslant x<3 \\ \dfrac{78}{81} & 3 \leqslant x<4 \\ 1 & x \geqslant 4 \end{cases}$$

例 4　一个均匀的立方体，三面印有数字 3，两面印有数字 2，一面印有数字 1，将其随机掷在桌面上，X 表示上面出现的数字，求 X 的分布律.

解　可得

$$
\begin{array}{c|ccc}
X & 1 & 2 & 3 \\
\hline
P & \dfrac{1}{6} & \dfrac{2}{6} & \dfrac{3}{6}
\end{array}
$$

或
$$
X \sim
\begin{bmatrix}
1 & 2 & 3 \\
\dfrac{1}{6} & \dfrac{2}{6} & \dfrac{3}{6}
\end{bmatrix}
$$

例 5 某人向同一目标独立重复射击,每次射击命中目标的概率为 $p(0<p<1)$,则此人第 4 次射击恰好第 2 次命中目标的概率为( ).

解 第 4 次必须命中,前 3 次命中 1 次,即
$$C_3^1 p (1-p)^2 p$$

例 6 设 $X \sim N(\mu, \sigma^2)$,则 $p(X \leqslant 1+\mu)$( ).

(A) 随 μ 的增大而增加 (B) 随 μ 的增大而减小

(C) 随 σ 的增大而不变 (D) 随 σ 的增大而减小

解 $p(X \leqslant 1+\mu) = p\left(\dfrac{X-\mu}{\sigma} \leqslant \dfrac{1}{\sigma}\right) = \Phi\left(\dfrac{1}{\sigma}\right)$.

随 σ 的增大而减小.

例 7 设 $X \sim N(\mu_1, \sigma_1^2)$, $Y \sim N(\mu_2, \sigma_2^2)$,且 $P\{|X-\mu_1|<1\} > P\{|Y-\mu_2|<1\}$,则必有( ).

(A)$\sigma_1 < \sigma_2$ (B)$\sigma_1 > \sigma_2$ (C)$\mu_1 < \mu_2$ (D)$\mu_1 > \mu_2$

解 $P\{|X-\mu_1|<1\} = P\left\{\left|\dfrac{X-\mu_1}{\sigma_1}\right| < \dfrac{1}{\sigma_1}\right\} = 2\Phi\left(\dfrac{1}{\sigma_1}\right) - 1$.

$P\{|Y-\mu_2|<1\} = P\left\{\left|\dfrac{|Y-\mu_2|}{\sigma_2}\right| < \dfrac{1}{\sigma_2}\right\} = 2\Phi\left(\dfrac{1}{\sigma_2}\right) - 1$.

由 $\Phi\left(\dfrac{1}{\sigma_1}\right) > \Phi\left(\dfrac{1}{\sigma_2}\right) \Rightarrow \dfrac{1}{\sigma_1} > \dfrac{1}{\sigma_2} \Rightarrow \sigma_2 > \sigma_1$,选 A.

例 8 $X \sim U[0,10]$,对 X 进行三次独立观测,求至少有两次观测值大于 6 的概率.

解 $p(X>6) = \int_6^{+\infty} f(x)\, dx = \int_6^{10} \dfrac{1}{10} dx = \dfrac{4}{10} = \dfrac{2}{5}$.

$C_3^2 \left(\dfrac{2}{5}\right)^2 \dfrac{3}{5} + C_3^3 \left(\dfrac{2}{5}\right)^3 = \dfrac{36}{5^3} + \dfrac{2^3}{5^3} = \dfrac{44}{125}$.

例 9 $\xi \sim U(0,5)$,求方程 $4X^2 + 4\xi X + \xi + 2 = 0$ 有实根的概率.

解 $\Delta = (4\xi)^2 - 16(\xi+2) \geqslant 0 \Rightarrow (\xi-2)(\xi+1) \geqslant 0 \Rightarrow \xi \leqslant -1$ 或 $\xi \geqslant 2$,

$P\{(\xi \leqslant -1) \bigcup (\xi \geqslant 2)\} = 1 - P(-1 \leqslant \xi \leqslant 2) = 1 - \int_{-1}^2 f(\xi)\, d\xi = 1 - \int_0^2 \dfrac{1}{5} d\xi = 0.6$.

例 10 设 X 的分布函数为 $F(x) = \begin{cases} A + Be^{-\lambda x} & x > 0 \\ 0 & x \leqslant 0 \end{cases}$ $(\lambda > 0)$,求:

(1)A, B 的值 ;(2)$P(-1 < X < 1)$.

解 (1)$F(+\infty) = 1 = (A + Be^{-\lambda x})\big|_{x=+\infty} = A \Rightarrow A = 1$.

$$\lim_{x \to 0^+} F(x) = F(0)，即 A + B = 0 \Rightarrow B = -A = -1.$$

故 $F(x) = \begin{cases} 1 - e^{-\lambda x} & x > 0 \\ 0 & x \leqslant 0 \end{cases}.$

(2) $P(-1 \leqslant X \leqslant 1) = F(1) - F(-1) = 1 - e^{-\lambda}.$

例 11　设一汽车在开往目的地的道路上需经过四盏信号灯,每盏信号灯以 $\dfrac{1}{2}$ 的概率允许或禁止汽车通过,以 X 表示汽车首次停下时它已通过的信号灯的盏数.(设各信号灯的工作是独立的) 求 X 的分布律.

解　以 p 表示每盏信号灯禁止汽车通过的概率,易知 X 的分布律为

X	0	1	2	3	4
P	p	$(1-p)p$	$(1-p)^2 p$	$(1-p)^3 p$	$(1-p)^4$

$$p = \frac{1}{2}$$

即

X	0	1	2	3	4
P	0.5	0.25	0.125	0.062 5	0.062 5

例 12　X 的密度函数 $f(x) = \begin{cases} \dfrac{x}{8} & 0 < x < 4 \\ 0 & 其他 \end{cases}$,求 $Y = 2X + 8$ 的概率密度.

解　设 Y 的分布函数为

$$F(y) = P(Y \leqslant y) = P\{2X + 8 \leqslant y\} = P\left(X \leqslant \frac{y-8}{2}\right) = \int_0^{\frac{y-8}{2}} f(x)\,\mathrm{d}x$$

所示 Y 的密度函数

$$F'(y) = f_Y(y) = f\left(\frac{y-8}{2}\right) \cdot \frac{1}{2} = \begin{cases} \dfrac{1}{8}\left(\dfrac{y-8}{2}\right) \cdot \dfrac{1}{2} & 0 < \dfrac{y-8}{2} < 4 \\ 0 & 其他 \end{cases} =$$

$$\begin{cases} \dfrac{y-8}{32} & 8 < y < 16 \\ 0 & 其他 \end{cases}$$

例 13　$X \sim N(0,1)$,求 $Y = X^2$ 的密度函数.

解　设 Y 的分布函数为

$$F(y) = P(Y \leqslant y) = P(X^2 \leqslant y) =$$

$$\begin{cases} 0 & y \leqslant 0 \\ p(-\sqrt{y} \leqslant x \leqslant \sqrt{y}) & y > 0 \end{cases} = \begin{cases} 0 & y \leqslant 0 \\ \displaystyle\int_{-\sqrt{y}}^{\sqrt{y}} \frac{1}{\sqrt{2\pi}} e^{-\frac{x^2}{2}}\,\mathrm{d}x & y > 0 \end{cases} =$$

$$\begin{cases} 0 & y \leqslant 0 \\ 2\displaystyle\int_0^{\sqrt{y}} \frac{1}{\sqrt{2\pi}} e^{-\frac{x^2}{2}} \mathrm{d}x & y > 0 \end{cases}$$

所示 y 的密度函数为

$$F'(y) = \begin{cases} 0 & y \leqslant 0 \\ \dfrac{1}{\sqrt{2\pi}} e^{-\frac{y}{2}} \cdot \dfrac{1}{\sqrt{y}} & y > 0 \end{cases}$$

第 2 章习题

一、填空题

1. 若 X 的分布律为

X	0	1
P	$9C^2 - C$	$3 - 8C$

则 $C = ($ $)$.

2. $X \sim N(3, 2^2)$,则使 $P(X > C) = P(X \leqslant C)$,则 $C = ($ $)$.

3. 设 X 服从泊松分布,且 $P(X=1) = P(X=2)$,则 $P(X=3) = ($ $)$.

4. X 的密度函数为 $f(x) = \begin{cases} Ax & 0 \leqslant x \leqslant 1 \\ 0 & \text{其他} \end{cases}$,则 $A = ($ $)$.

5. 设随机变量 X 的密度函数为 $f(x) = \begin{cases} \dfrac{1}{\lambda} e^{-2x} & x > 0 \\ 0 & x \leqslant 0 \end{cases}$,则 $\lambda = ($ $)$.

6. 设某射手有 3 发子弹,每次射击的命中率为 0.8.命中目标就停止射击,否则一直到子弹用尽为止. X 为耗用的子弹数.写出 X 的分布律($\quad$).

7. 设 $X \sim N(\mu, \sigma^2)$,则 $Y = \dfrac{X - \mu}{\sigma} \sim ($ $)$.

8. 设 $X \sim N(1, 2^2)$,则密度函数 $f(x) = ($ $)$.

9. 设随机变量 X 服从泊松分布,且 $P(X=1) = P(X=2)$,则 $P(X=4) = ($ $)$.

10. X 服从参数为 λ 的泊松分布,且 $P(X=1) = P(X=2)$,则 $P(X \geqslant 1) = ($ $)$.

11. 设随机变量 X 的概率分布为

X	-1	0	1	2
P	0.1	0.3	0.2	0.4

则 X^2 的概率分布为($\quad$).

12. 设随机变量 X 服从 $[2,6]$ 上的均匀分布,则 $P(3 < X < 4) = ($ $)$.

13. X 的概率密度函数 $f(x) = \begin{cases} Ax^3 & 0 \leqslant x \leqslant 1 \\ 0 & \text{其他} \end{cases}$，则 $A = ($　　$)$.

14. 已知 X 的分布律

X	-1	0	1
P	$\dfrac{1}{5}$	a	$3a$

则 $a = ($　　$)$.

15. 设 X 的分布函数为 $F(x) = \begin{cases} 0 & x < 0 \\ kx^2 & 0 \leqslant x \leqslant 1 \\ 1 & x > 1 \end{cases}$，则 $k = ($　　$)$.

16. 若 $X \sim N(2, \sigma^2)$，且 $P\{2 < X < 4\} = 0.3$，则 $P(X < 0) = ($　　$)$.

17. 盒中有编号 $1 \sim 5$ 的 5 个球，从中任取 3 个球，X 表示这三个球中号码最大者，则 X 的分布律$($　　$)$.

18. $X \sim N(3, 2^2)$，则使 $P(X > C) = P(X \leqslant C)$ 成立的 $C = ($　　$)$.

19. 设 $X \sim N(\mu, \sigma^2)$，则 X 的概率密度是$($　　$)$.

20. $X \sim P(\lambda)$，则 X 的分布律为$($　　$)$.

21. 一口袋中有六个球，在这六个球上分别标有：$-3, -3, 1, 1, 1, 2$ 的数字，从这袋中任取一球，X 是这球上的数字，写出 X 的分布律$($　　$)$，且求 $P(0 \leqslant X \leqslant \dfrac{3}{2}) = ($　　$)$.

22. 已知 15 只同类型元件中有 2 只次品，今从中任取 3 只，以 X 表示 3 只中所含次品的个数，则 X 的分布率$($　　$)$.

23. 随机变量 X 的分布函数 $F(x)$ 是事件$($　　$)$的概率.

24. 设 X 的分布函数 $F(x) = A + B\arctan x (-\infty < x < +\infty)$，则 $A = ($　　$)$，$B = ($　　$)$.

25. 设 X 的密度函数 $f(x) = \begin{cases} A\cos x & |x| \leqslant \dfrac{\pi}{2} \\ 0 & |x| > \dfrac{\pi}{2} \end{cases}$，则 $A = ($　　$)$，X 的分布函数 $F(x) = ($　　$)$.

26. X 服从 $B(1, 0.8)$ 分布，则 X 的分布函数$($　　$)$.

二、单项选择题

1. 已知连续型随机变量 $X \sim N(3, 2)$，则连续型随机变量 $Y = ($　　$) \sim N(0, 1)$.

(A) $\dfrac{X-3}{\sqrt{2}}$　　　　　　　　　　　(B) $\dfrac{X+3}{\sqrt{2}}$

(C) $\dfrac{X-3}{2}$　　　　　　　　　　　(D) $\dfrac{X+3}{2}$

2. 设 $X \sim N(\mu_1, \sigma_1^2)$，$Y \sim N(\mu_2, \sigma_2^2)$，且 $P\{|X-\mu_1|<1\} > P\{|Y-\mu_2|<1\}$，则必有（　　）.

(A)$\sigma_1 < \sigma_2$　　　　　　　　　　(B)$\sigma_1 > \sigma_2$

(C)$\mu_1 < \mu_2$　　　　　　　　　　(D) $\mu_1 > \mu_2$

3. $X \sim N(\mu, \sigma^2)$，$\mu < 0$，$f(x)$ 为 X 的密度函数，则对于任何整数 $a > 0$，有（　　）.

(A)$f(a) < f(-a)$　　　　　　　　(B) $f(a) = f(-a)$

(C)$f(a) > f(-a)$　　　　　　　　(D) $f(a) + f(-a) = 1$

4. 若随机变量 X 的概率分布为

X	1	2	3	4	5
P	$\dfrac{1}{3}$	$\dfrac{1}{5}$	a	$\dfrac{1}{4}$	b

则（　　）.

(A)$a = \dfrac{1}{6}, b = \dfrac{1}{5}$　　　　　　(B) $a = \dfrac{1}{12}, b = \dfrac{2}{15}$

(C) $a = \dfrac{1}{12}, b = \dfrac{3}{15}$　　　　　　(D) $a = \dfrac{1}{4}, b = \dfrac{1}{3}$

5. 设 $X \sim N(\mu, \sigma^2)$，那么当 σ 增大时，$P\{|X-\mu|<\sigma\}$ 的值（　　）.

(A) 增大　　　　　　　　　　(B) 减少

(C) 不变　　　　　　　　　　(D) 增减不定

6. 设 $X \sim N(0,1)$，而且 $\Phi(2.2) = 0.9861$，则 $P\{X \leqslant 2.2\} = $（　　）.

(A)0.9861　　　(B)0.9544　　　(C)0　　　(D) 以上都不对

7. 进行重复独立试验，设每次试验成功的概率为 p，失败的概率为 $q=1-p(0<p<1)$，将试验进行到出现一次成功为止，以 X 表示所需的试验次数，则 X 的分布率为（　　）.

(A)$P\{X=K\} = pq^{K-1}, K=1,2,\cdots$

(B)$P\{X=K\} = p^{K-1}q, K=1,2,\cdots$

(C) 0

(D) 以上都不对

8. 设 $F_1(x)$ 和 $F_2(x)$ 都是随机变量的分布函数，则为使 $F(x) = aF_1(x) - bF_2(x)$ 是某随机变量的分布函数，必须满足（　　）.

(A)$a = \dfrac{3}{5}, b = -\dfrac{2}{5}$　　　　　　　(B)$a = \dfrac{2}{3}, b = -\dfrac{2}{3}$

(C)$a = \dfrac{1}{2}, b = -\dfrac{3}{2}$　　　　　　　(D)$a = -\dfrac{1}{2}, b = -\dfrac{3}{2}$

9. $X \sim P(\lambda)$，$P(X=3) = P(X=4)$，则 $P(X \geqslant 1) = $（　　）.

(A)e^{-3}　　　　　　　　　　(B)$1 - e^{-3}$

(C)$1 - e^{-4}$　　　　　　　　　(D)e^{-4}

10. $X \sim N(\mu, 4^2)$，$Y \sim N(\mu, 5^2)$，$p_1 = P\{X \leqslant \mu - 4\}$，$p_2 = P\{Y \geqslant \mu + 5\}$，则（　　）.

(A) 对任何的 μ 都有 $p_1 = p_2$ (B) 对任何的 μ 都有 $p_1 < p_2$

(C) 对任何的 μ 都有 $p_1 > p_2$ (D) 对个别的 μ 才有 $p_1 = p_2$

11. $X \sim N(2\,008, 2\,010^2)$，且对于 C 满足 $P\{X > C\} = P\{X \leqslant C\}$，则 $C = $（　　）.

(A)0   (B)2 008   (C)2 010   (D)1

12. 设 X_1, X_2 为任意两个连续型随机变量，它们的分布函数分别为 $F_1(x)$ 和 $F_2(x)$，密度函数分别为 $f_1(x), f_2(x)$，则（　　）.

(A) $F_1(x) + F_2(x)$ 必为某随机变量的分布函数

(B) $F_1(x) - F_2(x)$ 必为某随机变量的分布函数

(C) $f_1(x) f_2(x)$ 必为某随机变量的密度函数

(D) $\dfrac{1}{3} f_1(x) + \dfrac{2}{3} f_2(x)$ 必为某随机变量的密度函数

13. 设离散型随机变量 X 的分布律为 $P\{X = i\} = \dfrac{a}{i(i+1)}, i = 1, 2, \cdots$，则 $P\{X < 5\} = $（　　）.

(A) $\dfrac{2}{5}$ (B) $\dfrac{2}{9}$ (C) $\dfrac{4}{5}$ (D) $\dfrac{5}{6}$

14. 设连续型随机变量 X 的密度函数为 $f(x) = \begin{cases} x^2 e^{-\frac{x^3}{3}} & x > 0 \\ 0 & x \leqslant 0 \end{cases}$，则 $P\{|X| < 1\} = $（　　）.

(A) $e^{-\frac{1}{3}}$ (B) $1 - e^{-\frac{1}{3}}$

(C) $e^{\frac{1}{3}} - e^{-\frac{1}{3}}$ (D) $e^{\frac{1}{3}} - 1$

15. 设随机变量 X 的概率密度为 $f(x) = \begin{cases} x^2 & 0 < x < 3 \\ 0 & \text{其他} \end{cases}$，以 Y 表示对 X 的三次独立重复观察中 $\{X \leqslant 1\}$ 出现的次数，则 $P\{Y = 2\} = $（　　）.

(A) $\dfrac{2}{9}$ (B) $\dfrac{1}{9}$ (C) $\dfrac{4}{9}$ (D) $\dfrac{1}{3}$

16. 随机变量 X 的密度函数 $f(x) = \begin{cases} \dfrac{A}{\sqrt{1 - x^2}} & |x| < 1 \\ 0 & \text{其他} \end{cases}$，则 $A = $（　　）.

(A) $\dfrac{\pi}{2}$ (B) $\dfrac{2}{\pi}$ (C) $\dfrac{1}{\pi}$ (D)π

17. $X \sim N(0,1)$，$Y = 2X - 1$，则 $Y \sim$（　　）.

(A)$N(-1, 4)$ (B)$N(-1, 3)$ (C)$N(-1, 2)$ (D)$N(-1, 1)$

18. 若 $P(AB) = 0$，则（　　）.

(A)A, B 互不相容   (B) AB 是不可能事件

(C)AB 未必是不可能事件   (D) $P(A) = 0$ 或 $P(B) = 0$

19. 连续型随机变量 X 的密度函数 $f(x)$ 必需满足（　　）.

(A)$0 \leqslant f(x) \leqslant 1$ $\qquad$ (B) 在定义域内单调不减

(C)$f(x) \geqslant 0$ $\qquad$ (D) $\lim\limits_{n \to +\infty} f(x) = 1$

20. 若 $X \sim N(1,1)$,其密度函数为 $f(x)$,分布函数为 $F(x)$,则有( ).

(A)$P(X \leqslant 1) = P(X > 1)$ $\qquad$ (B)$P(X \leqslant 0) = P(X > 0)$

(C)$f(x) = f(-x)$ $\qquad$ (D) $F(x) = 1 - F(-x)$

21. 设 $X \sim N(\mu, \sigma^2)$,则 $P(X \leqslant 1 + \mu)$ ( ).

(A) 随 σ 的增大而减小 $\qquad$ (B) 随 σ 的增大而增大

(C) 随 μ 的增大而减小 $\qquad$ (D) 随 μ 的增大而增大

22. 设 X 服从 $\lambda = \dfrac{1}{9}$ 的指数分布,则 $P(3 < X < 9) = ($).

(A)$F\left(\dfrac{9}{9}\right) - F\left(\dfrac{3}{9}\right)$ $\qquad$ (B) $\dfrac{1}{9}\left[\dfrac{1}{\sqrt[3]{e}} - \dfrac{1}{e}\right]$

(C) $\dfrac{1}{\sqrt[3]{e}} - \dfrac{1}{e}$ $\qquad$ (D) $\displaystyle\int_3^9 e^{-\frac{x}{9}} dx$

23. X 的密度函数 $f(x)$,且 $f(-x) = f(x)$,$F(x)$ 是 X 的分布函数,则对任意实数 a 有( ).

(A)$F(-a) = 1 - \displaystyle\int_0^a f(x) dx$ $\qquad$ (B)$F(-a) = \dfrac{1}{2} - \displaystyle\int_0^a f(x) dx$

(C)$F(-a) = F(a)$ $\qquad$ (D)$F(-a) = 2F(a) - 1$

24. 设 $f(x) = k e^{-x^2 + 2x}$ 为一密度函数,则 k 值为( ).

(A) $\dfrac{e^{-1}}{\sqrt{\pi}}$ $\qquad$ (B) $\dfrac{1}{\sqrt{\pi}}$ $\qquad$ (C) $\dfrac{1}{2}$ $\qquad$ (D) $\dfrac{\sqrt{\pi}}{2}$

25. 下列命题正确的是( ).

(A) 连续型随机变量的密度函数是连续函数

(B) 连续型随机变量的密度函数 $f(x)$ 满足 $0 \leqslant f(x) \leqslant 1$

(C) 连续型随机变量的分布函数是连续函数

(D) 两个概率密度函数的乘积还是密度函数

26. 设随机变量 X 服从指数分布,$Y = \min\{X, 2\}$,则随机变量 Y 的分布函数( ).

(A) 是连续函数 $\qquad$ (B) 恰好有一个间断点

(C) 是阶梯函数 $\qquad$ (D) 至少有两个间断点

三、计算题

1. 设随机变量 X 的密度函数为 $f(x) = \begin{cases} Ax & 0 < x < 1 \\ 0 & 其他 \end{cases}$. 求:(1)$A$;(2)$X$ 的分布函数;(3)$P(0.3 < X < 2)$.

2. 设 X 的概率密度 $f(x) = \begin{cases} ax + b & 0 < x < 1 \\ 0 & 其他 \end{cases}$,又 $P\{X < \dfrac{1}{3}\} = P\{X > \dfrac{1}{3}\}$,求:

(1) 常数 a, b;(2)X 的分布函数.

3.设随机变量 X 的密度函数为 $f(x)=\begin{cases}\dfrac{A}{x^4} & x>1 \\ 0 & x\leqslant 1\end{cases}$. 求:(1)$A$;(2)$X$ 的分布函数.

4.X 的密度函数 $f(x)=\begin{cases}\dfrac{A}{x^5} & x\geqslant 1 \\ 0 & x<1\end{cases}$. 求:(1)$A$;(2) 分布函数 $F(x)$;(3)$P(1\leqslant X\leqslant 2)$.

5.口袋里有 5 个白球,3 个黑球.任取一个,若取出来的是黑球,则不放回,而另外放入 1 个白球.这样继续下去,直到取出的球是白球为止.试写出抽取次数 X 的分布律.

6.设随机变量 X 的密度函数为 $f(x)=\begin{cases}Ax^2 & 0\leqslant x\leqslant 3 \\ 0 & \text{其他}\end{cases}$. 求:(1)$A$;(2) 分布函数 $F(x)$;(3)$P(1<X<3)$.

7.随机变量 X 的密度函数为 $f(x)=\begin{cases}Cx^3 & 0\leqslant x\leqslant 1 \\ 0 & \text{其他}\end{cases}$. 求:(1)$C$;(2) 分布函数 $F(x)$;(3)$P\left(\dfrac{1}{2}<X\leqslant 1\right)$.

8.设连续型随机变量 X 的密度函数为 $f(x)=\begin{cases}Ax & 0\leqslant x\leqslant 1 \\ 0 & \text{其他}\end{cases}$. 求:(1)$A$;(2) 分布函数 $F(x)$;(3)$P\{0\leqslant X\leqslant \dfrac{1}{2}\}$.

9.设随机变量 X 的密度函数为 $f(x)=\begin{cases}Ax(1-x) & 0<x<1 \\ 0 & \text{其他}\end{cases}$. 求:(1) 常数 A;(2)X 的分布函数.

10.设随机变量 X 具有概率密度

$$f(x)=\begin{cases}kx & 0\leqslant x<3 \\ 2-\dfrac{x}{2} & 3\leqslant x<4 \\ 0 & \text{其他}\end{cases}$$

求:(1) 确定常数 k;(2)X 的分布函数 $F(x)$;(3)$P\left\{1<X\leqslant \dfrac{7}{2}\right\}$.

11.设 X 服从泊松分布,参数为 λ,试求 k,使得 $P(X=K)$ 为最大.

12.X 服从二项分布 $B(n,p)$,试求 k,使得 $P(X=K)$ 为最大.

13.设某射手有五发子弹,每次射击的命中率为 0.9,求:

(1) 在对目标进行相互独立地 5 次射击下,击中目标次数的分布律;

(2) 在命中目标就停止射击,未命中就一直射到子弹用尽的条件下,耗用子弹数分布律.

14.X 的密度函数 $f(x)=\begin{cases}Ax^7\mathrm{e}^{-\frac{x^2}{2}} & x>0 \\ 0 & \text{其他}\end{cases}$,求 A.

15.对某地抽样调查的结果表明,考生的外语成绩(按百分制计) 近似服从正态分布,平均分为72分,且96分以上的考生占2.3%,求考生的外语成绩在60分至84分之间的概率.

16.设顾客在某银行的窗口等待服务的时间 X(单位:min) 服从指数分布,其密度函数为 $f_X(x)=\begin{cases} \dfrac{1}{5}e^{-\frac{1}{5}x} & x>0 \\ 0 & x\leqslant 0 \end{cases}$,某顾客在窗口等待服务若超过 10 min,他就离开,他一个月要到银行 5 次,以 Y 表示一个月内,他未等到服务而离开窗口的次数,试求 Y 的分布律及概率 $P(Y\geqslant 1)$.

习题 2 参考答案

一、填空题

(1) $p=\dfrac{1}{2}$. $\begin{cases}\sum\limits_{i=1}^{+\infty}p^i=1 \\ 0<p<1\end{cases}\Rightarrow \dfrac{p}{1-p}=1\Rightarrow p=\dfrac{1}{2}$.

(2) $P\{X=k\}=C_{20}^k(0.98)^k(0.02)^{20-k}$ $(k=0,1,\cdots,20)$. $X\sim B(20,0.98)$.

(3) $1-(1-p)^n$; $(1-p)^n+np(1-p)^{n-1}$. 伯努利概型.

(4) $C=e^{-\frac{1}{2}}$. $\begin{cases}\sum\limits_{i=1}^{+\infty}\dfrac{C}{2^k k!}=1 \\ 0\leqslant \dfrac{C}{2^k k!}\leqslant 1\end{cases}\Rightarrow \sum\limits_{k=0}^{+\infty}\dfrac{\left(\frac{1}{2}\right)^k}{k!}=\dfrac{1}{C}\Rightarrow e^{\frac{1}{2}}=\dfrac{1}{C}\Rightarrow C=e^{-\frac{1}{2}}$.

(5) (i) $A=2$; (ii) $F(x)=\begin{cases}1-x^{-2} & x\geqslant 1 \\ 0 & x<1\end{cases}$; (iii) $P\{X\leqslant 2\}=F(2)=\dfrac{3}{4}$.

(i) $\int_{-\infty}^{+\infty}f(x)dx=1\Rightarrow \int_1^{+\infty}\dfrac{A}{x^3}dx=1\Rightarrow A=2$;

(ii) $F(x)=\int_{-\infty}^x f(t)dt=\begin{cases}\int_1^x\dfrac{2}{t^3}dt & x\geqslant 1 \\ 0 & x<1\end{cases}=\begin{cases}1-x^{-2} & x\geqslant 1 \\ 0 & x<1\end{cases}$;

(iii) $P\{X\leqslant 2\}=F(2)=1-2^{-2}=\dfrac{3}{4}$.

(6) $k=-\dfrac{1}{2}$. $\int_{-\infty}^{+\infty}f(x)dx=1\Rightarrow \int_0^2 kx+1dx=1\Rightarrow k=-\dfrac{1}{2}$.

(7) $\dfrac{3}{4}$. 因为 $X\sim U(0,1)$,所以 $F(x)=\begin{cases}0 & x<0 \\ x & 0\leqslant x<1 \\ 1 & x\geqslant 1\end{cases}$. 因此

$P\left\{X^2-\dfrac{3}{4}X+\dfrac{1}{8}\geqslant 0\right\}=P\left\{X\geqslant \dfrac{1}{2} \text{ 或 } X\leqslant \dfrac{1}{4}\right\}=P\left\{X\geqslant \dfrac{1}{2}\right\}+P\left\{X\leqslant \dfrac{1}{4}\right\}=$

$1-P\left(X<\dfrac{1}{2}\right)+P\left(X\leqslant \dfrac{1}{4}\right)=1-F\left(\dfrac{1}{2}\right)+F\left(\dfrac{1}{4}\right)=1-\dfrac{1}{2}+\dfrac{1}{4}=\dfrac{3}{4}$

(8)1.

$$F(\mu + a) + F(\mu - a) = P\{X \leqslant \mu + a\} + P\{X \leqslant \mu - a\} =$$

$$P\left\{\frac{X - \mu}{\sigma} \leqslant \frac{\mu + a - \mu}{\sigma}\right\} + P\left\{\frac{X - \mu}{\sigma} \leqslant \frac{\mu - a - \mu}{\sigma}\right\} =$$

$$\Phi\left(\frac{a}{\sigma}\right) + \Phi\left(-\frac{a}{\sigma}\right) = \Phi\left(\frac{a}{\sigma}\right) + 1 - \Phi\left(\frac{a}{\sigma}\right) = 1$$

(9)0.　　$P_1 = P\{X \leqslant -1\} = 0.5$，$P_2 = P\{X \geqslant 5\} = 0.5$. 因此 $P_1 - P_2 = 0$.

(10) $\dfrac{1}{\sqrt[4]{2}}$.　　$P(X > a) = P(X < a) \Rightarrow P(X < a) = \dfrac{1}{2}$.

因此 $P(X < a) = \displaystyle\int_{-\infty}^{a} f(x)\,\mathrm{d}x = \int_{0}^{a} 4x^3 \,\mathrm{d}x = \dfrac{1}{2}$. 所以 $a = \dfrac{1}{\sqrt[4]{2}}$.

二、单项选择题

(1)D.　　对于 A，$F(+\infty) \neq 1$. 对于 B、C，$F(0+0) \neq F(0)$. 故选 D.

(2)C.　　见第 2 章习题，单项选择题第 13 题.

(3)B.　　见第 2 章习题，单项选择题第 14 题.

(4)A.　　见第 2 章习题，单项选择题第 15 题.

(5)B.　　$F(+\infty) = 1 \Rightarrow A = 1$. 再由 $F(0-0) = F(0)$，有 $1 + B = 0$，得 $B = -1$.

而 $P\{-1 \leqslant X < 1\} = F(1) - F(-1) = 1 - \mathrm{e}^{-\lambda}$.

(6)D.　　由正态分布密度及函数图象关于 $x = 2\,012$ 对称可知 D 正确.

(7)A.　　见第 2 章习题，单项选择题第 3 题.

(8)D.　　见第 2 章习题，单项选择题第 21 题.

(9)C.　　$P\{X \geqslant k\} = 1 - P\{X \leqslant k\} = \dfrac{2}{3} \Rightarrow P\{X \leqslant k\} = \dfrac{1}{3} = F(k)$，而 X 的分布函数

$$F(x) = \begin{cases} 0 & x < 0 \\[2mm] \dfrac{1}{3}x & 0 \leqslant x < 1 \\[2mm] \dfrac{1}{3} & 1 \leqslant x < 3 \\[2mm] \dfrac{2}{9}x + \dfrac{1}{3} & 3 \leqslant x < 6 \\[2mm] 0 & x \geqslant 6 \end{cases}$$

因此 C 正确.

(10)A.　　见第 2 章习题，单项选择题第 8 题.

三、计算题

(1)

X	-2	1	3
P	$\dfrac{1}{5}$	$\dfrac{7}{10}-\dfrac{1}{5}$	$1-\dfrac{7}{10}$

即

X	-2	1	3
P	$\dfrac{1}{5}$	$\dfrac{1}{2}$	$\dfrac{3}{10}$

(2) 见第 2 章习题,计算题第 5 题.

(3)$P\{X=2k-1\}=(\dfrac{1}{2})^k(\dfrac{1}{3})^{k-1},k=1,2,3,\cdots$

$P\{X=2k\}=(\dfrac{1}{2})^k(\dfrac{1}{3})^k,k=1,2,\cdots$

(4)(i) $\int_{-\infty}^{+\infty}f(x)\,\mathrm{d}x=1$,即$\int_0^\pi A\cos\dfrac{x}{2}\mathrm{d}x=2A=1\Rightarrow A=\dfrac{1}{2}$;(ii)$Y\sim B\left(4,\dfrac{1}{2}\right)$.

(5)(i)$P\{X<2.44\}=P\left\{\dfrac{X-(-1)}{4}<\dfrac{2.44-(-1)}{4}\right\}=\Phi(0.86)=0.080\,51$;

(ii)$P\{X>-1.5\}=1-P\{X\leqslant-1.5\}=1-P\left\{\dfrac{X-(-1)}{4}\leqslant\dfrac{-1.5-(-1)}{4}\right\}=$
$1-\Phi(-0.125)=1-[1-\Phi(0.125)]=\Phi(0.125)=0.549\,8$;

(iii)$P\{X<-2.6\}=P\left\{\dfrac{X-(-1)}{4}<\dfrac{-2.8-(-1)}{4}\right\}=\Phi(-0.45)=1-\Phi(0.45)=$
$1-0.673\,6=0.326\,4$;

(iv)$P\{|X|<4\}=P\{-4<X<4\}=P\left\{\dfrac{-4-(-1)}{4}<\dfrac{X-(-1)}{4}<\dfrac{4-(-1)}{4}\right\}=$
$\Phi(1.25)-\Phi(-0.75)=\Phi(1.25)-1+\Phi(0.75)=0.667\,8$;

(v)$P\{-5<X<2\}=P\left\{\dfrac{-5-(-1)}{4}<\dfrac{X-(-1)}{4}<\dfrac{2-(-1)}{4}\right\}=\Phi(0.75)-$
$\Phi(-1)=\Phi(0.75)-1+\Phi(1)=0.614\,7$;

(vi)$P\{|X-1|>1\}=1-P\{|X-1|\leqslant1\}=1-P\{0\leqslant X\leqslant2\}=1-$
$[\Phi(2)-\Phi(0)]=1-\Phi(2)+\Phi(0)=0.825\,3$.

(6)$P\{X=i\}=C_{i-1}^{k-1}p^k(1-p)^{i-k},i=k,k+1,\cdots$

(7)

X	0	1	2	…	K	…
P	p	$(1-p)p$	$(1-p)^2p$	…	$(1-p)^Kp$	…

(8) 设 A_i ——"第 i 只电子元件在最初 200 h 内正常工作", $i=1,2,3$.

B ——"在最初 200 h 内,至少有一只电子元件损坏".

寿命 $X \sim E(\frac{1}{600})$,则 X 的分布函数 $F(X) = \begin{cases} 1-\mathrm{e}^{-\frac{1}{600}x} & x>0 \\ 0 & x \leqslant 0 \end{cases}$.

$P(A_i) = P\{X>200\} = 1-P\{X \leqslant 200\} = 1-F(200) = 1-(1-\mathrm{e}^{-\frac{1}{3}}) = \mathrm{e}^{-\frac{1}{3}}, i = 1,2,3$.

$P(B) = 1-P(A_1A_2A_3) = 1-P(A_1)P(A_2)P(A_3) = 1-(\mathrm{e}^{-\frac{1}{3}})^3 = 1-\mathrm{e}^{-1}$.

(9) $P\{Y=m \mid X=n\} = \mathrm{C}_n^m p^m (1-p)^{n-m}, 0 \leqslant m \leqslant n, n = 0,1,2,\cdots$

(10) 可得

$$P(X \geqslant 60) = 1-P(X<60) = 1-P\left(\frac{X-70}{10} < \frac{60-70}{10}\right) =$$
$$1-\Phi(-1) = \Phi(1) = 0.841\ 3$$
$$0.841\ 3 \times 0.2 = 0.168\ 26$$
$$P(X \geqslant x) = 0.168\ 26$$
$$P\left(\frac{X-70}{10} \geqslant \frac{x-70}{10}\right) = 1-\Phi\left(\frac{x-70}{10}\right) = 0.168\ 26$$
$$\Phi\left(\frac{x-70}{10}\right) = 0.831\ 74, \frac{x-70}{10} = 0.96, x = 79.6$$

第 20 名成绩约为 79.6.

(11) 解: X 的密度 $f_X(x) = \begin{cases} 1 & 0 \leqslant x \leqslant 1 \\ 0 & \text{其他} \end{cases}$.

设 Y 的分布函数为 $F_Y(y)$. 由定义可知

$$F_Y(y) = P\{Y \leqslant y\} = P\{X+1 \leqslant y\} = P\{X \leqslant y-1\} = \int_{-\infty}^{y-1} f_X(x)\mathrm{d}x =$$

$$\begin{cases} 0 & y-1<0 \\ \int_0^{y-1}\mathrm{d}x & 0 \leqslant y-1 \leqslant 1 \\ 1 & y-1>1 \end{cases} = \begin{cases} 0 & y<1 \\ y-1 & 1 \leqslant y \leqslant 2 \\ 1 & y>2 \end{cases}$$

其密度函数表为 $f_Y(y) = F'_Y(y) = \begin{cases} 1 & 1 \leqslant y \leqslant 2 \\ 0 & \text{其他} \end{cases}$.

第 **3** 章

多维随机变量及其分布

一、考试要求

1. 理解二维随机变量的联合分布函数的基本概念和性质,离散型随机变量的联合概率分布,边际分布和条件分布,连续型随机变量的联合概率密度,边际密度和条件密度;会利用二维概率分布求有关事件的概率.

2. 理解随机变量的独立性及不相关的概念及其联系和区别,掌握随机变量独立的条件.

3. 掌握二维均匀分布;了解二维正态分布的概率密度,理解其中参数的概率意义.

4. 掌握两个随机变量的概率分布,求其较简单函数的概率分布的基本方法;会根据多个独立随机变量的概率分布求其函数的概率分布.

二、离散型随机变量及其分布

1. 联合分布律

设离散型随机变量 (X,Y) 所有可能取的值为 $(x_i,y_j)(i,j=1,2,\cdots)$,且概率为

$$P(X=x_i,Y=y_j)=P_{ij} \quad i,j=1,2,\cdots \quad (*)$$

其中 $P_{ij} \geqslant 0(i,j=1,2,\cdots)$,并且 $\sum_i \sum_j P_{ij}=1$,称式 $(*)$ 为二维离散型随机变量 (X,Y) 的联合分布律或概率分布.

分布律也可以用表格的形式写成

X \ Y	y_1	y_2	y_3	$\cdots$
x_1	P_{11}	P_{12}	P_{13}	$\cdots$
x_2	P_{21}	P_{22}	P_{23}	$\cdots$
$\vdots$	$\vdots$	$\vdots$	$\vdots$	

2.边缘分布律

称

$$P(X=x_i)=\sum_j P_{ij}=P_{i\cdot}\qquad i=1,2,\cdots$$

为 X 的边缘分布

$$P(Y=y_j)=\sum_i P_{ij}=P_{\cdot j}\qquad j=1,2,\cdots$$

为 Y 的边缘分布.

3.条件分布

对固定的 i,若 $P(X=x_i)=P_{i\cdot}>0$,则称

$$P\{Y=y_j\mid X=x_i\}=\frac{P(X=x_i,Y=y_j)}{P(X=x_i)}=\frac{P_{ij}}{P_{i\cdot}}\quad j=1,2,\cdots$$

为在 $X=x_i$ 条件下,随机变量 Y 的条件分布律.

同理对固定的 j,若 $P(Y=y_j)>0$,则称

$$P\{X=x_i\mid Y=y_j\}=\frac{P(X=x_i,Y=y_j)}{P(Y=y_j)}=\frac{P_{ij}}{P_{\cdot j}}$$

为在 $Y=y_j$ 条件下,随机变量 X 的条件分布律.

4.相互独立的随机变量

若 $P\{X=x_i,Y=y_j\}=P(X=x_i)\cdot P(Y=y_j)$,即 $P_{ij}=P_{i\cdot}\cdot P_{\cdot j}$,对一切的 i,j 都成立,称随机变量 X 和 Y 是相互独立的.

5.分布函数

$F(x,y)\triangleq P(X\leqslant x,Y\leqslant y)$ 称为二维随机变量 (X,Y) 的分布函数,或称为随机变量 X 和 Y 的联合分布函数.

$F(x,y)$ 的性质:

(1) $0\leqslant F(x,y)\leqslant 1$;

(2) $F(+\infty,+\infty)=1,F(-\infty,y)=0,F(x,-\infty)=0,F(-\infty,-\infty)=0$;

(3) $F(x,y)$ 是 x 和 y 的不减函数;

(4) $F(x,y)=F(x+0,y),F(x,y)=F(x,y+0)$,即 $F(x,y)$ 关于 x 右连续,关于 y 也是右连续;

(5) 对于任意的 $(x_1 y_1),(x_2 y_2),x_1<x_2,y_1<y_2$,有

$$P(x_1<X\leqslant x_2,y_1<Y\leqslant y_2)=F(x_2 y_2)-F(x_2 y_1)+F(x_1 y_1)-F(x_1 y_2)$$

三、连续型随机变量

1.概率密度函数

设 (X,Y) 的分布函数为 $F(x,y)$,如果存在非负函数 $f(x,y)$,使对于任意的 x,y 有,

$F(x,y)=\int_{-\infty}^{x}\int_{-\infty}^{y}f(u,v)\mathrm{d}u\mathrm{d}v$,则称 (X,Y) 是连续型的二维随机变量.

非负函数 $f(x,y)$ 称为 (X,Y) 的概率密度函数,或称随机变量 X 和 Y 的联合概率密度函数.

$f(x,y)$ 的性质:

(1) $f(x,y) \geqslant 0$;

(2) $\int_{-\infty}^{+\infty} \int_{-\infty}^{+\infty} f(x,y)\mathrm{d}x\mathrm{d}y = 1$;

(3) 若 $f(x,y)$ 在点 (x,y) 连续,则有 $\dfrac{\partial^2 F}{\partial x \partial y} = f(x,y)$;

(4) 对于平面区域 D 有 $P((X,Y) \in D) = \iint\limits_{D} f(x,y)\mathrm{d}x\mathrm{d}y$;

(5) 对于任何平面曲线 L 有 $P((X,Y) \in L) = 0$.

2.边缘分布(边际分布)

称 $f_X(x) = \displaystyle\int_{-\infty}^{+\infty} f(x,y)\mathrm{d}y$ 为关于 X 的边缘密度函数;

$f_Y(y) = \displaystyle\int_{-\infty}^{+\infty} f(x,y)\mathrm{d}x$ 为关于 Y 的边缘密度函数.

称 $F_X(x) = \displaystyle\int_{-\infty}^{x} f_X(u)\mathrm{d}u$ 为关于 X 的边缘分布函数;

$F_Y(y) = \displaystyle\int_{-\infty}^{y} f_Y(v)\mathrm{d}v$ 为关于 Y 的边缘分布函数.

3.条件分布

称 $f_{X|Y}(x|y) = \dfrac{f(x,y)}{f_Y(y)}$ $(f_Y(y) > 0)$ 为在条件 $Y=y$ 下,X 的条件密度函数;

$f_{Y|X}(y|x) = \dfrac{f(x,y)}{f_X(x)}$ $(f_X(x) > 0)$ 为在条件 $X=x$ 下,Y 的条件密度函数.

称 $F_{X|Y}(x|y) = \displaystyle\int_{-\infty}^{x} \dfrac{f(u,y)}{f_Y(y)}\mathrm{d}u$ 为在条件 $Y=y$ 下,X 的条件分布函数;

$F_{Y|X}(y|x) = \displaystyle\int_{-\infty}^{y} \dfrac{f(x,u)}{f_X(x)}\mathrm{d}u$ 为在条件 $X=x$ 下,Y 的条件分布函数.

4.随机变量的独立性

(X,Y) 的概率密度为 $f(x,y)$,边缘密度函数为 $f_X(x),f_Y(y)$,若 $f(x,y) = f_X(x) \cdot f_Y(y)$,称 X,Y 独立.

或 (X,Y) 的分布函数为 $F(x,y)$,边缘分布函数 $F_X(x),F_Y(y)$,若 $F(x,y) = F_X(x) \cdot F_Y(y)$,称 X,Y 独立.

5.两个常见的二维分布

(1) 二维均匀分布

若 (X,Y) 的联合密度函数为

$$f(x,y) = \begin{cases} \dfrac{1}{S(D)} & (x,y) \in D \\ 0 & 其他 \end{cases}$$

D 为一平面有界区域,$S(D)$ 为 D 的面积,则称 (X,Y) 服从二维均匀分布,记作 $(X,Y) \sim U(D)$.

(2) 二维正态分布

若 (X,Y) 的联合密度函数为

$$f(x,y) =$$

$$\frac{1}{2\pi\sigma_1\sigma_2\sqrt{1-\rho^2}} \cdot \exp\left\{-\frac{1}{2(1-\rho^2)}\left[\frac{(x-\mu_1)^2}{\sigma_1^2} - \frac{2\rho(x-\mu_1)(y-\mu_2)}{\sigma_1\sigma_2} + \frac{(y-\mu_2)^2}{\sigma_2^2}\right]\right\}$$

其中，μ_1,μ_2 为常数，$\sigma_1>0,\sigma_2>0$ 为常数，$|\rho|<1$，称 (X,Y) 服从二维正态分布，记作 $(X,Y) \sim N(\mu_1,\mu_2,\sigma_1^2,\sigma_2^2,\rho)$.

注：(1) 设 (X,Y) 服从矩形区域 $D=\{(x,y)\,|\,a\leqslant x\leqslant b,c\leqslant y\leqslant d\}$ 上的均匀分布，则两个边际分布都是均匀分布，即 $X\sim U[a,b]$，$Y\sim U[c,d]$，且 X 与 Y 独立，从而两个条件分布也是均匀分布.

(2) 设 (X,Y) 服从圆形区域 $D=\{(x,y)\,|\,x^2+y^2\leqslant r^2\}$ 上的均匀分布，则两个边际分布都不是均匀分布，但两个条件分布都是均匀分布.

(3) $(X,Y)\sim U(D)$，$D_1\subset D$，则 $P((X,Y)\in D_1)=\dfrac{D_1}{D}$.

(4) $(X,Y)\sim N(\mu_1,\mu_2,\sigma_1^2,\sigma_2^2,\rho)$，则：

(i) $X\sim N(\mu_1,\sigma_1^2)$，$Y\sim N(\mu_2,\sigma_2^2)$；

(ii) X 与 Y 的线性组合，C_1X+C_2Y 仍服从正态分布，即

$$c_1X+c_2Y \sim N(c_1\mu_1+c_2\mu_2, c_1^2\sigma_1^2+c_2^2\sigma_2^2+2c_1c_2\rho\sigma_1\sigma_2)$$

(iii) X,Y 独立 $\Leftrightarrow X,Y$ 不相关 $\Leftrightarrow \rho=0$.

四、随机变量函数的分布

已知 (X,Y) 的概率分布，则 $Z=g(X,Y)$ 的分布函数为

$$F_Z(z)=P\{Z\leqslant z\}=P\{g(x,y)\leqslant z\}$$

常见的两种情况：

1. 和的分布

设 $(X,Y)\sim f(x,y)$，则 $Z=X+Y$ 的密度函数为

$$f_Z(z)=\int_{-\infty}^{+\infty}f(x,z-x)\,\mathrm{d}x=\int_{-\infty}^{+\infty}f(z-y,y)\,\mathrm{d}y$$

当 X,Y 独立时，有卷积公式

$$f_Z(z)=\int_{-\infty}^{+\infty}f_X(x)\,f_Y(z-x)\,\mathrm{d}x=\int_{-\infty}^{+\infty}f_X(z-y)f_Y(y)\,\mathrm{d}y$$

2. 最值分布

设 X 与 Y 独立，其分布函数分别为 $F_X(x),F_Y(y)$，则 $z_1=\max(X,Y)$，$z_2=\min(X,Y)$ 的分布函数为

$$F_{Z_1}(z)=P\{Z_1\leqslant z\}=P\{\max(X,Y)\leqslant z\}=P\{X\leqslant z,Y\leqslant z\}=F_X(z)F_Y(z)$$

$$F_{Z_2}(z)=P\{Z_2\leqslant z\}=P\{\min(X,Y)\leqslant z\}=1-P\{\min(X,Y)>z\}=$$
$$1-P\{X>z,Y>z\}=1-[1-F_X(z)][1-F_Y(z)]$$

五、典型题型与例题分析

例 1　设随机变量 X 在 $1,2,3,4$ 四个整数中等可能地取值，另一个随机变量 Y 在 $1\sim X$ 中等可能地取一整数值，试求：(1)(X,Y) 的分布律及边际分布律；(2)$X=4$ 的条件下，

Y 的分布律.

解 （1）由乘法公式

$$P(X=i,Y=j)=P(X=i)P(Y=j\mid X=i)=\frac{1}{4}\cdot\frac{1}{i}\quad i=1,2,3,4\ ,j\leqslant i$$

于是 (X,Y) 的分布律如下

Y \ X	1	2	3	4	P_i
1	$\frac{1}{4}$	0	0	0	$\frac{1}{4}$
2	$\frac{1}{8}$	$\frac{1}{8}$	0	0	$\frac{1}{4}$
3	$\frac{1}{12}$	$\frac{1}{12}$	$\frac{1}{12}$	0	$\frac{1}{4}$
4	$\frac{1}{16}$	$\frac{1}{16}$	$\frac{1}{16}$	$\frac{1}{16}$	$\frac{1}{4}$
P_j	$\frac{25}{48}$	$\frac{13}{48}$	$\frac{7}{48}$	$\frac{3}{48}$	

（2）$X=4$ 的条件下，Y 的分布律

Y	1	2	3	4
P	$\frac{\frac{1}{16}}{\frac{1}{4}}$	$\frac{\frac{1}{16}}{\frac{1}{4}}$	$\frac{\frac{1}{16}}{\frac{1}{4}}$	$\frac{\frac{1}{16}}{\frac{1}{4}}$

即

Y	1	2	3	4
P	$\frac{1}{4}$	$\frac{1}{4}$	$\frac{1}{4}$	$\frac{1}{4}$

例 2 把三个球等可能地放入编号为 1，2，3 的三个盒中，记 X 为落入第 1 号盒中的球的个数，Y 为落入第 2 号盒中的球的个数，试求：（1）(X,Y) 的联合分布律；（2）边际分布律.

解 （1）由乘法公式

$$P(X=i,Y=j)=P(Y=j)P(X=i\mid Y=j)\quad 0\leqslant i+j\leqslant 3$$

而

$$P(Y=j)=C_3^j\left(\frac{1}{3}\right)^3\left(\frac{2}{3}\right)^{3-j}\quad 0\leqslant j\leqslant 3$$

$$P(X=i\,|\,Y=j)=\text{C}_{3-j}^{i}\,\left(\frac{1}{2}\right)^{i}\left(\frac{1}{2}\right)^{3-j-i}=\text{C}_{3-j}^{i}\,\left(\frac{1}{2}\right)^{3-j}\quad 0\leqslant i+j\leqslant 3$$

所以

$$P(X=i,Y=j)=\text{C}_{3}^{j}\,\left(\frac{1}{3}\right)^{j}\left(\frac{2}{3}\right)^{3-j}\text{C}_{3-j}^{i}\,\left(\frac{1}{2}\right)^{3-j}=\text{C}_{3-j}^{i}\text{C}_{3}^{j}\,\left(\frac{1}{3}\right)^{3}=$$

$$\frac{1}{27}\,\frac{3!}{i!\,j!\,(3-i-j)!}\quad 0\leqslant i+j\leqslant 3$$

显然当 $i+j>3$，$P(X=i,Y=j)=0$，于是 (X,Y) 的联合分布律为

Y \ X	0	1	2	3
0	$\frac{1}{27}$	$\frac{1}{9}$	$\frac{1}{9}$	$\frac{1}{27}$
1	$\frac{1}{9}$	$\frac{2}{9}$	$\frac{1}{9}$	0
2	$\frac{1}{9}$	$\frac{1}{9}$	0	0
3	$\frac{1}{27}$	0	0	0

（2）边际分布律为

X	0	1	2	3
$P_{i\cdot}$	$\frac{8}{27}$	$\frac{4}{9}$	$\frac{2}{9}$	$\frac{1}{27}$

Y	0	1	2	3
$P_{\cdot j}$	$\frac{8}{27}$	$\frac{4}{9}$	$\frac{2}{9}$	$\frac{1}{27}$

例 3　将一枚均匀硬币连掷三次，以 X 表示三次试验中出现正面的次数，Y 表示出现正面的次数与出现反面的次数的差的绝对值，求 (X,Y) 的联合分布律.

解　显然 X 可取 $0,1,2,3$，而 Y 可取 $1,3$，利用二项分布计算

$$P(X=0,Y=3)=\left(\frac{1}{2}\right)^{3}=\frac{1}{8}$$

$$P(X=1,Y=1)=\text{C}_{3}^{1}\left(\frac{1}{2}\right)\left(\frac{1}{2}\right)^{2}=\frac{3}{8}$$

$$P(X=2,Y=1)=\text{C}_{3}^{2}\left(\frac{1}{2}\right)^{2}\left(\frac{1}{2}\right)=\frac{3}{8}$$

$$P(X=3,Y=3)=\left(\frac{1}{2}\right)^{3}=\frac{1}{8}$$

即 (X,Y) 的联合分布律为

X \ Y	1	3
0	0	$\frac{1}{8}$
1	$\frac{3}{8}$	0
2	$\frac{3}{8}$	0
3	0	$\frac{1}{8}$

例 4 假设随机变量 $V \sim U[-2,2]$,随机变量

$$X = \begin{cases} -1 & \text{若 } V \leqslant -1, \\ 1 & \text{若 } V > -1 \end{cases} \quad Y = \begin{cases} -1 & \text{若 } V \leqslant 1 \\ 1 & \text{若 } V > 1 \end{cases}$$

写出 (X,Y) 的联合分布律. 判断 X,Y 是否独立.

解 (X,Y) 的可能取值为 $(-1,-1),(-1,1),(1,-1),(1,1)$,而且

$$P(X=-1,Y=-1) = P(V \leqslant -1, V \leqslant 1) = P(V \leqslant -1) = \frac{1}{4}$$

$$P(X=-1,Y=1) = P(V \leqslant -1, V > 1) = 0$$

$$P(X=1,Y=-1) = P(V > -1, V \leqslant 1) = P(-1 \leqslant V \leqslant 1) = \frac{1}{2}$$

$$P(X=1,Y=1) = P(V > -1, V > 1) = P(V > 1) = \frac{1}{4}$$

故 (X,Y) 的联合分布律为

X \ Y	-1	1
-1	$\frac{1}{4}$	0
1	$\frac{1}{2}$	$\frac{1}{4}$

$$P(X=-1,Y=-1) = \frac{1}{4} \neq P(X=-1)P(Y=-1), \text{故 } X,Y \text{ 不独立 .}$$

例 5 设二维随机变量 (X,Y) 在区域 D 上服从均匀分布,其中 $D = \{(x,y) \mid 0 < x < 1, |y| < x\}$. 试求 (X,Y) 关于 X 和 Y 的边际密度和条件密度.

解 D 的面积为 1,故 (X,Y) 的联合密度函数为

$$f(x,y) = \begin{cases} 1 & 0 < x < 1, |y| < x \\ 0 & \text{其他} \end{cases}$$

$$f_X(x) = \int_{-\infty}^{+\infty} f(x,y)\mathrm{d}y = \begin{cases} 2x & 0 < x < 1 \\ 0 & \text{其他} \end{cases}$$

$$f_Y(y) = \int_{-\infty}^{+\infty} f(x,y)\mathrm{d}x = \begin{cases} \displaystyle\int_y^1 \mathrm{d}x = 1 - y & 0 \leqslant y \leqslant 1 \\ \displaystyle\int_{-y}^1 \mathrm{d}x = 1 + y & -1 < y < 0 \\ 0 & \text{其他} \end{cases} = \begin{cases} 1 - |y| & |y| < 1 \\ 0 & \text{其他} \end{cases}$$

当 $-1 < y < 1$ 时

$$f_{X|Y}(x|y) = \begin{cases} \dfrac{1}{1 - |y|} & |y| < x < 1 \\ 0 & \text{其他} \end{cases}$$

当 $0 < x < 1$ 时

$$f_{Y|X}(y|x) = \begin{cases} \dfrac{1}{2x} & |y| \leqslant x < 1 \\ 0 & \text{其他} \end{cases}$$

例 6　设随机变量 $X \sim U(0,2)$，而随机变量 $Y \sim U(X,2)$，试求：X 与 Y 的联合密度 $f(x,y)$；Y 的概率密度.

解　X 的密度函数

$$f_X(x) = \begin{cases} \dfrac{1}{2} & 0 < x < 2 \\ 0 & \text{其他} \end{cases}$$

在 $X = x$ 条件下，Y 的密度函数为

$$f_{Y|X}(y|x) = \begin{cases} \dfrac{1}{2-x} & 0 < x < y < 2 \\ 0 & \text{其他} \end{cases}$$

(X,Y) 联合密度函数为

$$f(x,y) = f_X(x)f_{Y|X}(y|x) = \begin{cases} \dfrac{1}{2(2-x)} & 0 < x < y < 2 \\ 0 & \text{其他} \end{cases}$$

$$f_Y(y) = \int_{-\infty}^{+\infty} f(xy)\mathrm{d}x = \begin{cases} \displaystyle\int_0^y \dfrac{1}{2(2-x)}\mathrm{d}x = \dfrac{1}{2}\ln\dfrac{2}{2-y} & 0 < y < 2 \\ 0 & \text{其他} \end{cases}$$

例 7　设 X 和 Y 是两个相互独立的随机变量，X 在 $(0,1)$ 上服从均匀分布，Y 的密度函数 $f_Y(y) = \displaystyle\int_{-\infty}^{+\infty} f(x,y)\mathrm{d}x = \begin{cases} \dfrac{1}{2}\mathrm{e}^{-\frac{1}{2}y} & y > 0 \\ 0 & y \leqslant 0 \end{cases}$，求 (X,Y) 的联合密度.

解　$f_X(x) = \begin{cases} 1 & 0 < x < 1 \\ 0 & \text{其他} \end{cases}$，$X, Y$ 独立

$$f(x,y) = f_X(x)f_Y(y) = \begin{cases} \dfrac{1}{2}\mathrm{e}^{-\frac{1}{2}y} & 0 < x < 1, y > 0 \\ 0 & \text{其他} \end{cases}$$

例 8　设 X 与 Y 均服从正态分布 $N(0,\sigma^2)$,而且 $P\{X \leqslant 2, Y \leqslant -2\} = \dfrac{1}{4}$,则 $P\{X > 2, Y > -2\} = $ _____.

解　可得

$$P\{X > 2, Y > -2\} = 1 - P\{(X \leqslant 2) \bigcup (Y \leqslant -2)\} =$$
$$1 - (P\{X \leqslant 2\} - P\{Y \leqslant -2\}) + P\{X \leqslant 2, Y \leqslant -2\} =$$
$$1 - \Phi\left(\frac{2}{\sigma}\right) - \Phi\left(-\frac{2}{\sigma}\right) + \frac{1}{4} = \frac{1}{4}$$

例 9　设 $X \sim N(-3,1), Y \sim N(2,1), X, Y$ 独立,设 $Z = X - 2Y + 7$,则 Z 服从什么分布?

解　由正态随机变量的性质可知 $Z \sim N(0,5)$.

例 10　在一简单电路中,两电阻 R_1 和 R_2 串联且独立,它们的概率密度均为

$$f(x) = \begin{cases} \dfrac{10-x}{50} & 0 \leqslant x \leqslant 10 \\ 0 & \text{其他} \end{cases}$$

试求总电阻 $R = R_1 + R_2$ 的密度函数.

解　设 R 的密度为 $f_R(z)$,则

$$f_R(z) = \int_{-\infty}^{+\infty} f(x)f(z-x)\,\mathrm{d}x$$

易知仅当

$$\begin{cases} 0 \leqslant x \leqslant 10 \\ 0 \leqslant z - x \leqslant 10 \end{cases}$$

即

$$\begin{cases} 0 < x < 10 \\ z - 10 < x < z \end{cases}$$

$$\begin{cases} \displaystyle\int_0^z \frac{10-x}{50}\frac{10-3+x}{50}\,\mathrm{d}x & 0 \leqslant z < 10 \\ \displaystyle\int_{z-10}^{10} \frac{10-x}{50}\frac{10-z+x}{50}\,\mathrm{d}x & 10 \leqslant z < 20 \\ 0 & \text{其他} \end{cases} =$$

$$\begin{cases} \dfrac{1}{15000}(z^3 - 60z^2 + 600z) & 0 \leqslant z < 10 \\ \dfrac{1}{15000}(20-z)^3 & 10 \leqslant z < 20 \\ 0 & \text{其他} \end{cases}$$

例 11　设随机变量 X 的概率分布为

X	0	$\dfrac{\pi}{2}$	π
P	$\dfrac{1}{4}$	$\dfrac{1}{2}$	$\dfrac{1}{4}$

则 $Y = \sin X$ 的概率分布为_____.

解 可得

Y	0	1
P	$\dfrac{1}{2}$	$\dfrac{1}{2}$

例 12 X,Y 独立,且 X 在 $[0,1]$ 上服从均匀分布,Y 的密度函数为 $f_Y(y) = \begin{cases} e^{-y} & y > 0 \\ 0 & y \leqslant 0 \end{cases}$,求 $Z = X + Y$ 的概率密度.

解 $f_Z(z) = \displaystyle\int_{-\infty}^{+\infty} f_X(x) f_Y(z-x)\,\mathrm{d}x = \begin{cases} 0 & z \leqslant 0 \\ 1 - e^{-z} & 0 < z \leqslant 1. \\ e^{-z}(e-1) & z > 1 \end{cases}$

第 3 章习题

一、填空题

1.若 (X,Y) 的联合密度为 $f(x,y) = \begin{cases} Ae^{-(2x+y)} & x > 0, y > 0 \\ 0 & \text{其他} \end{cases}$,则常数 $A = (\quad)$.

2.已知 (X,Y) 的联合密度函数为 $f(x,y) = \begin{cases} e^{-y} & 0 < x < y \\ 0 & \text{其他} \end{cases}$,则 X 的密度函数 $f_X(x) = (\quad)$.

3.设 X 与 Y 独立,均服从 $U[1,3]$.记 $A = (X \leqslant a)$,$B = (Y > a)$,且 $P(A \cup B) = \dfrac{7}{9}$,则 $a = (\quad)$.

4.设 $P\{X \geqslant 0, Y \geqslant 0\} = \dfrac{3}{7}$,$P\{X \geqslant 0\} = P\{Y \geqslant 0\} = \dfrac{4}{7}$,则 $P\{\max(X,Y) \geqslant 0\} = (\quad)$.

5.设 $P\{X \geqslant 0, Y \geqslant 0\} = \dfrac{2}{7}$,$P\{X \geqslant 0\} = P\{Y \geqslant 0\} = \dfrac{4}{7}$,则 $P\{\max(X, Y < 0)\} = (\quad)$.

6.设 $P\{X \geqslant 0, Y \geqslant 0\} = \dfrac{3}{7}$,$P\{X \geqslant 0\} = P\{Y \geqslant 0\} = \dfrac{4}{7}$,则 $P\{\max(X,Y) < 0\} = (\quad)$.

7.X 服从参数为 3 的指数分布,Y 服从参数为 2 的指数分布. X 与 Y 独立,则

(X,Y) 的联合密度函数 $f(x,y)=($ $).$

8.设随机向量 (X,Y) 的分布律为

X＼Y	1	2	3
1	$\frac{1}{6}$	$\frac{1}{9}$	$\frac{1}{18}$
2	$\frac{1}{3}$	a	b

则 a,b 满足的条件是(   ).

9.若 $(X,Y)\sim N(\mu_1,\mu_2,\sigma_1^2,\sigma_2^2,\rho)$,则 X,Y 独立的充要条件是 $\rho=($).

10.设相互独立的两个随机变量 X,Y 具有同一分布律,且 X 的分布律为

X	0	1
P	$\frac{1}{2}$	$\frac{1}{2}$

则 $Z=\max(X,Y)$ 的分布律为(   ).

11.$X\sim P(1),Y\sim P(2),X,Y$ 独立,则 $P\{\max(X,Y)\neq 0\}=($).

12.(X,Y) 的联合密度函数为 $f(x,y)=\begin{cases} Ay^2 & 0\leqslant y\leqslant x\leqslant 1 \\ 0 & \text{其他} \end{cases}$,则 A 为(   ).

二、单项选择题

1.设 X 与 Y 独立同分布,$P\{X=-1\}=P\{Y=-1\}=\frac{1}{2}$,$P\{X=1\}=P\{Y=1\}=\frac{1}{2}$,则(   ).

(A)$P\{X=Y\}=\frac{1}{2}$ (B)$P\{X=Y\}=1$

(C)$P\{X+Y\}=\frac{1}{4}$ (D)$P\{XY=1\}=\frac{1}{4}$

2.(X,Y) 的联合分布律为

X＼Y	1	2	3
1	$\frac{1}{6}$	$\frac{1}{9}$	$\frac{1}{18}$
2	$\frac{1}{3}$	α	β

又已知 X,Y 独立,则 α,β 值必为(   ).

(A)$\alpha=\frac{1}{9},\beta=\frac{2}{9}$ (B) $\alpha=\frac{2}{9},\beta=\frac{1}{9}$

(C) $\alpha=\frac{1}{6},\beta=\frac{1}{6}$ (D) $\alpha=\frac{5}{18},\beta=\frac{1}{18}$

3. 设 X,Y 独立,且 X,Y 的分布函数分别为 $F_X(x)$,$F_Y(y)$,令 $Z=\min(X,Y)$,则 Z 的分布函数 $F_Z(z)$ 为(　　).

(A)$F_X(z)F_Y(z)$　　　　　　　　　(B)$1-F_X(z)F_Y(z)$

(C)$[1-F_X(z)][1-F_Y(z)]$　　(D)$1-[1-F_X(z)][1-F_Y(z)]$

4. (X,Y) 的联合密度函数为 $f(x,y)=\begin{cases}Ay^2 & 0\leqslant y\leqslant x\leqslant 1 \\ 0 & \text{其他}\end{cases}$,则 A 为(　　).

(A) 6　　　　　(B) 9　　　　　(C) 10　　　　　(D) 12

5. 设随机变量 X 与 Y 相互独立具有同一分布,且 X 的分布律为

X	0	1
P	$\frac{1}{2}$	$\frac{1}{2}$

则(　　)正确.

(A)$P\{X=Y\}=0$　　　　　　　　　(B)$P\{X=Y\}=1$

(C)$P\{X=Y\}=\frac{1}{2}$　　　　　　(D)$P\{X\neq Y\}=\frac{1}{3}$

6. 设 X 与 Y 相互独立

X	0	1
P	$\frac{1}{2}$	$\frac{1}{2}$

Y	0	1
P	$\frac{2}{3}$	$\frac{1}{3}$

则方程 $t^2+2Xt+Y=0$ 中 t 有相同实根的概率为(　　).

(A) $\frac{1}{3}$　　　　(B) $\frac{1}{2}$　　　　(C) $\frac{1}{6}$　　　　(D) $\frac{2}{3}$

7. 设相互独立的随机变量 X 与 Y 均服从区间上的均匀分布,则服从相应区间或区域上均匀分布的有(　　).

(A)X^2　　　　(B)$X+Y$　　　　(C)$X-Y$　　　　(D)(X,Y)

8. 下列二元函数中,能够作为分布函数的是(　　).

(A)$F(x,y)=\begin{cases}1 & x+y>0.8 \\ 0 & \text{其他}\end{cases}$　　(B)$F(x,y)=\begin{cases}e^{-x-y} & x>0,y>0 \\ 0 & \text{其他}\end{cases}$

(C)$F(x,y)=\int_{-\infty}^{x}\int_{-\infty}^{y}e^{-s-t}\mathrm{d}s\mathrm{d}t$　　(D)$F(x,y)=\begin{cases}\int_{0}^{x}\int_{0}^{y}e^{-s-t}\mathrm{d}s\mathrm{d}t & x>0,y>0 \\ 0 & \text{其他}\end{cases}$

9. X 服从参数为 1 的指数分布,则 $Y=\max(1,X)$ 的分布函数 $F_Y(y)$ 是(　　).

(A)$F_Y(y)=\begin{cases}0 & y<1 \\ 1-e^{-y} & y\geqslant 1\end{cases}$　　(B)$F_Y(y)=\begin{cases}0 & y\leqslant 1 \\ 1-e^{-y} & y>1\end{cases}$

$(C) F_Y(y) = \begin{cases} 0 & y < 1 \\ e^{-y} & y \geqslant 1 \end{cases}$ $(D) F_Y(y) = \begin{cases} 0 & y \leqslant 1 \\ e^{-y} & y > 1 \end{cases}$

10. 设 (X,Y) 的联合密度函数为 $f(x,y) = \begin{cases} k(x^2+y^2) & 0 < x < 2, 1 < y < 4 \\ 0 & \text{其他} \end{cases}$,则 $k = ($ $)$.

(A) $\dfrac{1}{30}$ (B) $\dfrac{1}{50}$ (C) $\dfrac{1}{60}$ (D) $\dfrac{1}{80}$

11. X,Y 独立,$X \sim U(0,2)$,Y 的密度函数 $f_Y(y) = \begin{cases} e^{-y} & y \geqslant 0 \\ 0 & \text{其他} \end{cases}$,则 $P(X+Y \geqslant 1)$ 为 $($ $)$.

(A) $1 - e^{-1}$ (B) $1 - e^{-2}$ (C) $1 - \dfrac{1}{2}e^{-1}$ (D) $1 - 2e^{-2}$

三、计算题

1. 设随机向量 (X,Y) 的联合概率密度为 $f(x,y) = \begin{cases} 6x^2y & 0 \leqslant x \leqslant 1, 0 \leqslant y \leqslant 1 \\ 0 & \text{其他} \end{cases}$,求:(1) X,Y 的边际密度函数;(2) X,Y 独立否?

2. (X,Y) 联合概率密度 $f(x,y) = \begin{cases} A & x^2 \leqslant y \leqslant x \\ 0 & \text{其他} \end{cases}$,求:(1) A;(2) $f_X(x)$,$f_Y(y)$;(3) X,Y 是否独立.

3. 设随机变量 $X_i \sim \begin{bmatrix} -1 & 0 & 1 \\ \dfrac{1}{4} & \dfrac{1}{2} & \dfrac{1}{4} \end{bmatrix}$,$i = 1,2$,且 $P(X_1X_2 = 0) = 1$,写出 (X_1,X_2) 的联合分布律,并求 $P(X_1 = X_2)$.

4. 设随机变量 (X,Y) 的概率密度为 $f(x,y) = \begin{cases} e^{-(x+y)} & x \geqslant 0, y \geqslant 0 \\ 0 & \text{其他} \end{cases}$.

(1) 求 $f_{X|Y}(x \mid y)$;(2) 求 $f_{Y|X}(y \mid x)$;(3) 说明 X 与 Y 的独立性.

5. (X,Y) 的联合密度函数为 $f(x,y) = \begin{cases} Axy^2 & 0 \leqslant x \leqslant 2, 0 \leqslant y \leqslant 1 \\ 0 & \text{其他} \end{cases}$,求:(1) A;(2) $f_X(x)$,$f_Y(y)$;(3) X,Y 独立否.

6. 事件 A,B 满足 $P(A) = \dfrac{1}{4}$,$P(B \mid A) = P(A \mid B) = \dfrac{1}{2}$.令 $X = \begin{cases} 1 & \text{若 } A \text{ 发生} \\ 0 & \text{否则} \end{cases}$,$Y = \begin{cases} 1 & \text{若 } B \text{ 发生} \\ 0 & \text{否则} \end{cases}$.试求 (X,Y) 的联合分布律.

7. 某箱装有 100 件产品,其中一、二、三等品分别为 80 件,10 件,10 件,现从中随机抽取一件.记 $X_i = \begin{cases} 1 & \text{若抽到 } i \text{ 等品} \\ 0 & \text{其他} \end{cases}$,$i = 1,2,3$.试求 (X_1,X_2) 的分布律.

8. 设二维随机变量 (X,Y) 的密度函数为

$$f(x,y) = \begin{cases} \dfrac{1}{\pi} & x^2 + y^2 \leqslant 1 \\ 0 & \text{其他} \end{cases}$$

(1) 求随机变量 X,Y 的边缘密度；(2) 判定 X,Y 是否相关.

9. 设随机变量 X 和 Y 具有联合概率密度

$$f(x,y) = \begin{cases} 6 & x^2 \leqslant y \leqslant x \\ 0 & \text{其他} \end{cases}$$

(1) 求边缘概率密度 $f_X(x)$，$f_Y(y)$；(2) 判断 X,Y 是否独立.

10. 设 (X,Y) 的分布函数 $F(x,y) = A(B + \arctan \dfrac{x}{2})(C + \arctan \dfrac{y}{3})$，试求：(1) 常数 A,B,C；(2) (X,Y) 的联合密度函数.

11. (X,Y) 的联合密度为 $f(x,y) = \begin{cases} cxy & 0 < x < 1, 0 < y < 1 \\ 0 & \text{其他} \end{cases}$，求：(1) 常数 c；(2) $P(X = Y)$；(3) $P(X < Y)$.

12. 设随机变量 X_1, X_2, X_3, X_4 独立同分布且 $P(X_i = 0) = 0.6, P(X_i = 1) = 0.4, i = 1,2,3,4$，求行列式 $X = \begin{vmatrix} X_1 & X_2 \\ X_3 & X_4 \end{vmatrix} = X_1 X_4 - X_2 X_3$ 的概率分布.

13. 设 (X,Y) 的概率密度为 $f(x,y) = \begin{cases} k(6 - x - y) & 0 \leqslant x \leqslant 2, 2 \leqslant y \leqslant 4 \\ 0 & \text{其他} \end{cases}$，求：
(1) k 的值；(2) $P(X \leqslant 2, Y \leqslant 3)$；(3) $P(X \leqslant \dfrac{3}{2})$；(4) $P(X + Y \leqslant 4)$.

14. 设 (X,Y) 的联合密度为 $f(x,y) = \begin{cases} cx^2 y & x^2 \leqslant y \leqslant 1 \\ 0 & \text{其他} \end{cases}$，求：(1) c；(2) 边际密度函数.

15. 设一批产品中有一等品 30%，二等品 50%，三等品 20%，从这些产品中有放回地每次抽取一件，共抽 5 次，X,Y 分别表示取出的 5 件产品中一等品、二等品的件数，求 (X,Y) 的联合分布律及边际分布律.

16. 设 X,Y 独立同分布，已知 X 的分布律为 $P(X = i) = \dfrac{1}{3}, i = 1,2,3$，令 $U = \max(X, Y), V = \min(X,Y)$，求：(1) (U,V) 的联合分布律；(2) U,V 的边际分布律；(3) 在 $V = 2$ 的条件下，U 的分布律.

17. $(X,Y) \sim f(x,y) = \begin{cases} Axy & 0 \leqslant x < 1, 0 \leqslant y \leqslant 1 \\ 0 & \text{其他} \end{cases}$，求：(1) A；(2) 边际密度函数；(3) X,Y 独立否；(4) (X,Y) 的分布函数.

18. X,Y 独立，$X \sim N(\mu, \sigma^2), Y \sim U(-\pi, \pi)$，求 $Z = X + Y$ 的密度函数.

四、证明题

1. 设连续型随机变量 X,Y 独立同分布，证明：$P(X \leqslant Y) = \dfrac{1}{2}$.

习题 3 参考答案

一、填空题

(1)

Y X	1	2	3
3	$\frac{1}{10}$	0	0
4	$\frac{2}{10}$	$\frac{1}{10}$	0
5	$\frac{3}{10}$	$\frac{2}{10}$	$\frac{1}{10}$

最大值 X 可能取值为 $3,4,5$,最小值 Y 可能取值为 $1,2,3$.

$P\{X=3,Y=1\}=\dfrac{C_3^3}{C_5^3}=\dfrac{1}{10}, P\{X=4,Y=1\}=\dfrac{C_2^2}{C_5^3}=\dfrac{2}{10}, P\{X=5,Y=1\}=\dfrac{C_3^1}{C_5^3}=\dfrac{3}{10},$

$P\{X=5,Y=2\}=\dfrac{C_2^1}{C_5^3}=\dfrac{2}{10}, P\{X=4,Y=2\}=\dfrac{C_3^1}{C_5^3}=\dfrac{1}{10}, P\{X=5,Y=3\}=\dfrac{C_1^1}{C_5^3}=\dfrac{1}{10}.$

(2)

Y X	0	1
0	$\frac{45}{66}$	$\frac{10}{66}$
1	$\frac{10}{66}$	$\frac{1}{66}$

X,Y 的所有可能取值均为 $0,1$,则

$$P\{X=0,Y=0\}=\frac{10}{12}\times\frac{9}{11}=\frac{45}{66}$$

$$P\{X=0,Y=1\}=\frac{10}{12}\times\frac{2}{11}=\frac{10}{66}$$

$$P\{X=1,Y=0\}=\frac{2}{12}\times\frac{10}{11}=\frac{10}{66}$$

$$P\{X=1,Y=1\}=\frac{2}{12}\times\frac{1}{11}=\frac{1}{66}$$

(3)(i) 见本章例题 3.

(ii)

X	0	1	2	3
P	$\frac{1}{8}$	$\frac{3}{8}$	$\frac{3}{8}$	$\frac{1}{8}$

Y $\diagdown$ X	1	3	P_i
0	0	$\frac{1}{8}$	$\frac{1}{8}$
1	$\frac{3}{8}$	0	$\frac{3}{8}$
2	$\frac{3}{8}$	0	$\frac{3}{8}$
3	0	$\frac{1}{8}$	$\frac{1}{8}$
P_i	$\frac{6}{8}$	$\frac{2}{8}$	1

(iii)

Y	1	3
P	$\frac{6}{8}$	$\frac{2}{8}$

(iv)$Y=1$ 的条件下 X 的分布律为

X	1	2
$P\{X\,|\,Y=1\}$	$\frac{1}{2}$	$\frac{1}{2}$

(iv) 在 $Y=1$ 条件下 X 的可能取值为 $1,2$,则

$$P\{X=1 \mid Y=1\}=\frac{P\{X=1,Y=1\}}{P\{Y=1\}}=\frac{\frac{3}{8}}{\frac{6}{8}}=\frac{1}{2}$$

$$P\{X=2 \mid Y=1\}=\frac{P\{X=2,Y=1\}}{P\{Y=1\}}=\frac{\frac{3}{8}}{\frac{6}{8}}=\frac{1}{2}$$

(4)(i)$A=12$；

(ii)$F(x,y)=\begin{cases}(1-\mathrm{e}^{-3x})(1-\mathrm{e}^{-4y}) & x>0,y>0 \\ 0 & \text{其他}\end{cases}$；

(iii)$P\{0<X\leqslant 1,0<Y\leqslant 2\}=(1-\mathrm{e}^{-3})(1-\mathrm{e}^{-8})\approx 0.949\ 9$.

(5)$\dfrac{5}{7}$.　见第 3 章习题,填空题第 4 题.

(6)$\dfrac{5}{3}$ 或 $\dfrac{7}{3}$.　见第 3 章习题,填空题第 3 题.

(7)$f_X(x)=\begin{cases}\mathrm{e}^{-x} & x>0 \\ 0 & \text{其他}\end{cases}$.　见第 3 章习题,填空题第 2 题.

(8)$\dfrac{1}{4}$.　D 的面积为 $=\displaystyle\int_1^{\mathrm{e}^2}\dfrac{1}{x}\mathrm{d}x=2$.

所以(X,Y) 的密度函数 $f(x,y)=\begin{cases}\dfrac{1}{2} & (x,y)\in D \\ 0 & \text{其他}\end{cases}$.关于 X 的边缘密度函数

$$f_X(x)=\int_{-\infty}^{+\infty}f(x,y)\mathrm{d}y=\begin{cases}\displaystyle\int_0^{\frac{1}{x}}\dfrac{1}{2}\mathrm{d}y=\dfrac{1}{2x} & 1\leqslant x\leqslant \mathrm{e}^2 \\ 0 & \text{其他}\end{cases}.因此\ f_X(2)=\dfrac{1}{2\times 2}=\dfrac{1}{4}.$$

(9)$f_X(x)=\begin{cases}6(x-x^2) & 0\leqslant x\leqslant 1 \\ 0 & \text{其他}\end{cases}$.　D 的面积 $=\dfrac{1}{2}\times 1\times 1-\displaystyle\int_0^1 x^2\mathrm{d}x=\dfrac{1}{6}$,所以

(X,Y) 的密度函数 $f(x,y)=\begin{cases}6 & (x,y)\in D \\ 0 & \text{其他}\end{cases}$.因此关于 X 的边缘密度函数 $f_X(x)=$

$$\int_{-\infty}^{+\infty}f(x,y)\mathrm{d}y=\begin{cases}\displaystyle\int_{x^2}^{x}6\mathrm{d}y=6(x-x^2) & 0\leqslant x\leqslant 1 \\ 0 & \text{其他}\end{cases}.$$

(10)

Z	0	1
P	$\dfrac{1}{4}$	$\dfrac{3}{4}$

见第 3 章习题,填空题第 10 题.

(11)$1-\dfrac{1}{2\mathrm{e}}$.　由 X 与 Y 相互独立,则 $X+Y$ 的密度函数 $f_Z(z=x+y)=$

$$\int_{-\infty}^{+\infty}f_X(x)f_Y(z-x)\mathrm{d}x.$$

再由 $X\sim U(0,2)$,$Y\sim E(1)$,则 $f_X(x)=\begin{cases}\dfrac{1}{2} & 0<x<2 \\ 0 & \text{其他}\end{cases}$,$f_Y(y)=\begin{cases}\mathrm{e}^{-y} & y>0 \\ 0 & y\leqslant 0\end{cases}$,且

$$f_X(x)f_Y(z-x) = \begin{cases} \dfrac{1}{2}\mathrm{e}^{x-z} & 0 < x < 2 \\ 0 & \text{其他} \end{cases}.\text{因此}$$

$$f_Z(x) = \begin{cases} 0 & z < 0 \\ \dfrac{1}{2}(1-\mathrm{e}^{-z}) & 0 \leqslant z < 2 \\ \dfrac{1}{2}(\mathrm{e}^{2-z}-\mathrm{e}^{-z}) & z \geqslant 2 \end{cases}$$

所以 $P\{X+Y > 1\} = P\{Z > 1\} = 1 - P\{Z \leqslant 1\} = 1 - \int_{-\infty}^{1} f_Z(z)\mathrm{d}z = 1 - \int_{0}^{1} \dfrac{1}{2}(1-$

$\mathrm{e}^{-z})\mathrm{d}z = 1 - \dfrac{1}{2}\mathrm{e}^{-1} = 1 - \dfrac{1}{2\mathrm{e}}.$

$$(12)\, f_Z(z) = \begin{cases} 0 & z < 0 \\ \dfrac{1}{2}(1-\mathrm{e}^{-z}) & 0 \leqslant z < 2 \\ \dfrac{1}{2}(\mathrm{e}^{2}-1)\mathrm{e}^{-z} & z \geqslant 2 \end{cases}.$$

X 的密度函数为 $f_X(x) = \begin{cases} 1 & 0 < x < 1 \\ 0 & \text{其他} \end{cases}$.设 $W = 2X$ 的分布函数为

$F_W(w) = P\{W \leqslant w\} =$

$$P\{2X \leqslant w\} = P\left\{X \leqslant \dfrac{1}{2}w\right\} = \int_{-\infty}^{\frac{1}{2}w} f_x(x)\mathrm{d}x = \begin{cases} 0 & w < 0 \\ \int_{0}^{\frac{1}{2}w} 1\mathrm{d}x = \dfrac{1}{2}w & 0 \leqslant w \leqslant 2 \\ 1 & w \geqslant 2 \end{cases}$$

因此 $W = 2X$ 的密度函数为 $f_W(w) = F'_W(w) = \begin{cases} \dfrac{1}{2} & 0 < w < 2 \\ 0 & \text{其他} \end{cases}$.再由 X 与 Y 相互

独立,则

$$f_Z(z) = \int_{-\infty}^{+\infty} f_W(w) f_Y(z-w)\mathrm{d}w$$

其中

$$f_W(w)f_Y(z-w) = \begin{cases} \dfrac{1}{2}\mathrm{e}^{w-z} & 0 < w < 2\ \ z > w \\ 0 & \text{其他} \end{cases}$$

则

$$f_Z(z) = \begin{cases} 0 & z < 0 \\ \int_{0}^{z} \dfrac{1}{2}\mathrm{e}^{w-z}\mathrm{d}w = \dfrac{1}{2}(1-\mathrm{e}^{-z}) & 0 \leqslant z < 2 \\ \int_{0}^{2} \dfrac{1}{2}\mathrm{e}^{w-z}\mathrm{d}w = \dfrac{1}{2}(\mathrm{e}^{2-z}-\mathrm{e}^{-z}) & z \geqslant 2 \end{cases}$$

$(13)\, 1 - \mathrm{e}^{-3}$.　见第 3 章习题,填空题第 11 题.

$1 - \mathrm{e}^{-1} - \mathrm{e}^{-2} + \mathrm{e}^{-3}.$

$P\{\min(X,Y) \neq 0\} = 1 - P\{\min(X,Y) = 0\} =$

$$1-[P(X=0)+P(Y=0)-P(X=0,Y=0)]=$$
$$1-e^{-1}-e^{-2}+e^{-3}$$

(14) $P\{X+Y\leqslant 1\}=\dfrac{1}{4}.$ 令 $Z=X+Y$，则 $f_Z(z)=\int_{-\infty}^{+\infty}f(x,z-x)\mathrm{d}x,$ 而

$$f(x,z-x)=\begin{cases}6x & 0\leqslant x\leqslant z-x\\0 & 其他\end{cases}=\begin{cases}6x & x\geqslant 0,2x\leqslant z\\0 & 其他\end{cases}$$

所以
$$f_Z(z)=\begin{cases}0 & z<0\\\int_0^{\frac{1}{2}z}6x\mathrm{d}x & z\geqslant 0\end{cases}=\begin{cases}0 & z<0\\\dfrac{3}{4}z^2 & z\geqslant 0\end{cases}$$

进而
$$P\{X+Y\leqslant 1\}=P\{Z\leqslant 1\}=\int_{-\infty}^1 f_Z(z)\mathrm{d}z=\int_0^1\dfrac{3}{4}z^2\mathrm{d}z=\dfrac{1}{4}$$

(15) 0.341 3. $3X_1+2X_2+X_3\sim N(3\times 0+2\times 1+1\times 0,3^2\times 2+2^2\times 3+1\times 6)$，即 $3X_1+2X_2+X_3\sim N(2,6^2)$，所以

$$P\{2\leqslant 3X_1+2X_2+X_3\leqslant 8\}=P\{\dfrac{2-2}{6}\leqslant\dfrac{3X_1+2X_2+X_3-2}{6}\leqslant\dfrac{8-2}{6}\}=$$
$$\Phi(1)-\Phi(0)\approx 0.341\ 3$$

二、单项选择

(1) C. 见第 3 章习题，单项选择题第 8 题.

(2) C. 见第 3 章习题，单项选择题第 5 题.

(3) B. 见第 3 章习题，单项选择题第 6 题.

(4) A. 由 $P\{X_1X_2=0\}=1$，知 $P\{X_1X_2\neq 0\}=0$，所以 (X_1,X_2) 的分布律为

X_1 \ X_2	-1	0	1
-1	0	$\frac{1}{4}$	0
0	$\frac{1}{4}$	0	$\frac{1}{4}$
1	0	$\frac{1}{4}$	0

易知 $P\{X_1=X_2\}=P\{X_1=-1,X_2=-1\}+P\{X_1=0,X_2=0\}+P\{X_1=1,X_2=1\}=0$。

(5) D. 见第 3 章习题，单项选择题第 7 题.

(6) A. 见第 3 章习题，单项选择题第 9 题.

(7) B. 因为 X,Y 独立，所以 $X+Y\sim N(1,2)$.

故 $P(X+Y\leqslant 1)=\Phi\left(\dfrac{1-1}{\sqrt{2}}\right)=\Phi(0)=0.5.$

(8) B. 见第 3 章习题，单项选择题第 2 题.

(9) B. 见第 3 章习题，单项选择题第 10 题.

(10)A.　由 $(X,Y) \sim N(0,0,1,1,0)$，有 X,Y 相互独立，且

$$f_X(x) = \frac{1}{\sqrt{2\pi}} \mathrm{e}^{-\frac{x^2}{2}}, f_Y(y) = \frac{1}{\sqrt{2\pi}} \mathrm{e}^{-\frac{y^2}{2}}$$

从而 $f(x,y) = f_X(x) f_Y(y) = \frac{1}{2\pi} \mathrm{e}^{-\frac{x^2}{2} - \frac{y^2}{2}} = \frac{1}{2\pi} \mathrm{e}^{-\frac{x^2+y^2}{2}}$，$-\infty < x, y < +\infty$. 由 X, Y 的对称性可知

$$P\left\{\frac{X}{Y} < 0\right\} = P\{X > 0, Y < 0\} + P\{X < 0, Y > 0\} = \frac{1}{2}$$

三、计算题

(1)(i) 由 X 与 Y 的所有可能取值均为 $1,2,3$，可得

$$P\{X=1,Y=1\} = 0, P\{X=1,Y=2\} = \frac{1}{3} \times \frac{1}{2} = \frac{1}{6}, P\{X=1,Y=3\} = \frac{1}{3} \times \frac{1}{2} = \frac{1}{6}$$

$$P\{X=2,Y=1\} = \frac{1}{6}, P\{X=2,Y=2\} = 0, P\{X=2,Y=3\} = \frac{1}{6}$$

$$P\{X=3,Y=1\} = \frac{1}{6}, P\{X=2,Y=3\} = \frac{1}{6}, P\{X=3,Y=3\} = 0$$

即

Y\X	1	2	3
1	0	$\frac{1}{6}$	$\frac{1}{6}$
2	$\frac{1}{6}$	0	$\frac{1}{6}$
3	$\frac{1}{6}$	$\frac{1}{6}$	0

(ii) 可得

$$\begin{aligned} P\{X \geqslant Y\} = {} & P\{X=1,Y=1\} + P\{X=2,Y=1\} + P\{X=2,Y=2\} + \\ & P\{X=3,Y=1\} + P\{X=3,Y=2\} + P\{X=3,Y=3\} = \\ & 0 + \frac{1}{6} + 0 + \frac{1}{6} + \frac{1}{6} + 0 = \frac{1}{2} \end{aligned}$$

(2)(i) $\displaystyle\int_{-\infty}^{+\infty}\int_{-\infty}^{+\infty} f(x,y)\mathrm{d}x\mathrm{d}y = 1 \Rightarrow \int_0^{+\infty}\int_0^{+\infty} A\mathrm{e}^{-(2x+4y)}\mathrm{d}y = 1 \Rightarrow \frac{A}{8} = 1 \Rightarrow A = 8.$

(ii) $\displaystyle P\{X \geqslant Y\} = \iint_{X \geqslant Y} f(x,y)\mathrm{d}x\mathrm{d}y = \int_0^{+\infty}\mathrm{d}x\int_0^x 8\mathrm{e}^{-(2x+4y)}\mathrm{d}y = \frac{2}{3}.$

（3）（i）

Y \ X	0	1	$P_i.$
-1	P_1	P_2	$\dfrac{1}{4}$
0	0	P_3	$\dfrac{1}{2}$
1	P_4	P_5	$\dfrac{1}{4}$
$P_{.j}$	$\dfrac{1}{2}$	$\dfrac{1}{2}$	1

则 $P_3 = \dfrac{1}{2}$，再由 $P_2 + \dfrac{1}{2} + P_5 = \dfrac{1}{2}$，有 $P_2 + P_5 = 0$，所以 $P_4 = \dfrac{1}{4}$，$P_1 = \dfrac{1}{4}$，则

Y \ X	0	1
-1	$\dfrac{1}{4}$	0
0	0	$\dfrac{1}{2}$
1	$\dfrac{1}{4}$	0

（ii）边缘分布全不为 0，而联合分布律中有零，故 X 与 Y 不独立.

（iii）可得

$$P\{X=-1 \mid Y=0\} = \frac{P\{X=-1, Y=0\}}{P\{Y=0\}} = -\frac{\dfrac{1}{4}}{\dfrac{1}{2}} = \frac{1}{2}$$

$$P\{X=0 \mid Y=0\} = \frac{P\{X=0, Y=0\}}{P\{Y=0\}} = \frac{0}{\dfrac{1}{2}} = 0$$

$$P\{X=1 \mid Y=0\} = \frac{P\{X=1, Y=0\}}{P\{Y=0\}} = \frac{\dfrac{1}{4}}{\dfrac{1}{2}} = \frac{1}{2}$$

故

X	-1	1
$P\{X \mid Y=1\}$	$\dfrac{1}{2}$	$\dfrac{1}{2}$

(4) 可得
$$P\{X=0, X+Y=1\} = P\{X=0\}P\{X+Y=1\}$$
$$P\{X=0\} = 0.4+a, \quad P\{X+Y=1\} = a+b$$

$a+b+0.4+0.1=1$，故 $a+b=0.5$，由独立性得
$$a = (0.4+a) \times 0.5 \Rightarrow a=0.4, b=0.1$$

(5)(i) $\int_{-\infty}^{+\infty} \int_{-\infty}^{+\infty} f(x,y) \mathrm{d}x \mathrm{d}y = 1 \Rightarrow \int_{0}^{+\infty} \int_{0}^{+\infty} A x \mathrm{e}^{-(x+y)} = 1 \Rightarrow A=1.$

(ii) $f_X(x) = \int_{-\infty}^{+\infty} f(x,y) \mathrm{d}y = \begin{cases} \int_{0}^{+\infty} x\mathrm{e}^{-(x+y)} \mathrm{d}y & x>0 \\ 0 & \text{其他} \end{cases} = \begin{cases} x\mathrm{e}^{-x} & x>0 \\ 0 & \text{其他} \end{cases}.$

$f_Y(y) = \int_{-\infty}^{+\infty} f(x,y) \mathrm{d}x = \begin{cases} \int_{0}^{+\infty} x\mathrm{e}^{-(x+y)} \mathrm{d}x & y>0 \\ 0 & \text{其他} \end{cases} = \begin{cases} \mathrm{e}^{-y} & y>0 \\ 0 & \text{其他} \end{cases}.$

(iii) $f(x,y) = f_X(x) f_Y(y)$，故 X 与 Y 独立.

(6)(i) 因为 D 的面积等于 1，所以 (X,Y) 的密度函数
$$f(x,y) = \begin{cases} 1 & 0<x<1, |y|<x \\ 0 & \text{其他} \end{cases}$$

(ii) $f_X(x) = \int_{-\infty}^{+\infty} f(x,y) \mathrm{d}y = \begin{cases} \int_{-x}^{x} \mathrm{d}x & 0<x<1 \\ 0 & \text{其他} \end{cases} = \begin{cases} 2x & 0<x<1 \\ 0 & \text{其他} \end{cases}.$

$f_Y(y) = \int_{-\infty}^{+\infty} f(x,y) \mathrm{d}x = \begin{cases} \int_{y}^{1} \mathrm{d}x = 1-y & 0<y<1 \\ \int_{-y}^{1} \mathrm{d}x = 1+y & -1<y \leqslant 0 \\ 0 & \text{其他} \end{cases} = \begin{cases} 1-|y| & |y|<1 \\ 0 & \text{其他} \end{cases}.$

(iii) $f_X(x) f_Y(y) \neq f(x,y)$，故 X 与 Y 不独立.

(7) 因为 G 的面积等于 $\frac{1}{2} \times 1 \times 2 = 1$，所以 (X,Y) 的密度函数
$$f(x,y) = \begin{cases} 1 & (x,y) \in G \\ 0 & \text{其他} \end{cases}$$

而
$$f_Y(y) = \int_{-\infty}^{+\infty} f(x,y) \mathrm{d}y = \begin{cases} \int_{0}^{1-\frac{1}{2}y} \mathrm{d}y = 1-\frac{1}{2}y & 0<y<2 \\ 0 & \text{其他} \end{cases}$$

$$f_X(x) = \int_{-\infty}^{+\infty} f(x,y) \mathrm{d}y = \begin{cases} \int_{0}^{2-2x} \mathrm{d}x = 2-2x & 0<x<1 \\ 0 & \text{其他} \end{cases}$$

故当 $0<y<2$ 时
$$f_{X|Y}(x \mid y) = \frac{f(x,y)}{f_X(x)} = \begin{cases} \dfrac{2}{x-y} & 0<x<1-\frac{1}{2}y \\ 0 & \text{其他} \end{cases}$$

当 $0 < x < 1$ 时

$$f_{Y|X}(y \mid x) = \frac{f(x,y)}{f_X(x)} = \begin{cases} \dfrac{1}{2(1-x)} & 0 < y < 2-2x \\ 0 & \text{其他} \end{cases}$$

(8) 可得

P	$\frac{1}{4}$	$\frac{1}{4}$	$\frac{1}{8}$	$\frac{1}{8}$	0	0	$\frac{1}{8}$	$\frac{1}{8}$	0
(X,Y)	(1,1)	(1,2)	(1,3)	(2,1)	(2,2)	(2,3)	(3,1)	(3,2)	(3,3)
$X+Y$	2	3	4	3	4	5	4	5	6
XY	0	-1	-2	1	0	-1	2	1	0
XY	1	2	3	2	4	6	3	6	9

(i)

$X+Y$	2	3	4	5	6
P	$\frac{1}{4}$	$\frac{1}{4}+\frac{1}{8}$	$\frac{1}{8}+0+\frac{1}{8}$	$0+\frac{1}{8}$	0

即

$X+Y$	2	3	4	5
P	$\frac{1}{4}$	$\frac{3}{8}$	$\frac{1}{4}$	$\frac{1}{8}$

(ii)

$X-Y$	-2	-1	0	1	2
P	$\frac{1}{8}$	$\frac{1}{4}+0$	$\frac{1}{4}+0+0$	$\frac{1}{8}+\frac{1}{8}$	$\frac{1}{8}$

即

$X-Y$	-2	-1	0	1	2
P	$\frac{1}{8}$	$\frac{1}{4}$	$\frac{1}{4}$	$\frac{1}{4}$	$\frac{1}{8}$

(iii)

XY	1	2	3	4	6	9
P	$\frac{1}{4}$	$\frac{1}{4}+\frac{1}{8}$	$\frac{1}{8}+\frac{1}{8}$	0	$0+\frac{1}{8}$	0

即

XY	1	2	3	6
P	$\dfrac{1}{4}$	$\dfrac{3}{8}$	$\dfrac{1}{4}$	$\dfrac{1}{8}$

(9)(i) 由题意可知 $U=1,2,3$

$$P\{U=1\}=P\{X=1,Y=1\}=\frac{1}{9}$$

$$P\{U=2\}=P\{X=2,Y=1\}+P\{X=2,Y=2\}+P\{X=1,Y=2\}=\frac{2}{9}+\frac{1}{9}+0=\frac{1}{3}$$

$$P\{U=3\}=P\{X=3,Y=1\}+P\{X=3,Y=2\}+P\{X=3,Y=3\}+P\{X=1,Y=3\}+$$

$$P\{X=2,Y=3\}=\frac{2}{9}+\frac{2}{9}+\frac{1}{9}+0+0=\frac{5}{9}$$

故

U	1	2	3
P	$\dfrac{1}{9}$	$\dfrac{1}{3}$	$\dfrac{5}{9}$

(ii)V 的所有可能取值为 $1,2,3$

$$P\{V=1\}=P\{X=1,Y=1\}+P\{X=1,Y=2\}+P\{X=1,Y=3\}+$$

$$P\{X=2,Y=1\}+P\{X=3,Y=1\}=$$

$$\frac{1}{9}+0+0+\frac{2}{9}+\frac{2}{9}=\frac{5}{9}$$

$$P\{V=2\}=P\{X=2,Y=2\}+P\{X=2,Y=3\}+P\{X=3,Y=2\}=$$

$$\frac{1}{9}+0+\frac{2}{9}=\frac{3}{9}=\frac{1}{3}$$

$$P\{V=3\}=P\{X=3,Y=3\}=\frac{1}{9}$$

故

V	1	2	3
P	$\dfrac{5}{9}$	$\dfrac{1}{3}$	$\dfrac{1}{9}$

(10) 由题意可知(X,Y)的密度函数为

$$f(x,y)=\begin{cases} \dfrac{1}{4} & (x,y)\in D \\ 0 & \text{其他} \end{cases}$$

$Z=X+(-Y)$，则 $f_Z(z)=\displaystyle\int_{-\infty}^{+\infty}f(y+z,y)\mathrm{d}y$,其中

$$f(y+z,y)=\begin{cases}\dfrac{1}{4} & 0\leqslant y+z\leqslant 2,0\leqslant y\leqslant 2\\ 0 & \text{其他}\end{cases}=\begin{cases}\dfrac{1}{4} & 0\leqslant y\leqslant 2,-z\leqslant y\leqslant 2-z\\ 0 & \text{其他}\end{cases}$$

所以

$$f_Z(z)=\begin{cases}0 & z\geqslant 2\\ \displaystyle\int_0^{2-z}\dfrac{1}{4}\mathrm{d}y=\dfrac{1}{4}(2-z) & 0\leqslant z<2\\ \displaystyle\int_{-z}^2\dfrac{1}{4}\mathrm{d}y=\dfrac{1}{4}(2+z) & -2\leqslant z<0\\ 0 & z<-2\end{cases}$$

即

$$f_Z(z)=\begin{cases}\dfrac{1}{4}(2+z) & -2<z<0\\ \dfrac{1}{4}(2-z) & 0<z<2\\ 0 & \text{其他}\end{cases}$$

第4章

随机变量的数字特征

一、考试要求

1. 理解随机变量的数字特征（数学期望、方差、标准差、矩、协方差、相关系数）的概念，掌握常见的分布的数字特征.

2. 会根据随机变量的概率分布求其函数的数学期望.

二、随机变量的数学期望

1. 设离散型随机变量 X 的分布律为 $P\{X=x_k\}=P_k, k=1,2,\cdots$

若级数 $\sum\limits_k x_k P_k$ 绝对收敛，则称 $\sum\limits_k x_k P_k$ 为随机变量 X 的数学期望，记作 $E(X)$.

2. 设连续型随机变量 X 的概率密度函数为 $f(x)$，若积分 $\displaystyle\int_{-\infty}^{+\infty} xf(x)\mathrm{d}x$ 绝对收敛，则称 $\displaystyle\int_{-\infty}^{+\infty} xf(x)\mathrm{d}x$ 为 X 的数学期望，记作 $E(X)$. 数学期望简称期望或均值，它反应了随机变量所有可能取值的平均值.

3. 随机变量函数的期望

(1) 设 X 是随机变量 $Y=g(X)$.

(i) 若 X 是离散型随机变量，其分布律为 $P\{X=x_k\}=P_k, k=1,2,\cdots,\sum\limits_k g(x_k)P_k$ 绝对收敛，则 $E(Y)=E(g(X))=\sum\limits_k g(x_k)P_k$.

(ii) 若 X 是连续型随机变量，其密度函数为 $f(x)$，且积分 $\displaystyle\int_{-\infty}^{+\infty} g(x)f(x)\mathrm{d}x$ 绝对收敛，则 $E(Y)=E(g(X))=\displaystyle\int_{-\infty}^{+\infty} g(x)f(x)\mathrm{d}x$.

(2) 设 (X,Y) 是二维随机变量 $Z=g(X,Y)$.

(i) 若 (X,Y) 是离散型随机变量，其分布律为 $P(X=x_i,Y=y_j)=P_{ij}, i,j=1,2,\cdots$，且 $\sum\limits_i\sum\limits_j g(x_i,y_j)P_{ij}$ 绝对收敛，则

$$E(Z)=E(g(X,Y))=\sum_i\sum_j g(x_i,y_j)P_{ij}$$

(ii) 若 (X,Y) 是连续型随机变量,其密度函数为 $f(x,y)$ 且

$$\int_{-\infty}^{+\infty}\int_{-\infty}^{+\infty}g(x,y)f(x,y)\mathrm{d}x\mathrm{d}y$$

绝对收敛,则

$$E(Z)=E(g(X,Y))\int_{-\infty}^{+\infty}\int_{-\infty}^{+\infty}g(x,y)f(x,y)\mathrm{d}x\mathrm{d}y$$

4.数学期望的性质

(1) $E(C)=C(C$ 是任意常数);

(2) $E(CX)=CE(X)$(C 是任意常数);

(3) $E(X+Y)=E(X)+E(Y)$, $E(C_1X_1+C_2X_2+\cdots+C_nX_n)=C_1E(X_1)+C_2E(X_2)+\cdots+C_nE(X_n)$;

(4) 若 X,Y 独立,则 $E(XY)=E(X)E(Y)$.

三、方差

1.设 X 是一个随机变量,若 $E\{[X-E(X)]^2\}$ 存在,则称 $E\{[X-E(X)]^2\}$ 为 X 的方差,记作 $D(X)$ 或 $Var(X)$,即 $D(X)\triangleq E\{[X-EX]^2\}$.

$\sigma\triangleq\sqrt{DX}$ —— 称为标准差或均方差.

$DX=E(X^2)-(EX)^2$ —— 常用的计算公式.

2.计算

(1) 若 X 为离散型随机变量,其分布律为 $P\{X=x_k\}=P_k,k=1,2,\cdots,$则

$$D(X)=\sum_k[X_k-E(X)]^2P_k$$

(2) 若 X 为连续型随机变量,其密度函数为 $f(x)$,则

$$D(X)=\int_{-\infty}^{+\infty}[x-E(X)]^2f(x)\mathrm{d}x$$

3.方差的性质

(1) $D(C)=0$(C 是任意常数), $D[DX]=0$;

(2) $D(CX)=C^2DX$(C 是任意常数);

(3) $D(aX+b)=a^2DX$;

(4) 若 X,Y 独立,则 $D(X\pm Y)=DX+DY$;

(5) $D(X\pm Y)=DX+DY\pm2Cov(X,Y)$;

(6) $DX<E[X-C]^2$, $C\neq EX$;

(7) $DX=0\Leftrightarrow P(X=C)=1$.

四、协方差、协方差矩阵与相关系数

1.协方差,对于随机变量 X 和 Y,如果 $E\{[X-E(X)][Y-E(X)]\}$ 存在,则称其为随机变量 X 和 Y 的协方差,记作 $Cov(X,Y)$,即

$$Cov(X,Y)\triangleq E[(X-E(X))(Y-E(X))]=E(XY)-E(X)E(Y)$$

2.相关系数,对于随机变量 X 和 Y,如果 $D(X)\neq0,D(Y)\neq0$,则称 $\dfrac{Cov(X,Y)}{\sqrt{D(X)}\sqrt{D(Y)}}$

为随机变量 X 与 Y 的相关系数,记作 $\rho_{XY} \triangleq \dfrac{Cov(X,Y)}{\sqrt{D(X)}\,\sqrt{D(Y)}}$.

ρ_{XY} 是一个无量纲量,用来表征 X,Y 之间的线性关系紧密程度,当 $|\rho_{XY}|$ 较大时,说明 X,Y 线性相关程度较强,当 $|\rho_{XY}|$ 较小时,说明 X,Y 线性相关程度较弱,当 $\rho_{XY}=0$ 时,称 X 与 Y 不相关.

若 X,Y 独立 $\Rightarrow X,Y$ 不相关,反之未必.

3.协方差矩阵

设 $(X_1,X_2,\cdots,X_n)$ 是 n 维随机向量.

若 $C_{ij}=Cov(X_i,X_j)$,$i,j=1,2,\cdots,n$,存在,则称矩阵

$$
\begin{bmatrix}
C_{11} & C_{12} & \cdots & C_{1n} \\
C_{21} & C_{22} & \cdots & C_{2n} \\
\vdots & \vdots & & \vdots \\
C_{n1} & C_{n2} & \cdots & C_{nn}
\end{bmatrix}
$$

为 n 维随机变量 $(X_1,X_2,\cdots,X_n)$ 的协方差矩阵.

五、协方差及相关系数的性质

(1) $Cov(X,Y)=Cov(Y,X)$;

(2) $Cov(aX,bY)=abCov(X,Y)$,a,b 为常数;

(3) $Cov(X,X)=DX$;

(4) $Cov(X,C)=0$;

(5) $Cov(X_1+X_2,Y)=Cov(X_1,Y)+Cov(X_2,Y)$;

(6) $Cov(aX+c,bY+d)=abCov(X,Y)$,$a,b,c,d$ 为常数;

(7) $|\rho_{XY}|\leqslant 1$;

(8) $|\rho_{XY}|=1 \Leftrightarrow P(Y=aX+b)$,$a\neq 0$;

(9) X,Y 不相关 $\Leftrightarrow \rho_{XY}=0 \Leftrightarrow Cov(X,Y)=0 \Leftrightarrow E(XY)-E(X)E(Y) \Leftrightarrow D(X\pm Y)=D(X)+D(Y)$;

(10) $\rho(KX,KY)=\rho(X,Y)$,$K\neq 0$;

(11) $D\left(\sum\limits_{i=1}^{n} X_i\right)=\sum\limits_{i=1}^{n} DX_i+2\sum\limits_{1\leqslant i\leqslant j\leqslant n} Cov(X_i,X_j)$;

(12) $|Cov(X,Y)|\leqslant \sqrt{D(X)}\,\sqrt{D(Y)}$;

(13) $Cov(X,Y)=\rho_{XY}\sqrt{D(X)}\,\sqrt{D(Y)}$.

六、常见的分布的数学期望与方差

分布	数学期望	方差
$0-1$分布	p	$p(1-p)$
二项分布 $B(n,p)$	np	$np(1-p)$

泊松分布 $P(\lambda)$	λ	λ
几何分布 $G(p)$	$\dfrac{1}{p}$	$\dfrac{1-p}{p^2}$
超几何分布 $H(N,M,n)$	$n\dfrac{M}{N}$	$n\dfrac{M}{N}\left(1-\dfrac{M}{N}\right)\dfrac{N-n}{N-1}$
均匀分布 $U[a,b]$	$\dfrac{a+b}{2}$	$\dfrac{1}{12}(b-a)^2$
指数分布 $E(\lambda)$	$\dfrac{1}{\lambda}$	$\dfrac{1}{\lambda^2}$
正态分布 $N(\mu,\sigma^2)$	μ	σ^2

七、若 $(X,Y) \sim N(\mu_1,\mu_2,\sigma_1^2,\sigma_2^2,\rho)$

则:

(1) $\rho_{XY} = \rho$;

(2) $Cov(X,Y) = \rho\sigma_1\sigma_2$;

(3) X,Y 独立 $\Leftrightarrow X,Y$ 不相关 $\Leftrightarrow \rho = 0$;

(4) $X \sim N(\mu_1,\sigma_1^2)$, $Y \sim N(\mu_2,\sigma_2^2)$.

八、典型例题

例1 X 的分布律为

X	1	2	3
P	0.2	0.3	0.5

求 $E(X),D(X)$.

解 可得

$$E(X) = 1 \times 0.2 + 2 \times 0.3 + 3 \times 0.5 = 2.3$$

$$D(X) = E(X^2) - (E(X))^2 = 1^2 \times 0.2 + 2^2 \times 0.3 + 3^2 \times 0.5 - (2.3)^2 =$$

$$5.9 - 2.3^2 = 0.61$$

例2 设学校乘汽车到火车站的途中有3个交通岗,设在各交通岗遇到红灯是相互独立的,其概率均为 $\dfrac{2}{5}$,试求途中遇到红灯次数的数学期望与方差.

解 设 X 表示遇到红灯的次数,则 $X \sim B\left(3,\dfrac{2}{5}\right)$,所以

$$E(X) = np = 3 \times \dfrac{2}{5} = \dfrac{6}{5}$$

$$D(X) = np(1-p) = 3 \times \dfrac{2}{5} \times \dfrac{3}{5} = \dfrac{18}{25}$$

例 3　一民航送客车有 20 位旅客自机场开出,途中有 10 个车站可以下车,如达到一个车站没有旅客下车就不停车,以 X 表示停车的次数,求 EX.(设每位旅客在各个车站下车都是等可能的,各旅客独立)

解　设 X 表示停车次数,令

$$X_i = \begin{cases} 1 & \text{第 } i \text{ 站有人下车} \\ 0 & \text{第 } i \text{ 站无人下车} \end{cases} \quad i = 1, 2, \cdots, 10$$

于是

$$X = \sum_{i=1}^{10} X_i$$

X_i	0	1
P	$\left(\dfrac{9}{10}\right)^{20}$	$1 - \left(\dfrac{9}{10}\right)^{20}$

故

$$E(X_i) = 1 - \left(\frac{9}{10}\right)^{20} \quad i = 1, 2, \cdots, 10$$

因此　　$E(X) = E(X_1) + \cdots + E(X_{10}) = 10E(X_i) = 10\left[1 - \left(\dfrac{9}{10}\right)^{20}\right] \approx 8.784$

例 4　某人写了 n 封投向不同地址的信,再写标有这 n 个地址的信封,然后在每个信封内随意装入一封信.若一封信装入标有该地址的信封,称为一个配对.试求信与地址配对的个数数学期望.

解　这是一个"配对问题"若用先求分布律,再按定义计算的方法,将是非常麻烦的,下面用数学期望的性质来做.

设 X 表示配对的个数,令

$$X_i = \begin{cases} 1 & \text{第 } i \text{ 封信配对} \\ 0 & \text{否} \end{cases}$$

则

$$X = X_1 + X_2 + \cdots + X_n$$

X_i	0	1
P	$1 - \dfrac{1}{n}$	$\dfrac{1}{n}$

$i = 1, 2, \cdots, n.$ 于是 $E(X_i) = \dfrac{1}{n}$,故

$$E(X) = E(X_1) + \cdots + E(X_n) = nE(X_i) = n \times \frac{1}{n} = 1$$

例 5　若有 n 把样子相同的钥匙,其中只有一把能打开门上的锁,用它们试开门上的锁,每把钥匙试开一次后除去,求试开次数 X 的数学期望.

解　设 X 为试开次数,由题意知 X 可取 $1, 2, \cdots, n$,且有 $P\{X = k\} = \dfrac{1}{n}, k = 1, 2, \cdots,$ n,于是 X 的分布律为

X	1	2	$\cdots$	n
P	$\dfrac{1}{n}$	$\dfrac{1}{n}$	$\cdots$	$\dfrac{1}{n}$

因此
$$E(X) = 1 \times \frac{1}{n} + 2 \times \frac{1}{n} + \cdots + n \times \frac{1}{n} = \frac{n+1}{2}$$

例 6 一台设备由三大部件构成,在设备运转中各部件需要调整的概率相应为 0.1, 0.2 和 0.3,设备部件独立,以 X 表示同时需要调整的部件数,试求 X 的数学期望 $E(X)$ 与方差 $D(X)$.

解 设 $X_i = \begin{cases} 1 & \text{第 } i \text{ 个部件需调整} \\ 0 & \text{否} \end{cases}$, $i=1,2,3$. 可得

X_1	0	1
P	0.9	0.1

X_2	0	1
P	0.8	0.2

X_3	0	1
P	0.7	0.3

$$X = X_1 + X_2 + X_3$$
$$E(X) = E(X_1) + E(X_2) + E(X_3) = 0.1 + 0.2 + 0.3 = 0.6$$
$$D(X) = D(X_1) + D(X_2) + D(X_3) = 0.9 \times 0.1 + 0.8 \times 0.2 + 0.7 \times 0.3 = 0.46$$

例 7 设 X 的分布律为

X	-2	0	2
P	0.4	0.3	0.3

求: $E(3X^2 + 5)$, $D(X)$.

解 可得
$$E(3X^2 + 5) = 3E(X^2) + 5 = 3[(-2)^2 \times 0.4 + 0^2 \times 0.3 + 2^2 \times 0.3] + 5 =$$
$$3 \times 2.8 + 5 = 13.4$$
$$D(X) = E(X^2) - (E(X))^2 = 2.8 - (-0.2)^2 = 2.76$$

例 8 X 的密度函数为 $f(x) = \begin{cases} 2x & 0 \leqslant x \leqslant 1 \\ 0 & \text{其他} \end{cases}$,求 $E(X)$, $D(X)$.

解 可得
$$E(X) = \int_{-\infty}^{+\infty} x f(x) \, \mathrm{d}x = \int_0^1 2x^2 \, \mathrm{d}x = \frac{2}{3}$$

$$D(X) = E(X^2) - (E(X))^2 = \int_0^1 2x^3 \, \mathrm{d}x - \frac{4}{9} = \frac{1}{2} - \frac{4}{9} = \frac{1}{18}$$

例 9 游客乘电梯从底层到电视塔的顶层观光,电梯于每个整点的第 5 分钟,第 25 分钟和第 55 分钟从底层起行,一游客在早八点的第 X 分钟到达底层候梯处,且 $X \sim U[0,60]$,求该游客等候时间 Y 的数学期望.

解 $X \sim U[0,60]$，其密度函数为

$$f_X(x) = \begin{cases} \dfrac{1}{60} & 0 \leqslant x \leqslant 60 \\ 0 & \text{其他} \end{cases}$$

$$Y = g(x) = \begin{cases} 5-X & 0 \leqslant X \leqslant 5 \\ 25-X & 5 < X \leqslant 25 \\ 55-X & 25 < X \leqslant 55 \\ 60-X+5 & 55 < X \leqslant 60 \end{cases}$$

所以

$$E(Y) = E[g(X)] = \int_{-\infty}^{+\infty} g(x) f_X(x) \mathrm{d}x = \frac{1}{60} \int_0^{60} g(x) \mathrm{d}x =$$

$$\frac{1}{60} \left[\int_0^5 (5-x) \mathrm{d}x + \int_5^{25} (25-x) \mathrm{d}x + \int_{25}^{55} (55-x) \mathrm{d}x + \int_{55}^{60} (65-x) \mathrm{d}x \right] =$$

$$11.67(\min)$$

例 10 $X \sim N(-2,4)$，$Y \sim U[0,10]$，$Z \sim P(4)$，X,Y,Z 独立，$U = 2X+Y-Z$，求：$E(U)$，$D(U)$.

解 可得

$$E(U) = E(2X+Y-Z) = 2E(X) + E(Y) - E(Z) = -4+5-4 = -3$$

$$D(U) = D(2X+Y-Z) = 4D(X) + D(Y) + D(Z) = 16 + \frac{1}{12} \times 100 + 4 = \frac{85}{3}$$

例 11 设 X 的密度函数为

$$f(x) = \begin{cases} ax & 0 < x < 2 \\ cx+b & 2 \leqslant x \leqslant 4 \\ 0 & \text{其他} \end{cases}$$

又已知 $E(X) = 2$，$D(X) = \dfrac{2}{3}$，求 a,b,c 的值.

解 可得

$$\int_{-\infty}^{+\infty} f(x) \mathrm{d}x = \int_0^2 ax \mathrm{d}x + \int_2^4 (cx+b) \mathrm{d}x = 1$$

即

$$2a + 2b + 6c = 1 \tag{1}$$

$$E(X) = \int_{-\infty}^{+\infty} xf(x) \mathrm{d}x = \int_0^2 ax^2 \mathrm{d}x + \int_2^4 x(cx+b) \mathrm{d}x = 2$$

有

$$4a + 9b + 28c = 3 \tag{2}$$

又 $D(X) = \dfrac{2}{3}$，于是

$$E(X^2) = D(X) + (E(X))^2 = \frac{14}{3}$$

即

$$E(X^2) = \int_{-\infty}^{+\infty} x^2 f(x) \mathrm{d}x = \int_0^2 ax^3 \mathrm{d}x + \int_2^4 x^2 (cx+b) \mathrm{d}x = \frac{14}{3}$$

有

$$6a + 28b + 90c = 7 \tag{3}$$

联立(1),(2),(3)解得

$$a = \frac{1}{4}, b = 1, c = -\frac{1}{4}$$

例 12 一工厂生产的某种设备的寿命 X(以年计)服从指数分布,概率密度函数为

$$f_X(x) = \begin{cases} \dfrac{1}{4}\mathrm{e}^{-\frac{x}{4}} & x > 0 \\ 0 & x \leqslant 0 \end{cases}$$,工厂规定,出售的设备若在售出一年内损坏,可予以调换.若工

厂售出一台设备赢利 100 元,调换一台设备厂方花费 300 元,试求厂方出售一台设备净赢利的数学期望.

解 设出售一台设备净赢利为 Y,则 Y 的所有可能取值为 $100, -200, P(X \leqslant 1) = \int_{-\infty}^{1} f(x)\mathrm{d}x = \int_{0}^{1} \dfrac{1}{4}\mathrm{e}^{-\frac{x}{4}}\mathrm{d}x = 1 - \mathrm{e}^{-\frac{1}{4}}$,于是 Y 的分布律为

Y	100	-200
P	$\mathrm{e}^{-\frac{1}{4}}$	$1 - \mathrm{e}^{-\frac{1}{4}}$

所以 $\qquad E(Y) = 100 \times \mathrm{e}^{-\frac{1}{4}} - 200(1 - \mathrm{e}^{-\frac{1}{4}}) = 300\mathrm{e}^{-\frac{1}{4}} - 200 = 33.64$

例 13 设国际市场上对某种出口商品的需求量 X(单位:t)是随机变量,它服从 $U[2\,000, 4\,000]$,每销售一吨商品,可为国家赚取外汇 3 万元;若销售不出,则每吨商品需贮存费 1 万元,问应组织多少货源,才能使国家收益最大.

解 设 Y 表示国家收益,设组织货源 t t,显然 $2\,000 \leqslant t \leqslant 4\,000$,则

$$Y = g(X,t) = \begin{cases} 3t & X \geqslant t \\ 4X - t & X < t \end{cases}$$

X 的密度函数为

$$f_X(x) = \begin{cases} \dfrac{1}{2\,000} & 2\,000 \leqslant x \leqslant 4\,000 \\ 0 & \text{其他} \end{cases}$$

于是 Y 的期望

$$E(Y) = \int_{-\infty}^{+\infty} g(x,t) f_X(x)\,\mathrm{d}x = \frac{1}{2\,000}\left[\int_{2\,000}^{t}(4x - t)\mathrm{d}x + \int_{t}^{4\,000} 3t\,\mathrm{d}x\right] =$$

$$\frac{1}{1\,000}\left[-t^2 + 7\,000t - 4 \times 10^6\right]$$

由 $\dfrac{\mathrm{d}E(Y)}{\mathrm{d}t} = \dfrac{1}{1\,000}[-2t + 2\,000] = 0$,得 $t = 3\,500$.

应组织 3 500 t 货源,才能使国家收益最大.

例 14 假设由自动生产线加工的某种零件的内径 X(单位:mm)服从正态分布 $N(\mu, 1)$,内径小于 10 或大于 12 的为不合格品,其余为合格品,销售每件合格品获利,销售

每件不合格品亏损.已知销售利润 T（单位:元）与销售零件的内径 X 有如下关系

$$T = \begin{cases} -1 & X < 10 \\ 20 & 10 \leqslant X \leqslant 12 \\ -5 & X > 12 \end{cases}$$

问平均内径 M 取何值时,销售一个零件的平均利润最大.

解 $X \sim N(\mu,1)$,所以

$$P\{T=-1\} = P(X<10) = P\left\{\frac{X-\mu}{1} < 10-\mu\right\} = \Phi(10-\mu)$$

$$P\{T=20\} = P\{10 \leqslant X \leqslant 12\} = P\{10-\mu \leqslant X-\mu \leqslant 12-\mu\} = $$
$$\Phi(12-\mu) - \Phi(10-\mu)$$

$$P\{T=-5\} = P\{X>12\} = 1 - P\{X \leqslant 12\} = 1 - P\{X-\mu \leqslant 12-\mu\} = $$
$$1 - \Phi(12-\mu)$$

于是销售一个零件的平均利润

$$E(T) = -5 \times P\{T=-5\} + (-1) \times P\{T=-1\} + 20 \times P\{T=20\} = $$
$$-5 \times [1 - \Phi(12-\mu)] - \Phi(10-\mu) + 20[\Phi(12-\mu) - \Phi(10-\mu)] = $$
$$25\Phi(12-\mu) - 21\Phi(10-\mu) - 5$$

令

$$\frac{dE(T)}{du} = -25\Phi(12-\mu) + 21\Phi(10-\mu) = \frac{1}{\sqrt{2\pi}}\left[21e^{-\frac{(10-\mu)^2}{2}} - 25e^{-\frac{(12-\mu)^2}{2}}\right] = 0$$

得

$$21e^{-\frac{(10-\mu)^2}{2}} = 25e^{-\frac{(12-\mu)^2}{2}}$$

两边取对数得

$$\ln 21 - \frac{(10-\mu)^2}{2} = \ln 25 - \frac{(12-\mu)^2}{2}$$

即

$$\frac{1}{2}[(12-\mu)^2 - (10-\mu)^2] = 2(11-\mu) = \ln\frac{25}{21}$$

$$\mu = 11 - \frac{1}{2}\ln\frac{25}{21} \approx 10.9$$

当 $\mu=10.9$ 时,销售一个零件的平均利润最大,且此最大值为

$$E(T)\big|_{\mu=10.9} = 25\Phi(12-10.9) - 21\Phi(10-10.9) - 5 \approx$$
$$25 \times 0.864\ 3 - 21(1 - 0.815\ 9) - 5 = 12.741\ 4$$

这里 μ 是确定性的参变量,而 X,T 是随机变量.

例 15 设随机变量 X,Y 独立同分布,记 $U=X-Y$,$V=X+Y$,则随机变量 U 和 V（   ）.

（A）不独立   （B）独立   （C）相关系数不为 0   （D）相关系数为 0

解 $Cov(X,Y) = Cov(X-Y,X+Y) = Cov(X,X) - Cov(Y,Y) = D(X) - D(Y) = $
0,因此 $\rho_{XY} = 0$,故选 D.

例 16 设随机变量 X 和 Y 都服从正态分布,且它们不相关,则随机变量（   ）.

（A）X 与 Y 一定独立   （B）(X,Y) 服从二维正态分布

（C）X 与 Y 未必独立   （D）$X+Y$ 服从一维正态分布

解 已知的是 X 与 Y 都服从正态分布,虽然 X 与 Y 不相关,但不能保证(X,Y)服从二维正态分布,故 A、B、D 都不能确定,即选 C.

例 17 设随机变量 X 和 Y 的相关系数为 0.9,若 $Z=X-0.4$,则 Y 和 Z 的相关系数 $\rho_{YZ}=($ $)$.

解 可得

$$Cov(Y,Z)=Cov(Y,X-0.4)=Cov(X,Y)$$
$$D(Z)=D(X-0.4)=D(X)$$

于是
$$\rho_{YZ}=\frac{Cov(Y,Z)}{\sqrt{D(Y)}\sqrt{D(Z)}}=\frac{Cov(X,Y)}{\sqrt{D(Y)}\sqrt{D(X)}}=\rho_{XY}=0.9$$

例 18 设二维随机变量(X,Y)在圆 $D=\{(x,y)\,|\,x^2+y^2\leqslant 1\}$ 内服从均匀分布,则 X 与 Y 的相关系数 $\rho_{XY}=($ $)$.

解 (X,Y)的联合密度函数为

$$f(x,y)=\begin{cases}\dfrac{1}{\pi} & (x,y)\in D \\ 0 & \text{其他}\end{cases}$$

于是

$$E(X)=\int_{-\infty}^{+\infty}\int_{-\infty}^{+\infty}xf(xy)\mathrm{d}x\mathrm{d}y=\frac{1}{\pi}\iint\limits_{D}x\mathrm{d}x\mathrm{d}y=0$$

$$E(Y)=\int_{-\infty}^{+\infty}\int_{-\infty}^{+\infty}yf(xy)\mathrm{d}x\mathrm{d}y=\frac{1}{\pi}\iint\limits_{D}y\mathrm{d}x\mathrm{d}y=0$$

$$E(XY)=\int_{-\infty}^{+\infty}\int_{-\infty}^{+\infty}xyf(xy)\mathrm{d}x\mathrm{d}y=\frac{1}{\pi}\iint\limits_{D}xy\mathrm{d}x\mathrm{d}y=0$$

因此 $Cov(X,Y)=E(XY)-E(X)E(Y)=0$,即 $\rho_{XY}=0$.

例 19 设二维随机变量(X,Y)在矩形 $G=\{(x,y)\,|\,0\leqslant x\leqslant 2,0\leqslant y\leqslant 1\}$ 上服从均匀分布,记 $U=\begin{cases}0 & \text{若 } X\leqslant Y \\ 1 & \text{若 } X>Y\end{cases}$, $V=\begin{cases}0 & \text{若 } X\leqslant 2Y \\ 1 & \text{若 } X>2Y\end{cases}$.

(1) 求(U,V)的联合分布律;(2)ρ_{UV}.

解 (1)因(X,Y)在 G 上服从均匀分布,如图 1 所示

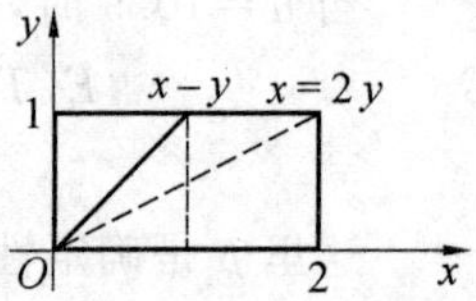

$$P(X\leqslant Y)=\frac{1}{4},P(Y<X\leqslant 2Y)=\frac{1}{4},P(X>2Y)=\frac{1}{2}$$

$$P(U=0,V=0)=P(X\leqslant Y,X\leqslant 2Y)=P(X\leqslant Y)=\frac{1}{4}$$

$$P(U=0,V=1)=P(X\leqslant Y,X>2Y)=P(\varnothing)=0$$

$$P(U=1,V=0)=P(X>Y,X\leqslant 2Y)=P(Y<X\leqslant 2Y)=\frac{1}{4}$$

$$P(U=1,V=1)=P(X>Y,X>2Y)=P(X>2Y)=\frac{1}{2}$$

图 1

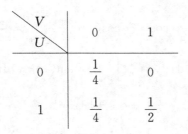

(2) 由(1) 得

$$E(U) = 0 \times \frac{1}{4} + 1 \times (\frac{1}{4} + \frac{1}{2}) = \frac{3}{4}$$

$$D(U) = (0 - \frac{3}{4})^2 \times \frac{1}{4} + (1 - \frac{3}{4})^2 \times \frac{3}{4} = \frac{3}{16}$$

$$E(V) = 0 \times (\frac{1}{4} + \frac{1}{4}) + 1 \times (0 + \frac{1}{2}) = \frac{1}{2}$$

$$D(V) = (0 - \frac{1}{2})^2 \times \frac{1}{2} + (1 - \frac{1}{2})^2 \times \frac{1}{2} = \frac{1}{4}$$

$$E(UV) = 0 \times 0 \times \frac{1}{4} + 0 \times 1 \times \frac{1}{4} + 1 \times 0 \times 0 + 1 \times 1 \times \frac{1}{2} = \frac{1}{2}$$

$$Cov(U,V) = E(UV) - E(U)E(V) = \frac{1}{2} - \frac{3}{4} \times \frac{1}{2} = \frac{1}{8}$$

$$\rho_{UV} = \frac{Cov(U,V)}{\sqrt{D(U)}\sqrt{D(V)}} = \frac{\sqrt{3}}{3}$$

例 20　(X,Y) 的联合密度函数

$$f(x,y) = \begin{cases} K\sin(x+y) & 0 \leqslant x \leqslant \frac{\pi}{2}, 0 \leqslant y \leqslant \frac{\pi}{2} \\ 0 & \text{其他} \end{cases}$$

求：$(1)K$ ；$(2)Cov(X,Y)$ ；$(3)\rho_{XY}$.

解：(1) 可得

$$\int_{-\infty}^{+\infty}\int_{-\infty}^{+\infty} f(x,y)\mathrm{d}x\mathrm{d}y = \int_0^{\frac{\pi}{2}}\int_0^{\frac{\pi}{2}} K\sin(x+y)\mathrm{d}x\mathrm{d}y =$$

$$-K\int_0^{\frac{\pi}{2}}\left[\cos(x+\frac{\pi}{2}) - \cos x\right]\mathrm{d}x = K\left[-\sin(x+\frac{\pi}{2}) + \sin x\right]\Big|_0^{\frac{\pi}{2}} = 2K = 1$$

$$K = \frac{1}{2}$$

(2) 可得

$$E(X) = \int_{-\infty}^{+\infty}\int_{-\infty}^{+\infty} xf(xy)\mathrm{d}x\mathrm{d}y = \frac{1}{2}\int_0^{\frac{\pi}{2}}\int_0^{\frac{\pi}{2}} x\sin(x+y)\mathrm{d}x\mathrm{d}y =$$

$$\frac{1}{2}\int_0^{\frac{\pi}{2}} x\left[-\cos(x+\frac{\pi}{2}) + \cos x\right]\mathrm{d}x =$$

$$\frac{1}{2}x\left[\sin x - \sin(x+\frac{\pi}{2})\right]\Big|_0^{\frac{\pi}{2}} - \frac{1}{2}\int_0^{\frac{\pi}{2}}\left[\sin x - \sin(x+\frac{\pi}{2})\right]\mathrm{d}x =$$

$$\frac{\pi}{4} + \frac{1}{2}\left[\cos x - \cos\left(x + \frac{\pi}{2}\right)\right]\Big|_0^{\frac{\pi}{2}} = \frac{\pi}{4}$$

$$EX^2 = \int_{-\infty}^{+\infty}\int_{-\infty}^{+\infty} x^2 f(xy)\mathrm{d}x\mathrm{d}y = \frac{1}{2}\int_0^{\frac{\pi}{2}}\int_0^{\frac{\pi}{2}} x^2 \sin(x+y)\mathrm{d}x\mathrm{d}y =$$

$$\frac{1}{2}\int_0^{\frac{\pi}{2}} x^2\left[-\cos\left(x+\frac{\pi}{2}\right) + \cos x\right]\mathrm{d}x =$$

$$\frac{1}{2}x^2\left[\sin x - \sin\left(x+\frac{\pi}{2}\right)\right]\Big|_0^{\frac{\pi}{2}} - \int_0^{\frac{\pi}{2}} x\left[\sin x - \sin\left(x+\frac{\pi}{2}\right)\right]\mathrm{d}x =$$

$$\frac{\pi^2}{8} - x\left[\cos\left(x+\frac{\pi}{2}\right) - \cos x\right]\Big|_0^{\frac{\pi}{2}} + \int_0^{\frac{\pi}{2}}\left[\cos\left(x+\frac{\pi}{2}\right) - \cos x\right]\mathrm{d}x =$$

$$\frac{\pi^2}{8} + \frac{\pi}{2} + \left[\sin\left(x+\frac{\pi}{2}\right) - \sin x\right]\Big|_0^{\frac{\pi}{2}} = \frac{\pi^2}{8} + \frac{\pi}{2} - 2$$

于是
$$D(X) = E(X^2) - (E(X))^2 = \frac{\pi^2}{8} + \frac{\pi}{2} - 2$$

由 X,Y 的对称性,同理可得 $D(Y) = \frac{\pi^2}{16} + \frac{\pi}{2} - 2$. 又因为

$$E(XY) = \int_{-\infty}^{+\infty}\int_{-\infty}^{+\infty} xy f(xy)\mathrm{d}x\mathrm{d}y = \frac{1}{2}\int_0^{\frac{\pi}{2}}\int_0^{\frac{\pi}{2}} xy \sin(x+y)\mathrm{d}x\mathrm{d}y =$$

$$\frac{1}{2}\int_0^{\frac{\pi}{2}} x\sin x\mathrm{d}x\int_0^{\frac{\pi}{2}} y\cos y\mathrm{d}y + \frac{1}{2}\int_0^{\frac{\pi}{2}} x\cos x\mathrm{d}x\int_0^{\frac{\pi}{2}} y\sin y\mathrm{d}y =$$

$$\int_0^{\frac{\pi}{2}} x\sin x\mathrm{d}x\int_0^{\frac{\pi}{2}} y\cos y\mathrm{d}y = (-x\cos x + \sin x)\Big|_0^{\frac{\pi}{2}} \cdot (y\sin y - \cos y)\Big|_0^{\frac{\pi}{2}} = \frac{\pi}{2} - 1$$

所以

$$Cov(U,V) = E(XY) - E(X)E(Y) = \frac{\pi}{2} - \frac{\pi^2}{16} - 1$$

$$\rho_{XY} = \frac{Cov(X,Y)}{\sqrt{D(X)}\sqrt{D(Y)}} = \frac{-(\pi-4)^2}{\pi^2 + 8\pi - 32}$$

例 21 $X \sim N(\mu,\sigma^2)$,$Y \sim N(\mu,\sigma^2)$,X,Y 独立,$Z_1 = \alpha X + \beta Y$,$Z_2 = \alpha X - \beta Y$,求 $\rho_{Z_1 Z_2}$. (α,β 不为零的常数)

解 $E(X) = E(Y) = \mu$, $D(X) = D(Y) = \sigma^2$, X,Y 独立

$$E(Z_1) = (\alpha+\beta)\mu, E(Z_2) = (\alpha-\beta)\mu$$

$$E(Z_1 Z_2) = E[\alpha^2 X^2 - \beta^2 Y^2] = \alpha^2 E(X^2) - \beta^2 E(Y^2) = (\alpha^2 - \beta^2)(\mu^2 + \sigma^2)$$

$$D(Z_1) = D(\alpha X + \beta Y) = (\alpha^2 + \beta^2)\sigma^2, D(Z_2) = D(\alpha X - \beta Y) = (\alpha^2 + \beta^2)\sigma^2$$

$$Cov(Z_1,Z_2) = E(Z_1 Z_2) - E(Z_1)E(Z_2) = (\alpha^2 - \beta^2)\sigma^2$$

$$\rho_{Z_1 Z_2} = \frac{Cov(Z_1,Z_2)}{\sqrt{D(Z_1)}\sqrt{D(Z_2)}} = \frac{\alpha^2 - \beta^2}{\alpha^2 + \beta^2}$$

第 4 章习题

一、填空题

1. 设随机变量 $X \sim B(n, p)$，$E(X) = 6$，$D(X) = 3.6$，则 $p = ($ 　　$)$.

2. 设随机变量 X 服从 $[1, 3]$ 上的均匀分布，则 $D(X) = ($ 　　$)$.

3. 随机变量 (X, Y)，$D(X) = 25$，$D(Y) = 36$，$\rho_{XY} = 0.6$，则 $D(X - 2Y) = ($ 　　$)$.

4. 设 X 与 Y 独立，且 $E(X) = E(Y) = 0$，$D(X) = D(Y) = 1$，则 $E[(X + Y)^2] = ($ 　　$)$.

5. 设 $X \sim U[2, 4]$，则 $E(3X^2 + 2) = ($ 　　$)$.

6. 已知 $X \sim N(-2, 1)$，则 $D(X + 3) = ($ 　　$)$.

7. 将一枚硬币重复掷 n 次，以 X 和 Y 分别表示正面和反面向上的次数，则 X 和 Y 的相关系数 ρ_{XY} 等于 $($ 　　$)$.

8. 随机向量 (X, Y)，$D(X) = 4$，$D(Y) = 9$，$\rho_{XY} = 0.4$，则 $Cov(X, Y) = ($ 　　$)$.

9. $X \sim N(-3, 4)$，$Y \sim B\left(10, \dfrac{1}{5}\right)$，则 $E(2X - 2Y) = ($ 　　$)$.

10. 设 X, Y 独立，$D(X) = 3$，$D(Y) = 2$，则 $D(2X - 3Y) = ($ 　　$)$.

11. 设 X, Y 独立，$X \sim N(1, 1)$，$Y \sim N(2, 3)$，则 $P\{X - Y \leqslant -1\} = ($ 　　$)$.

12. 设 $X \sim U(-1, 1)$，则 $E(X) = ($ 　　$)$.

13. 设 $X \sim B(n, p)$，则 $D(X) = ($ 　　$)$.

14. 已知随机变量 $X \sim B(n, p)$ 且 $E(X) = 2.4$，$D(X) = 1.44$，则参数 $n = ($ 　　$)$.

15. 设随机变量 X, Y 相互独立，X 服从 $[0, 6]$ 区间上的均匀分布，Y 服从二项分布 $B(10, 0.5)$. 令 $Z = X - 2Y$，则 $E(Z) = ($ 　　$)$.

16. 如果随机变量 X 和 Y 满足 $E(XY) = E(X)E(Y)$，则 $D(X + Y) - D(X - Y) = ($ 　　$)$.

17. $X \sim P(\lambda)$，则 $\dfrac{D(2X)}{E(2X)} = ($ 　　$)$.

18. X 服从参数为 $\dfrac{1}{10}$ 的指数分布，则 $E(X) = ($ 　　$)$.

19. 已知 $\rho_{XY} = 0.7$. 若 $Z = X + 5$，则 $\rho_{YZ} = ($ 　　$)$.

20. X 的分布律为

X	-1	0	1
P	$\dfrac{1}{4}$	$\dfrac{1}{2}$	$\dfrac{1}{4}$

则 $E(X) = ($ 　　$)$.

21. 设 X 表示 10 次独立重复射击命中目标的次数，每次射中目标的概率为 0.4，则 $E(X) = ($ 　　$)$，$D(X) = ($ 　　$)$，$E(X^2) = ($ 　　$)$.

二、单项选择题

1.设随机变量 X 的概率密度为 $f(x) = \begin{cases} \dfrac{1}{\theta}e^{-\frac{x}{\theta}} & x > 0 \\ 0 & x \leqslant 0 \end{cases}$，其中 $\theta > 0$，则 $D(X) = (\quad)$.

(A)θ (B)θ^2 (C) 0   (D) 以上都不对

2.设 X,Y 为随机变量,若 $E(XY) = E(X)E(Y)$,则下列结论中正确的是($\quad$).

(A)X,Y 相互独立   (B)X,Y 不独立

(C)X,Y 线性相关   (D)X,Y 不相关

3.若随机变量 X 服从参数为 λ 的泊松分布,则 $E(X^2) = (\quad)$.

(A) λ (B) λ^2 (C) $\lambda^2 + \lambda$ (D) $\lambda^2 - \lambda$

4.X,Y 都服从 $U(0,1)$,则 $E(X+Y) = (\quad)$.

(A)0.5   (B)1   (C)1.5   (D)2

5.设随机变量 X,Y,若 $D(X+Y) = D(X) + D(Y)$,则($\quad$)正确.

(A)X,Y 相互独立   (B) X,Y 不相关

(C)X,Y 不相互独立   (D) X,Y 相关

6.已知(X,Y) 为二维随机变量,且 $Cov(X,Y) = 0$,则 X,Y($\quad$).

(A) 相关   (B) 不相关   (C) 独立   (D) 不独立

7.X,Y 独立,$X \sim N(0,1)$,$Y \sim N(2,3)$,则($\quad$)正确.

(A)$P\{X+Y \leqslant 0\} = \dfrac{1}{2}$ (B) $P\{X+Y \leqslant -2\} = \dfrac{1}{2}$

(C) $P\{X-Y \leqslant -2\} = \dfrac{1}{2}$ (D) $P\{X-Y \leqslant 0\} = \dfrac{1}{2}$

8.对于随机变量 X 和 Y,若 $E(XY) = E(X)E(Y)$,则($\quad$)成立.

(A)X 和 Y 相互独立   (B)X 和 Y 不独立

(C)$D(X+Y) = D(X) + D(Y)$ (D)$D(XY) = D(X)D(Y)$

9. 设相互独立的随机变量 X 和 Y 的方差分别为 1 和 2, 则 $D(2X - 3Y) = (\quad)$.

(A) 22   (B) 20   (C)18   (D)8

10.设电压(单位:V)$X \sim N(0,9)$,将电压加到一检波器,其输出电压为 $Y = 5X^2$,则 $E(Y) = (\quad)$.

(A)45   (B)9   (C)5   (D)0

11.$X \sim B(n,p)$,则 $\dfrac{D(X)}{E(X)} = (\quad)$.

(A)p (B) $1-p$ (C) $\dfrac{1}{p}$ (D) $\dfrac{1}{1-p}$

12.设 X 是一随机变量,$E(X) = \mu$,$D(X) = \sigma^2$,则对任意常数 C,必有($\quad$).

(A)$E[(X-C)^2] \geqslant E[(X-\mu)^2]$ (B)$E[(X-C)^2] = E[(X-\mu)^2]$

(C)$E[(X-C)^2] < E[(X-\mu)^2]$ (D)$E[(X-C)^2] = E[(X)^2] - C$

13. $X \sim U(a,b)$,则 $D(X)$ 为(　　).

(A) $\dfrac{a+b}{2}$ 　　　(B) $\dfrac{(b-a)^2}{12}$ 　　　(C) $\dfrac{b^2-a^2}{12}$ 　　　(D) $\dfrac{(b-a)^3}{12}$

14. 设 X 的分布律为

X	-2	0	2
P	0.4	0.3	0.3

则 $E(3X^2+5)=($　　$)$.

(A)13.4 　　　(B)31.4 　　　(C)1 　　　(D) 0

15. $X \sim B(n,p)$,则有(　　).

(A)$E(2X+1)=2np$ 　　　　　　(B) $E(2X+1)=4np+1$

(C) $D(2X+1)=4np(1-p)+1$ 　　(D)$D(2X+1)=4np(1-p)$

16. 二维随机变量 (X,Y) 服从正态分布,则(　　)正确.

(A)X 与 Y 独立 $\Rightarrow X$ 与 Y 不相关

(B)X 与 Y 不相关 $\Rightarrow X$ 与 Y 独立

(C)X 与 Y 独立 $\Leftrightarrow X$ 与 Y 不相关

(D) 无法判断

17. 已知 $E(X)=-1,D(X)=3$,则 $E[3(X^2-2)]=($　　$)$.

(A) 6 　　　(B) 9 　　　(C) 30 　　　(D) 36

18. 设 X,Y 独立,则(　　).

(A)$D(XY)=D(X)D(Y)$ 　　　　(B) $E\left(\dfrac{X}{Y}\right)=\dfrac{E(X)}{E(Y)}$

(C)$D(XY)<D(X)D(Y)$ 　　　　(D)$E\left(\dfrac{X}{Y}\right)=E(X)E\left(\dfrac{1}{Y}\right)$

19. 设 X,Y 是两个随机变量,则下列等式中正确的是(　　).

(A)$D(X+Y)=D(X)+D(Y)$ 　　　(B)$D(XY)=D(X)+D(Y)$

(C)$E(X+Y)=E(X)+E(Y)$ 　　　(D)$E(XY)=E(X)E(Y)$

20. 设随机变量 X_1 与 X_2 独立同分布(方差大于零),令 $X=X_1+aX_2$,$Y=X_1+bX_2(ab \neq 0)$,如果 X,Y 不相关,则有(　　).

(A)a 与 b 可以是任意实数 　　　(B)a 与 b 一定相等

(C)a 与 b 互为负倒数 　　　　(D)a 与 b 互为倒数

三、计算题

1. 设随机变量 X 的密度函数为 $f(x)=\begin{cases} Ax & 0<x<1 \\ 0 & \text{其他} \end{cases}$,求:$(1)E(X)$;$(2)D(X)$.

2. 一盒中有 5 个球,标号 1 至 5 号.从中任取 3 个球.X 表示取到的 3 个球中号码最大者.写出 X 的分布律,并求 $E(X)$.

3. 设随机变量 X 的密度函数为 $f(x)=\begin{cases} \dfrac{A}{x^4} & x>1 \\ 0 & x \leqslant 1 \end{cases}$,求:$(1)A$;$(2)X$ 的分布函数;

(3) $E(X)$.

4. 设随机变量 X 的密度函数为 $f(x) = \begin{cases} ax^2 + bx + c & 0 < x < 1 \\ 0 & 其他 \end{cases}$，已知 $E(X) = 0.5$，$D(X) = 0.15$，求 a, b, c.

5. 设随机变量 $V \sim U(0, a)$，又 $W = kV^3 (k > 0, 常数)$，求 $E(W)$.

6. 随机变量 X 的密度函数为 $f(x) = \begin{cases} Cx^3 & 0 \leqslant x \leqslant 1 \\ 0 & 其他 \end{cases}$. 求：(1) C；(2) $E(X)$.

7. 某箱装有 100 件产品，其中一、二、三等品分别为 80 件，10 件，10 件，现从中随机抽取一件. 记 $X_i = \begin{cases} 1 & 若抽到 i 等品 \\ 0 & 其他 \end{cases}$，$i = 1, 2, 3$. 试求：(1) (X_1, X_2) 的分布律；(2) $\rho_{X_1 X_2}$.

8. $X_i \sim \begin{pmatrix} -1 & 0 & 1 \\ \dfrac{1}{4} & \dfrac{1}{2} & \dfrac{1}{4} \end{pmatrix}$，$i = 1, 2$，$p\{X_1 X_2 = 0\} = 1$，写出：(1) (X_1, X_2) 的联合分布律；(2) $Cov(X_1, X_2)$.

9. 设相互独立的随机变量 X, Y 具有同一分布，且 X 的分布律为

X	0	1
P	$\dfrac{1}{2}$	$\dfrac{1}{2}$

求 $Z = \min(X, Y)$ 的数学期望和方差.

10. 设随机变量 X 的密度函数为 $f(x) = \begin{cases} Ax(1-x) & 0 < x < 1 \\ 0 & 其他 \end{cases}$. 求：(1) 常数 A；(2) X 的数学期望 $E(X)$ 和方差 $D(X)$.

11. 已知甲、乙两箱中装有同种产品，其中甲箱装有 3 件合格品和 3 件次品，乙箱中仅装有 3 件合格品，从甲箱任取 3 件，放入乙箱后，求乙箱中次品件数 X 的数学期望.

12. 从 $1, 2, 3, 4, 5$ 中任取一个数，记为 X，再从 $1, 2, \cdots, X$ 中任取一个数 Y，求 Y 的数学期望 $E(Y)$.

13. 一汽车沿一街道行驶需要通过三个均设有红绿信号灯的路口，每个信号灯为红或绿与其他的信号灯独立，且红绿信号显示的时间相等，以 X 表示该汽车首次遇到红灯前已通过的路口的个数，求 $E\left(\dfrac{1}{1+X}\right) = 1$.

14. 设 X 的密度函数为 $f(x) = \begin{cases} e^{-x} & x > 0 \\ 0 & x \leqslant 0 \end{cases}$，求：(1) $Y = 2X$ 的数学期望；(2) $Y = e^{-2x}$ 的数学期望.

15. 设 X 的密度函数为 $f(x) = \begin{cases} \dfrac{3}{x^4} & x \geqslant 1 \\ 0 & x < 1 \end{cases}$，求 $E(X), D(X)$.

16. 设 (X, Y) 的联合分布为

Y\X	0	1	2
−1	0.1	0.3	0.15
0	0.2	0.05	0
2	0	0.1	0.1

求：(1)$E(XY)$；(2)$D(XY)$.

17. (X,Y) 的联合密度函数为 $f(x,y)=\begin{cases}12y^2 & 0\leqslant y\leqslant x\leqslant 1\\ 0 & 其他\end{cases}$，求：(1)$E(X)$；

(2)$E(Y)$；(3)$E(XY)$；(4)$E(X^2+Y^2)$.

18. (X,Y) 的联合分布律为

Y\X	−1	0	1
−1	$\frac{1}{8}$	$\frac{1}{8}$	$\frac{1}{8}$
0	$\frac{1}{8}$		$\frac{1}{8}$
1	$\frac{1}{8}$	$\frac{1}{8}$	$\frac{1}{8}$

求：(1) $Cov(X,Y)$；(2) 验证 X 和 Y 不相关，但不独立.

19. $(X,Y)\sim N(\mu_1,\mu_2,\sigma_1^2,\sigma_2^2,\rho)$ 且 $X\sim N(0,3)$，$Y\sim N(0,4)$，$\rho_{XY}=-\frac{1}{4}$，试写出 X 和 Y 的联合密度函数.

20. 设 A 和 B 是试验 E 的两个事件，且 $P(A)>0$，$P(B)>0$，并定义随机变量 X,Y
$$X=\begin{cases}1 & 若 A 发生\\ 0 & 若 A 不发生\end{cases}$$
$$Y=\begin{cases}1 & 若 B 发生\\ 0 & 若 B 不发生\end{cases}$$

证明：若 $\rho_{XY}=0$，则 X,Y 必定相互独立.

习题 4 参考答案

一、填空题

(1) 见第 4 章例 1.

(2)(i)$A=\frac{3}{8}$；(ii)$E(X)=\frac{3}{2}$；(iii)$D(X)=\frac{3}{20}$.

(i) $\int_{-\infty}^{+\infty}f(x)\mathrm{d}x=1\Rightarrow\int_0^2 Ax^2\mathrm{d}x=1\Rightarrow A=\frac{3}{8}$；

(ii) $E(x) = \int_{-\infty}^{+\infty} x f(x) \mathrm{d}x = \int_0^2 x \frac{3}{8} x^2 \mathrm{d}x = \frac{3}{2}$;

(iii) $D(x) = E(x^2) - [E(x)]^2 = \int_{-\infty}^{+\infty} x^2 f(x) \mathrm{d}x - \left(\frac{3}{2}\right)^2 = \int_0^2 x^2 \frac{3}{8} x^2 \mathrm{d}x - \frac{9}{4} = \frac{3}{20}$.

(3) $a = 0, b = 1$.

由 $E(X) = \int_{-\infty}^{+\infty} x f(x) \mathrm{d}x = \int_0^1 x(ax + b) \mathrm{d}x = \frac{a}{3} + \frac{b}{2} = \frac{1}{2}$, 及

$$\int_{-\infty}^{+\infty} f(x) \mathrm{d}x = \int_0^1 (ax + b) \mathrm{d}x = \frac{1}{2} a + b = 1$$

则
$$\begin{cases} a = 0 \\ b = 1 \end{cases}$$

(4) $E(X^2) = 2.8$.

X^2	0	4
P	0.3	0.7

则 $E(X^2) = 0 \times 0.3 + 4 \times 0.7 = 2.8$.

(5) $D(2X + 3) = 2$.

$$E(X) = \int_{-\infty}^{+\infty} x f(x) \mathrm{d}x = \int_0^{+\infty} x 4x \mathrm{e}^{-2x} \mathrm{d}x = 1$$

$$E(X^2) = \int_{-\infty}^{+\infty} x^2 f(x) \mathrm{d}x = \int_0^{+\infty} x^2 4x \mathrm{e}^{-2x} \mathrm{d}x = \frac{6}{4}$$

$$D(X) = E(X^2) - [E(x)]^2 = \frac{6}{4} - 1^2 = \frac{2}{4} = \frac{1}{2}$$

$$D(2X + 3) = 4D(X) = 4 \times \frac{1}{2} = 2$$

(6) 18.4.

$X \sim B(10, 0.4), E(X) = 10 \times 0.4 = 4, D(X) = 10 \times 0.4 \times (1 - 0.4) = 2.4$.

$E(X^2) = D(X) + [E(X)]^2 = 2.4 \times^2 4 = 18.4$.

(7) $P = \frac{1}{2}, \sqrt{D(X)} = 5$.

$D(X) = np(1 - p) = 100 \times p(1 - p) = 100p - 100p^2. -\frac{b}{2a} = -\frac{100}{2 \times (-100)} = \frac{1}{2}$,

所以当 $P = \frac{1}{2}$ 时, $D(X) = 100 \times \frac{1}{2} - 100 \times \frac{1}{4} = 50 - 25 = 25$, 即 $\sqrt{D(X)} = 5$.

(8) $E(Z) = -1; D(Z) = 6$.

$X \sim P(12)$, 则 $E(X) = 2, D(X) = 2. Y \sim N(-3, 1)$, 则 $E(Y) = -3, D(Y) = 1$.

$E(Z) = E(X - 2Y - 9) = E(X) - 2E(Y) - 9 = 2 + 6 = -1$.

$D(Z) = D(X - 2Y - 9) = D(X) + 4D(Y) = 2 + 4 = 6$.

(9) $1 - \mathrm{e}^{-1}$.

$X \sim P(\lambda), E(X) = \lambda, D(X) = \lambda$.

$E(X^2 + 2X - 4) = E(X^2) + 2E(X) - 4 = D(X) + [E(X)]^2 + 2E(X) - 4 = \lambda + \lambda^2 +$

$2\lambda-4=0,\lambda=1,\lambda=-4(舍).\ P\{X\neq 0\}=1-P\{X=0\}=1-\dfrac{1^{0}}{0!}\mathrm{e}^{-1}=1-\mathrm{e}^{-1}.$

(10)0.7.

$$P_{YZ}=\frac{Cov(Y,Z)}{\sqrt{D(Y)}\sqrt{D(Z)}}=\frac{Cov(Y,X+0.8)}{\sqrt{D(Y)}\sqrt{D(X+0.8)}}=\frac{Cov(Y,Z)}{\sqrt{D(Y)}\sqrt{D(X)}}=P_{XY}=0.7.$$

(11)0.

$X\sim N(0,1)$,则密度函数

$$\varphi(x)=\frac{1}{\sqrt{2\pi}}\mathrm{e}^{-\frac{x^{2}}{2}}\quad -\infty<x<+\infty$$

$$E(X)=0,D(X)=1$$

$$Cov(X,Y)=Cov(X,X^{2n})=E(X^{2n+1})-E(X)E(X^{2n})=E(X^{2n+1})$$

则
$$\rho_{XY}=\frac{Cov(X,Y)}{\sqrt{D(X)}\sqrt{D(Y)}}=\frac{E(X^{2n+1})}{\sqrt{D(X^{2n})}}$$

又 $E(X^{2n+1})=\displaystyle\int_{-\infty}^{+\infty}x^{2n+1}\dfrac{1}{\sqrt{2\pi}}\mathrm{e}^{-\frac{x^{2}}{2}}\mathrm{d}x$,令 $f(x)=x^{2n+1}\dfrac{1}{\sqrt{2\pi}}\mathrm{e}^{-\frac{x^{2}}{2}}$,有 $f(-x)=-x^{2n+1}\dfrac{1}{\sqrt{2\pi}}\cdot$

$\mathrm{e}^{-\frac{x^{2}}{2}}=-f(x)$,所以 $f(x)$ 为奇函数.因此 $E(X^{2n+1})=0$,从而 $\rho_{XY}=0$.

(12)

Y＼X	0	1
0	$\dfrac{1}{4}$	0
1	$\dfrac{1}{4}$	$\dfrac{1}{2}$

由题意有

X	0	1
P	$\dfrac{1}{4}$	$\dfrac{3}{4}$

Y	0	1
P	$\dfrac{1}{2}$	$\dfrac{1}{2}$

$$Cov(X,Y)=\sqrt{D(X)}\sqrt{D(Y)}\rho_{XY}=\frac{1}{8}$$

从而 $E(XY)=Cov(X,Y)+E(X)E(Y)=\dfrac{1}{2}.$

令

Y\X	0	1
0	x_1	x_2
1	x_3	x_4

则

P	x_1	x_2	x_3	x_4
(X,Y)	$(0,0)$	$(0,1)$	$(1,0)$	$(1,1)$
XY	0	0	0	1

所以

XY	0	1
P	$x_1+x_2+x_3$	x_4

即 $E(XY)=x_4=\dfrac{1}{2}$. 再由边缘密度可知

$$\begin{cases} x_1+x_2=\dfrac{1}{4} \\ x_3+x_4=\dfrac{3}{4} \\ x_1+x_3=\dfrac{1}{2} \\ x_2+x_4=\dfrac{1}{2} \end{cases} \Rightarrow \begin{cases} x_1=\dfrac{1}{4} \\ x_2=0 \\ x_3=\dfrac{1}{4} \end{cases}$$

二、单项选择题

(1)B. $p_1+p_2+p_3=1. E(X)=x_1p_1+x_2p_2+x_3p_3=2.3$,即
$$p_1+2p_2+3p_3=2.3$$
$$D(X)=E(X^2)-[E(X)]^2=x_1^2p_1+x_2^2p_2+x_3^2p_3-(2.3)^2=0.61$$
即 $p_1+4p_2+9p_3=5.9$.联立解得 $P_1=0.2, P_2=0.3, P_3=0.5$.

(2)D. 见第 4 章习题,单项选择题第 12 题.

(3)C. 见第 4 章习题,单项选择题第 8 题.

(4)A. 见第 4 章习题,单项选择题第 9 题.

(5)A. 见第 4 章习题,单项选择题第 10 题.

(6)D. 见第 3 章习题,单项选择题第 5 题.

(7)B. 见第 4 章习题,单项选择题第 7 题.

(8)C. 见第 4 章例 15.

(9)B. $X+Y=n$ 为常数,则 $X+Y$ 与 $X-Y$ 独立,进而相关系数为 0.

(10)A. $X \sim N(\mu_1,\sigma_1^2), Y \sim N(\mu_2,\sigma_2^2)$.

(11)A. $X \sim N(\mu_1,\sigma_1^2), Y \sim N(\mu_2,\sigma_2^2). X$ 与 Y 独立,则 $(X,Y) \sim N(\mu_1,\mu_2,\sigma_1^2,\sigma_2^2,$

0).

(12)C.　见第 4 章例 16.

三、计算题

(1) 见第 4 章习题,计算题第 11 题.

(2)$E(X) = (-1) \times \dfrac{1}{8} + 0 \times \dfrac{1}{2} + 1 \times \dfrac{1}{8} + 2 \times \dfrac{1}{4} = \dfrac{1}{2}$.

$E(X^2) = (-1)^2 \times \dfrac{1}{8} + 0 \times \dfrac{1}{2} + 1 \times \dfrac{1}{8} + 2^2 \times \dfrac{1}{4} = \dfrac{5}{4}$.

$E(2X+3) = 2E(X) + 3 = 2 \times \dfrac{1}{4} + 3 = 4$.

(3)A——"取白球",$P(A) = \displaystyle\sum_{K=0}^{N} P(X = K)P(A \mid X = K) = \sum_{K=0}^{N} \dfrac{K}{N} P(X = K) =$

$\dfrac{1}{N} \displaystyle\sum_{K=0}^{N} KP(X = K) = \dfrac{1}{N} E(X) = \dfrac{n}{N}$.

(4) 见第 4 章习题,填空题第 14 题.

(5) 见第 4 章例 6.

(6)$X_1 \sim U[0,6], E(X_1) = 3, D(X_1) = \dfrac{(6-0)^2}{12} = 3$.

$X_2 \sim N(0,4), E(X_2) = 0, D(X_2) = 4$.

$X_3 \sim P(3), E(X_3) = 3, D(X_2) = 3$.

$E(Y) = E(X_1 - 2X_2 + 3X_3) = E(X_1) - 2E(X_2) + 3E(X_3) = 3 - 2 \times 0 + 3 \times 3 = 12$.

$D(Y) = D(X_1 - 2X_2 + 3X_3) = D(X_1) + 4D(X_2) + 9D(X_3) = 3 + 4 \times 4 + 9 \times 3 = 46$.

(7) $X \sim N(1,2), E(X) = 1, D(X) = 2.$ $Y \sim N(0,1), E(Y) = 0, D(Y) = 1$.

$E(Z) = E(2X - Y + 3) = 2E(X) - 2E(Y) + 3 = 2 \times 1 - 0 + 3 = 5$.

$D(Z) = D(2X - Y + 3) = 4D(X) + D(Y) = 4 \times 2 + 1 = 9$.

因为 $Z \sim N(5,9)$,所以 Z 的密度函数为 $f_Z(Z) = \dfrac{1}{3\sqrt{2\pi}} \mathrm{e}^{-\frac{(x-5)^2}{2 \times 9}} = \dfrac{1}{3\sqrt{2\pi}} \mathrm{e}^{-\frac{(x-5)^2}{18}}$.

(8) 因为 $f(x) = \dfrac{1}{\sqrt{\pi}} \mathrm{e}^{-(x-1)^2} = \dfrac{1}{\sqrt{2\pi} \cdot \frac{1}{\sqrt{2}}} \mathrm{e}^{-\frac{(x-1)^2}{2 \times (\frac{1}{\sqrt{2}})^2}}$,所以 $X \sim N(1, \frac{1}{2})$,进而 $E(X) = 1$,

$D(X) = \dfrac{1}{2}$.

(9)$E\left(\dfrac{1}{X}\right) = \displaystyle\int_{-\infty}^{+\infty} \dfrac{1}{x} f(x) \mathrm{d}x = \int_{0}^{+\infty} \dfrac{1}{x} \dfrac{x}{a^2} \mathrm{e}^{-\frac{x^2}{2a^2}} \mathrm{d}x = \int_{0}^{+\infty} \dfrac{1}{a^2} \mathrm{e}^{-(\frac{x}{\sqrt{2}a})^2} \mathrm{d}x = \sqrt{2}\, a \dfrac{1}{a^2} \dfrac{\sqrt{\pi}}{2} = \dfrac{\sqrt{2\pi}}{2a}$.

(10)(i)$f_X(x) = \begin{cases} \dfrac{3}{8} x^2 & 0 < x < 2 \\ 0 & \text{其他} \end{cases}$,则 X 的分布函数

$$F_X(x) = \begin{cases} 0 & x < 0 \\ \displaystyle\int_0^x \dfrac{3}{8} t^2 \mathrm{d}t = \dfrac{x^3}{8} & 0 \leqslant x < 2 \\ 1 & x \geqslant 2 \end{cases}$$

由于 X 与 Y 同分布,则

$$F_X(x) = F_Y(y)$$
$$P(A) = P\{X > a\} = 1 - P\{X \leqslant a\} = 1 - F_X(a)$$
$$P(B) = P\{Y > a\} = 1 - P\{Y \leqslant a\} = 1 - F_Y(a)$$

又 A 与 B 独立则

$$P(A \bigcup B) = P(A) + P(B) - P(A)P(B)$$

即

$$1 - F_X(a) + 1 - F_Y(a) - [1 - F_X(a)][1 - F_Y(a)] = \frac{3}{4}$$

从而 $F_X(a) = \frac{1}{2}$. 即 $\frac{a^3}{8} = \frac{1}{2}, a = \sqrt[3]{4}$.

(ii) $E\left(\frac{1}{X^2}\right) = \int_{-\infty}^{+\infty} \frac{1}{X^2} f(x)\mathrm{d}x = \int_0^2 \frac{1}{x^2} \frac{3}{8} x^2 \mathrm{d}x = \frac{3}{4}$.

(11)(i) $\int_{-\infty}^{+\infty} f(x)\mathrm{d}x = 1$,有 $\int_0^1 Ax^2 + Bx \mathrm{d}x = 1$,即 $\frac{A}{3} + \frac{B}{2} = 1$.

又 $E(X) = \int_{-\infty}^{+\infty} xf(x)\mathrm{d}x = \int_0^1 Ax^3 + Bx^2 \mathrm{d}x = \frac{1}{2}$,即 $\frac{A}{4} + \frac{B}{3} = \frac{1}{2}$.

联立解得 $A = -6, B = 6$.

(ii) $E(X^2) = \int_{-\infty}^{+\infty} x^2 f(x)\mathrm{d}x = \int_0^1 -6x^4 + 6x^3 \mathrm{d}x = -\frac{6}{5} + \frac{6}{4} = \frac{3}{10}$,

$D(X^2) = E\{[X^2 - E(X)]^2\} = \int_{-\infty}^{+\infty} \left(x^2 - \frac{3}{10}\right)^2 f(x)\mathrm{d}x = \int_0^1 \left(x^2 - \frac{3}{10}\right)^2 (16x^2 +$

$6x)\mathrm{d}x = \frac{37}{100}$.

(12) 方程有实根,即 $\xi^2 - 4 \geqslant 0$. 因为 $\xi \sim E(\lambda)$,则

$$E(\xi) = \frac{1}{\lambda} = 5, \lambda = \frac{1}{5}$$

从而 ξ 的分布函数为

$$F(x) = \begin{cases} 1 - \mathrm{e}^{-\frac{1}{5}x} & x > 0 \\ 0 & x \leqslant 0 \end{cases}$$

$$P\{\xi^2 - 4 \geqslant 0\} = P\{\xi \geqslant 2^2\} + P\{\xi \leqslant 2\} = 1 - P\{\xi < 2\} + P\{\xi \leqslant -2\} =$$
$$1 - F(2) + F(-2) =$$
$$1 - (1 - \mathrm{e}^{-\frac{1}{5} \times 2}) + 0 = \mathrm{e}^{-\frac{2}{5}} \approx 0.676$$

(13)(i) 设此人每月收入为 $X, X \sim E(\lambda)$. 又 $E(X) = 2\,000$,所以 $\lambda = \frac{1}{2\,000}$,即 $X \sim$

$E\left(\frac{1}{2\,000}\right)$. X 的分布函数为

$$F(X) = \begin{cases} 1 - \mathrm{e}^{-\frac{x}{200}} & x > 0 \\ 0 & x \leqslant 0 \end{cases}$$

$$P\{X > 3\,000\} = 1 - P\{X \leqslant 3\,000\} = 1 - F(3\,000) = 1 - (1 - \mathrm{e}^{-\frac{3\,000}{2\,000}}) = \mathrm{e}^{-\frac{3}{2}} = 0.223$$

(ii) $\xi \sim B(12, \mathrm{e}^{-\frac{3}{2}})$,将每月是否缴税看做试一次试验,每次试验相互独立,一年12个

月共 12 次试验.

(iii)$E(\xi) = np = 12 \cdot e^{-\frac{3}{2}} \approx 2.676$.

(14) 设进货量为 a,则利润

$$L(X) = \begin{cases} 500a + 300(X-a) & a < X \leqslant 30 \\ 500X - 100(a-X) & 10 \leqslant X \leqslant a \end{cases}$$

即

$$L(X) = \begin{cases} 300X + 200a & a < X \leqslant 30 \\ 600X - 100a & 10 \leqslant X \leqslant a \end{cases}$$

期望利润

$$E(L(X)) = \int_{10}^{a} \frac{1}{20}(60X - 100a)\mathrm{d}x + \int_{a}^{30} \frac{1}{20}(300X + 200a)\mathrm{d}x = -7.5a^2 + 350a + 5\,250$$

依题意有 $-7.5a^2 + 350a + 5\,250 \geqslant 9\,280$, 即 $7.5a^2 - 350a + 4\,030 \leqslant 0$, 有 $20\frac{2}{3} \leqslant a \leqslant 26$. 故利润期望不小于 9 280 元的最小进货量为 21 个单位.

(15)

X \ Y	1	4	$P_i.$
-2	0	$\frac{1}{4}$	$\frac{1}{4}$
-1	$\frac{1}{4}$	0	$\frac{1}{4}$
1	$\frac{1}{4}$	0	$\frac{1}{4}$
2	0	$\frac{1}{4}$	$\frac{1}{4}$
$P._j$	$\frac{1}{2}$	$\frac{1}{2}$	1

$$Cov(X,Y) = E(XY) - E(X)E(Y) = (-2) \times 1 \times 0 + (-2) \times 4 \times \frac{1}{4} +$$

$$(-1) \times 1 \times \frac{1}{4} + (-1) \times 4 \times 0 + 1 \times 1 \times \frac{1}{4} + 1 \times 4 \times 0 +$$

$$2 \times 1 \times 0 + 2 \times 4 \times \frac{1}{4} - \left[(-2) \times \frac{1}{4} + (-1) \times \frac{1}{4} + 1 \times \frac{1}{4} +\right.$$

$$\left. 2 \times \frac{1}{4}\right]\left[1 \times \frac{1}{2} + 4 \times \frac{1}{2}\right] = 0$$

$$P_{XY} = \frac{Cov(X,Y)}{\sqrt{D(X)}\sqrt{D(Y)}} = 0$$

(16) $E(X) = \int_{-\infty}^{+\infty} \int_{-\infty}^{+\infty} xf(x,y)\mathrm{d}x\mathrm{d}y = \int_{0}^{2} \mathrm{d}x \int_{0}^{2} x \frac{1}{8}(x+y)\mathrm{d}y = \frac{7}{6}$.

$$E(Y) = \int_{-\infty}^{+\infty} \int_{-\infty}^{+\infty} yf(x,y)\,\mathrm{d}x\,\mathrm{d}y = \int_0^2 \mathrm{d}x \int_0^2 y\,\frac{1}{8}(x+y)\,\mathrm{d}y = \frac{7}{6}.$$

$$E(XY) = \int_{-\infty}^{+\infty} \int_{-\infty}^{+\infty} xyf(x,y)\,\mathrm{d}x\,\mathrm{d}y = \int_0^2 \mathrm{d}x \int_0^2 xy\,\frac{1}{8}(+y)\,\mathrm{d}y = \frac{4}{3}.$$

$$Cov(X,Y) = E(XY) - E(X)E(Y) = \frac{4}{3} - \frac{7}{6} \times \frac{7}{6} = -\frac{1}{36}.$$

$$E(X^2) = \int_{-\infty}^{+\infty} \int_{-\infty}^{+\infty} x^2 f(x,y)\,\mathrm{d}x\,\mathrm{d}y = \int_0^2 \mathrm{d}x \int_0^2 x^2\,\frac{1}{8}(x+y)\,\mathrm{d}y = \frac{5}{3}.$$

$$D(X) = E(X^2) - [E(X)]^2 = \frac{5}{3} - \left(\frac{7}{6}\right)^2 = \frac{11}{36}.$$

$$E(Y^2) = \int_{-\infty}^{+\infty} \int_{-\infty}^{+\infty} y^2 f(x,y)\,\mathrm{d}x\,\mathrm{d}y = \int_0^2 \mathrm{d}x \int_0^2 y^2\,\frac{1}{8}(x+y)\,\mathrm{d}y = \frac{5}{3}.$$

$$D(X) = E(X^2) - [E(X)]^2 = \frac{11}{36}.$$

$$\rho_{XY} = \frac{Cov(X,Y)}{\sqrt{D(X)}\,\sqrt{D(Y)}} = \frac{-\dfrac{1}{36}}{\dfrac{11}{36}} = -\frac{1}{11}.$$

$$D(X+Y) = D(X) + D(Y) + 2Cov(X,Y) = \frac{11}{36} + \frac{11}{36} + 2 \times \left(-\frac{1}{36}\right) = \frac{20}{36} = \frac{5}{9}.$$

第 **5** 章

大数定律及中心极限定理

一、考试要求

1. 掌握切比雪夫不等式.

2. 了解切比雪夫大数定理,伯努利大数定理,辛钦大数定理.

3. 了解林德伯格－列维定理和棣莫弗－拉普拉斯定理,会用中心极限定理估算有关事件的概率.

二、基本内容

1. 依概率收敛

设 $X_1, X_2, \cdots, X_n, \cdots$ 是一个相互独立的随机变量序列,a 是一个常数,若对任意正数 ε,有 $\lim\limits_{n\to\infty} P\{|X_n - a| < \varepsilon\} = 1$,则称序列 $X_1, X_2, \cdots, X_n, \cdots$ 依概率收敛于 a,记为 $X_n \xrightarrow{P} a$.

2. 切比雪夫不等式

设 X 为随机变量,且有有限方差,则对任意 $\varepsilon > 0$ 有

$$P\{|X - EX| \geqslant \varepsilon\} \leqslant \frac{DX}{\varepsilon^2}$$

或

$$P\{|X - E(X)| < \varepsilon\} \geqslant 1 - \frac{D(X)}{\varepsilon^2}$$

3. 大数定律

(1) 切比雪夫大数定律

设随机变量 $X_1, X_2, \cdots, X_n, \cdots$ 相互独立,且有相同的数学期望和方差,$E(X_i) = \mu$,$DX_i = \sigma^2 (i = 1, 2, \cdots)$,令 $\bar{X} = \frac{1}{n}\sum\limits_{i=1}^{n} X_i$,则对任意正数 ε 有

$$\lim_{n\to\infty} P\{|\bar{X} - \mu| < \varepsilon\} = 1 \text{ 或} \lim_{n\to\infty} P\{|\bar{X} - \mu| \geqslant \varepsilon\} = 0$$

即 $\frac{1}{n}\sum\limits_{i=1}^{n} X_i \xrightarrow{P} \mu$.

（2）伯努利大数定律

设事件 A 在每次试验中发生的概率为 P，n 次重复独立，试验中事件 A 发生的次数为 n_A，则对任意正数 ε，有

$$\lim_{n\to\infty}P\left\{\left|\frac{n_A}{n}-P\right|<\varepsilon\right\}=1 \text{ 或} \lim_{n\to\infty}P\left\{\left|\frac{n_A}{n}-P\right|\geqslant\varepsilon\right\}=0$$

即事件发生的频率 $\dfrac{n_A}{n}\xrightarrow{P}P(A)$.

（3）辛钦大数定理

$X_1,X_2,\cdots,X_n,\cdots$ 相互独立，服从同一分布，$E(X_i)=\mu(i=1,2,\cdots)$，则对任意正数 ε，

有 $\displaystyle\lim_{n\to\infty}P\left\{\left|\frac{1}{n}\sum_{i=1}^{n}X_i-\mu\right|<\varepsilon\right\}=1$，或 $\displaystyle\lim_{n\to\infty}P\left\{\left|\frac{1}{n}\sum_{i=1}^{n}X_i-\mu\right|\geqslant\varepsilon\right\}=0.$

4. 中心极限定理

（1）独立同分布的中心极限定理（林德伯格－列维定理）

$X_1,X_2,\cdots,X_n,\cdots$ 独立服从同一分布，$E(X_i)=\mu$，$D(X_i)=\sigma^2(i=1,2,\cdots)$，则随机变

量 $Y_n=\dfrac{\displaystyle\sum_{i=1}^{n}X_i-n\mu}{\sqrt{n}\sigma}$ 的分布函数 $F_n(x)$ 收敛到标准正态分布，即对任意 x，满足

$$\lim_{n\to\infty}F_n(x)=\lim_{n\to\infty}P\left\{\frac{\displaystyle\sum_{i=1}^{n}X_i-n\mu}{\sqrt{n}\sigma}\leqslant x\right\}=\int_{-\infty}^{x}\frac{1}{\sqrt{2\pi}}\mathrm{e}^{-\frac{t^2}{2}}\mathrm{d}t=\Phi(x)$$

当 n 充分大时，$\dfrac{\displaystyle\sum_{i=1}^{n}X_i-n\mu}{\sqrt{n}\sigma}\sim N(0,1).$

（2）棣莫弗－拉普拉斯定理

设随机变量 $\eta_n\sim B(n,P)$，则对任意 x，有

$$\lim_{n\to\infty}P\left\{\frac{\eta_n-nP}{\sqrt{nP(1-P)}}\leqslant x\right\}=\int_{-\infty}^{x}\frac{1}{\sqrt{2\pi}}\mathrm{e}^{-\frac{t^2}{2}}\mathrm{d}t=\Phi(x)$$

当：$X_1,X_2,\cdots,X_n$ 独立同服从 $B(1,P)$，则 $\eta_n=\displaystyle\sum_{i=1}^{n}X_i.$

注：1）$X_1,X_2,\cdots,X_n,\cdots$ 独立同分布，$E(X_i)=\mu$，$D(X_i)=\sigma^2(i=1,2,\cdots)$，则：

① $\dfrac{\displaystyle\sum_{i=1}^{n}X_i-n\mu}{\sqrt{n}\sigma}$ 近似服从 $N(0,1)$；

② $\displaystyle\sum_{i=1}^{n}X_i$ 近似服从 $N(n\mu,n\sigma^2)$；

③ $\dfrac{1}{n}\displaystyle\sum_{i=1}^{n}X_i$ 近似服从 $N\left(\mu,\dfrac{\sigma^2}{n}\right)$；

④ $P\left(a\leqslant\displaystyle\sum_{i=1}^{n}X_i\leqslant b\right)=P\left\{\dfrac{a-n\mu}{\sqrt{n}\sigma}\leqslant\dfrac{\displaystyle\sum_{i=1}^{n}X_i-n\mu}{\sqrt{n}\sigma}\leqslant\dfrac{b-n\mu}{\sqrt{n}\sigma}\right\}\approx\Phi\left(\dfrac{b-n\mu}{\sqrt{n}\sigma}\right)-$

$\Phi\left(\dfrac{a-n\mu}{\sqrt{n}\sigma}\right)$.

2）$X_n \sim B(n,P)$ $(n=1,2,\cdots,0<P<1)$，则当 n 充分大时：

① $\dfrac{X_n-np}{\sqrt{npq}}$ 近似服从 $N(0,1)$;

② X_n 近似服从 $N(np,npq)$;

③ $P(a \leqslant X_n \leqslant b)=P\left(\dfrac{a-np}{\sqrt{npq}} \leqslant \dfrac{X_n-np}{\sqrt{npq}} \leqslant \dfrac{b-np}{\sqrt{npq}}\right) \approx \Phi\left(\dfrac{b-np}{\sqrt{npq}}\right)-\Phi\left(\dfrac{a-np}{\sqrt{npq}}\right)$.

3）设 $X_1,X_2,\cdots,X_n$ 独立同服从 $B(1,P)$，则：

① $\dfrac{\sum\limits_{i=1}^{n}X_i-np}{\sqrt{npq}}$ 近似服从 $N(0,1)$;

② $\sum\limits_{i=1}^{n}X_i$ 近似服从 $N(np,npq)$;

③ $\dfrac{1}{n}\sum\limits_{i=1}^{n}X_i$ 近似服从 $N\left(p,\dfrac{pq}{n}\right)$;

④ $P\left(a \leqslant \sum\limits_{i=1}^{n}X_i \leqslant b\right)=P\left\{\dfrac{a-np}{\sqrt{npq}} \leqslant \dfrac{\sum\limits_{i=1}^{n}X_i-np}{\sqrt{npq}} \leqslant \dfrac{b-np}{\sqrt{npq}}\right\} \approx \Phi\left(\dfrac{b-np}{\sqrt{npq}}\right)-$

$\Phi\left(\dfrac{a-np}{\sqrt{npq}}\right)$.

三、典型题型与例题分析

例 1　设随机变量 X 的方差为 2，则 $P\{|X-E(X)| \geqslant 2\} \leqslant$ _____.

解　由 $P\{|X-E(X)| \geqslant \varepsilon\} \leqslant \dfrac{D(X)}{\varepsilon^2}$，有 $P\{|X-E(X)| \geqslant 2\} \leqslant \dfrac{2}{2^2}=\dfrac{1}{2}$，填 $\dfrac{1}{2}$.

例 2　一台设备由 10 个独立工作的元件组成，每一个元件在时间 T 发生故障的概率为 0.05，设 X 为在时间 T 发生故障的元件数，则 $P\{|X-EX|<2\} \geqslant$ _____.

解　$X \sim B(10,0.05)$，得

$$E(X)=np=10\times0.05=0.5$$
$$D(X)=np(1-p)=0.5\times0.95=0.475$$

由切比雪夫不等式得

$$P\{|X-E(X)|<2\} \geqslant 1-\dfrac{0.475}{2^2}=0.881\ 25$$

应填 0.881 25.

例 3　每次试验中事件 A 发生的概率为 0.5，如果做 100 次独立试验，X 为在 100 次试验中事件 A 发生的次数，则随机变量 X 在区间 40 到 60 之间取值的概率 $\geqslant$ _____.

解　$X \sim B(100,0.5)$. $E(X)=50$，$D(X)=npq=25$. 可得

$$P\{40 \leqslant X \leqslant 60\}=P\{40-50 \leqslant X-EX \leqslant 60-50\}=$$

$$P\{|X - E(X)| \leqslant 10\} \geqslant 1 - \frac{DX}{10^2} = 0.75$$

填 0.75.

例 4 设 $X \sim E(\lambda)$ 指数分布,试估计 $P\left\{-\frac{2}{\lambda} < X < \frac{4}{\lambda}\right\}$ 的概率.

解 $E(X) = \frac{1}{\lambda}, D(X) = \frac{1}{\lambda^2}$.

依切比雪夫不等式得

$$P\left\{-\frac{2}{\lambda} < X < \frac{4}{\lambda}\right\} = P\left\{-\frac{2}{\lambda} - \frac{1}{\lambda} < X - \frac{1}{\lambda} < \frac{4}{\lambda} - \frac{1}{\lambda}\right\} =$$

$$P\left\{|X - E(X)| < \frac{3}{\lambda}\right\} \geqslant 1 - \frac{\frac{1}{\lambda^2}}{\left(\frac{3}{\lambda}\right)^2} = \frac{8}{9}$$

例 5 设离散型随机变量 X 的分布律为

X	0.3	0.6
P	0.2	0.8

用切比雪夫不等式估计 $P\{|X - E(X)| < 0.2\}$.

解 $E(X) = 0.3 \times 0.2 + 0.6 \times 0.8 = 0.54$.

$D(X) = E(X^2) - (E(X))^2 = (0.3)^2 \times 0.2 + (0.6)^2 \times 0.8 - (0.54)^2 = 0.0144$.

由切比雪夫不等式

$$P\{|X - E(X)| \leqslant \varepsilon\} \geqslant 1 - \frac{D(X)}{\varepsilon^2}$$

得

$$P\{|X - 0.54| < 0.2\} \geqslant 1 - \frac{0.0144}{0.04} = 0.64$$

例 6 设随机变量 X 的密度函数为

$$f(x) = \begin{cases} \dfrac{x^m}{m!} e^{-x} & x > 0 \\ 0 & x \leqslant 0 \end{cases}$$

其中 m 为正整数,试用切比雪夫不等式证明:$P\{0 < X < 2(m+1)\} \geqslant \dfrac{m}{m+1}$.

证明 利用 Γ 函数 $\Gamma(\alpha) = \displaystyle\int_0^{+\infty} x^{\alpha-1} e^{-x} dx \; (\alpha > 0)$ 的性质得

$$E(X) = \int_{-\infty}^{+\infty} x f(x) dx = \frac{1}{m!} \int_0^{+\infty} x^{m+1} e^{-x} dx = \frac{(m+1)!}{m!} = m+1$$

$$E(X^2) = \int_{-\infty}^{+\infty} x^2 f(x) dx = \frac{1}{m!} \int_0^{+\infty} x^{m+2} e^{-x} dx = \frac{(m+2)!}{m!} = (m+1)(m+2)$$

$$D(X) = E(X^2) - (E(X))^2 = m+1$$

依切比雪夫不等式有

$$P\{0 < X < 2(m+1)\} = P\{|X - (m+1)| < m+1\} \geqslant 1 - \frac{m+1}{(m+1)^2} = \frac{m}{1+m}$$

例 7　设独立随机变量 $X_1, X_2, \cdots, X_n, \cdots$ 服从 $P(\lambda)$ 泊松分布 $\bar{X} = \dfrac{1}{n} \sum\limits_{i=1}^{n} X_i$，则

$P\{\bar{X} < x\} \approx$ _____.

解　由 $E(X_i) = \lambda, D(X_i) = \lambda$.

$$P\{\bar{X} < x\} = P\left\{\sum_{i=1}^{n} X_i < nx\right\} = P\left\{\frac{\sum\limits_{i=1}^{n} X_i - n\lambda}{\sqrt{n\lambda}} < \frac{nx - n\lambda}{\sqrt{n\lambda}}\right\} \approx \Phi\left[\frac{\sqrt{n}(x - \lambda)}{\sqrt{\lambda}}\right].$$

第 5 章习题

一、填空题

1. $E(X) = \mu, D(X) = \sigma^2$，由切比雪夫不等式估计值 $P\{\mu - 3\sigma < X < \mu + 3\sigma\} \geqslant$ (　　).

2. 随机变量的分布未知，但已知 $E(X) = \mu, D(X) = \sigma^2$，用切比雪夫不等式估值 $P\{\mu - 5\sigma < X < \mu + 5\sigma\} \geqslant$ (　　).

3. 设 $P\{|X - E(X)| < \varepsilon\} \geqslant 0.9, D(X) = 0.009$，则用切比雪夫不等式估计 ε 的最小值是 (　　).

4. 设随机变量 X 服从参数为 2 的泊松分布，用切比雪夫不等式估计 $P\{|X - 2| \geqslant 4\} \leqslant$ (　　).

5. 设随机变量 X 的数学期望 $E(X) = 11$，方差 $D(X) = 9$，用切比雪夫不等式估计 $P\{2 < X < 20\} \geqslant$ (　　).

6. 设 $E(X) = E(Y) = 2, D(X) = 1, D(Y) = 4, \rho_{XY} = 0.5$，则根据切比雪夫不等式 $P(|X - Y| \geqslant 6) \leqslant$ (　　).

7. $E(X) = 75, D(X) = 5$，用切比雪夫不等式 $P\{|X - 75| \geqslant k\} \leqslant 0.05$，则 $k =$ (　　).

8. 设随机变量 X 和 Y 分别服从正态分布 $N(1,1)$ 与 $N(0,1)$，$E(XY) = -0.1$，则根据切比雪夫不等式 $P\{-4 < X + 2Y < 6\} \geqslant$ (　　).

二、单项选择题

1. 设 $E(X) = 2, E(Y) = -2, D(X) = 1, D(Y) = 4, \rho_{XY} = 0.5$，则根据切比雪夫不等式估计 $P\{|X + Y| \geqslant 6\} \leqslant$ (　　).

(A) $\dfrac{7}{36}$　　　(B) $\dfrac{6}{36}$　　　(C) $\dfrac{4}{36}$　　　(D) $\dfrac{3}{36}$

2. 仅知随机变量 X 的期望 $E(X)$ 及方差 $D(X)$，而分布函数未知，则对任何实数 $a, b(a < b)$ 都可以估计出概率的是 (　　).

(A) $P\{a < X < b\}$　　　(B) $P\{a < X - E(X) < b\}$

(C) $P\{-a < X < b\}$　　　(D) $P\{|X - E(X)| \geqslant b - a\}$

3. 设随机变量 X 的方差存在,且满足 $P\{|X-E(X)| \geqslant 3\} \leqslant \dfrac{2}{9}$,则一定有(　　　).

(A) $D(X)=2$ (B) $D(X) \neq 2$

(C) $P\{|X-E(X)| < 3\} < \dfrac{7}{9}$ (D) $P\{|X-E(X)| < 3\} \geqslant \dfrac{7}{9}$

三、计算题

1. 每袋白糖平均重 $500\ \text{g}$,标准差 $\sqrt{D(X)} = \sigma = 10\ \text{g}$. 每箱装有 100 袋. 问一箱重量在 $49\ 750\ \text{g}$ 至 $50\ 250\ \text{g}$ 之间的概率. $(\Phi(2.5)=0.993\ 8)$

2. 有 100 道单项选择题,每个题有 4 个备选答案,且其中只有一个答案正确. 选择正确得 1 分,选择错误得 0 分. 假设一无知者来选(没有不选的),问他能超过 35 分的概率. $(\Phi(2.309\ 4)=0.989\ 6)$

3. 某工厂有 100 台车床彼此独立地工作. 每台车床的实际工作时间占全部工作时间的 80%. 求:(1)任一时刻有 $70 \sim 86$ 台车床在工作的概率;(2)任一时刻有 80 台以上车床在工作的概率. $(\Phi(1.5)=0.933\ 2, \Phi(2.5)=0.993\ 8)$

4. 设有 $2\ 500$ 名同一年龄段和同一社会阶层的人参加了某保险公司的人寿保险,假设在一年中每个人死亡的概率为 0.002. 每人在年初向保险公司交纳保费 120 元,而死亡时家属可以从保险公司领到 $20\ 000$ 元. 问:(1)保险公司亏本的概率是多少? (2)保险公司获利不少于 $100\ 000$ 元的概率是多少?

(注:$\dfrac{10}{\sqrt{4.99}} = 4.476\ 6, \Phi(4.476\ 6)=0.999\ 931, \Phi(2.238\ 3)=0.987\ 4$)

5. 从发芽率为 95% 的一批种子里随机取 400 粒. 试求其不发芽的种子不多于 25 粒的概率. (注:$\sqrt{19}=4.359, \Phi(1.147)=0.874\ 9$)

6. 一生产线生产的产品成箱包装,每箱重量是随机的. 假设每箱平均重 $50\ \text{kg}$,标准差 $5\ \text{kg}$. 若用最大载重为 $5\ \text{t}$ 的汽车承运. 试用独立同分布中心极限定理说明每辆汽车最多装多少箱,才能保证不超载的概率大于 0.977. $(\Phi(2)=0.977)$

7. 对某一目标进行多次同等规模的轰炸,每次轰炸命中目标的炸弹数目是一个随机变量. 设数学期望为 2,方差为 1. 计算在 100 次轰炸命中目标的炸弹总数在 180 颗到 220 颗的概率. $(\Phi(2)=0.977\ 2)$

8. 一船舶在某海区航行,已知每遭受一次波浪的冲击,纵摇角大于 $3°$ 的概率为 $\dfrac{1}{3}$,若船舶遭受了 $90\ 000$ 次波浪的冲击,问其中有 $29\ 500 \sim 30\ 500$ 次纵摇角度数大于 $3°$ 的概率是多少? $(\Phi(3.5)=0.999\ 8)$

9. 某工厂有 400 台同类机器,各台机器发生故障的概率都是 0.02,各机器独立,试求机器出故障的台数不小于 2 的概率.

习题 5 参考答案

一、填空题

(1) $1 - \dfrac{1}{k^2}$.　$P\{|X - \mu| < k\sigma^2\} \geqslant 1 - \dfrac{\sigma^2}{(k\sigma)^2} = 1 - \dfrac{1}{k^2} = \dfrac{k^2 - 1}{k^2}$.

(2) $\dfrac{3}{4}$.　$P\{5 < X < 17\} = P\{|X - 1| < 6\} \geqslant 1 - \dfrac{9}{6^2} = \dfrac{27}{36} = \dfrac{3}{4}$.

(3) $\dfrac{1}{12}$.　见第 5 章习题,填空题第 6 题.

(4) 20.　$P\{|X - 13| \geqslant C^2\} \leqslant \dfrac{D(X)}{C^2} = \dfrac{4}{C^2} = 0.01 \Rightarrow C = 20$.

(5) $P\{|X - \mu| < 2\} \geqslant 1 - \dfrac{1}{n}$.

因为

$$E(\bar{X}) = E\left(\frac{1}{n}\sum_{i=1}^{n} X_i\right) = \frac{1}{n}E\left(\sum_{i=1}^{n} X_i\right) = \mu$$

$$D(\bar{X}) = D\left(\frac{1}{n}\sum_{i=1}^{n} X_i\right) = \frac{1}{n}D\left(\sum_{i=1}^{n} X_i\right) = \frac{4n}{n^2} = \frac{4}{n}$$

所以

$$P\{\mu - 2 < \bar{X} < \mu + 2\} = P(|\bar{X} - \mu| < 2) \geqslant 1 - \frac{D(\bar{X})}{2^2} = 1 - \frac{\dfrac{4}{n}}{4} = 1 - \frac{1}{n}$$

二、单项选择题

(1) D.　$P\{|X - E(x)| < 4\} = 1 - P\{|X - E(X)| \geqslant 4\} \geqslant 1 - \dfrac{3}{16} = \dfrac{13}{16}$.

(2) B.　因为 $E(S_9) = E\left(\displaystyle\sum_{i=1}^{9} X_i\right) = 9, D(S_9) = D\left(\displaystyle\sum_{i=1}^{9} X_i\right) = 9$.

所以 $P\{|S_9 - 9| < \varepsilon\} \geqslant 1 - \dfrac{D(S_9)}{\varepsilon^2} = 1 - \dfrac{9}{\varepsilon^2}$. 即 B 正确.

(3) A.　$X_i \sim E(\lambda)$,则 $E(X_1 + X_2 + \cdots + X_n) = \displaystyle\sum_{i=1}^{n} E(X_i) = \dfrac{n}{\lambda}$.

$D\left(\displaystyle\sum_{i=1}^{n} X_i\right) = \displaystyle\sum_{i=1}^{n} D(X_i) = \dfrac{n}{\lambda^2}$,由独立同分布中心极限定理可知

$$\lim_{x \to \infty} P\left\{\frac{\displaystyle\sum_{i=1}^{n} X_i - \frac{n}{\lambda}}{\sqrt{\dfrac{n}{\lambda^2}}} \leqslant x\right\} = \Phi(x)$$

有
$$\lim_{x\to\infty}P\left\{\frac{\lambda\sum\limits_{i=1}^{n}X_i-n}{\sqrt{n}}\leqslant x\right\}=\Phi(x)$$

(4)C.　由独立同分布中心极限定理可知 C 正确.

(5)C.　$X\sim B(n,p)\Rightarrow E(X)=np$，$D(X)=np(1-p)$，从而

$$P\{|X-np|\geqslant\sqrt{2n}\}\leqslant\frac{np(1-p)}{2n}=\frac{p-p^2}{2}$$

又因为 $\dfrac{p-p^2}{2}_{\max}=\dfrac{1}{8}$，故 C 正确.

三、计算题

(1) 解

X	1	1.2	1.5
P	0.3	0.2	0.5

$$E(X)=1\times0.3+1.2\times0.2+1.5\times0.5=1.29$$
$$D(X)=E(X^2)-[E(X)]^2=1.713-(1.29)^2=0.048\ 9$$

(i) $P\{X\geqslant400\}=P\left\{\sum\limits_{i=1}^{300}X_i\geqslant400\right\}=1-P\left\{\sum\limits_{i=1}^{300}X_i<400\right\}=$

$$1-P\left\{\frac{\sum\limits_{i=1}^{300}X_i-300\times1.29}{\sqrt{300\times0.048\ 9}}<\frac{400-300\times1.29}{\sqrt{300\times0.048\ 9}}\right\}=$$

$$1-\Phi(3.394)$$

(ii) 设这天售出的价格为 1.2 元的蛋糕数为 $Y,Y\sim B(300,0.2)$.

$P\{Y\geqslant60\}=1-P\{X<60\}=$

$$1-P\left\{\frac{Y-300\times0.2}{\sqrt{300\times0.2\times(1-0.2)}}<\frac{60-300\times0.2}{\sqrt{300\times0.2\times(1-0.2)}}\right\}=$$

$$1-\Phi(0)=\frac{1}{2}$$

(2) 解：X_i——检查第 i 个产品花费的时间，则

$$X_i=\begin{cases}10 & \text{第 } i \text{ 个产品不需要复查}\\20 & \text{第 } i \text{ 个产品需要复查}\end{cases}\quad i=1,2,\cdots,1\ 900$$

$$X=\sum_{i=1}^{1\ 900}X_i,E(X_i)=10\times0.5+20\times0.5=15,D(X_i)=25$$

$$P\{X<8\times3\ 600\}=P\left\{\frac{X-1\ 900\times15}{\sqrt{1\ 900}\times\sqrt{25}}<\frac{8\times3\ 600-1\ 900\times15}{\sqrt{1\ 900\times25}}\right\}=\Phi(1.376)$$

(3)X——整个系统中正常工作部件数，则

$$X\sim B(100,0.9)$$

$$P\{X\geqslant85\}=1-P\{X<85\}=$$

$$1-P\left\{\frac{X-100\times 0.9}{\sqrt{100\times 0.9\times 0.1}}<\frac{85-100\times 0.9}{\sqrt{100\times 0.9\times 0.1}}\right\}=$$

$$1-\Phi(-\frac{5}{3})=\Phi(\frac{5}{3})$$

(4)X——整个系统中正常工作部件数,则

$$X\sim B(n,0.90)$$

$$P\{X\geqslant 0.8n\}=1-P\{X<0.8n\}=$$

$$1-P\left\{\frac{X-n\times 0.9}{\sqrt{n\times 0.9\times 0.1}}<\frac{0.8n-n\times 0.9}{\sqrt{n\times 0.9\times 0.1}}\right\}=1-\Phi(-\frac{\sqrt{n}}{3})\geqslant 0.95$$

即 $\Phi(\frac{\sqrt{n}}{3})\geqslant 0.95\Rightarrow \frac{\sqrt{n}}{3}\geqslant 1.645\Rightarrow n\geqslant 24.35$,所以 $n\leqslant 25$.

(5)X——该日兑换的人数.

$X\sim B(500,0.4)$,x 为应准备的现金,则

$$P\{1\ 000X\leqslant x\}=P\{X\leqslant \frac{x}{1\ 000}\}=$$

$$P\left\{\frac{X-500\times 0.4}{\sqrt{500\times 0.4\times 0.6}}\leqslant \frac{\frac{x}{1\ 000}-500\times 0.4}{\sqrt{500\times 0.4\times 0.6}}\right\}=$$

$$\Phi(\frac{x-200\ 000}{10\ 954.4})\geqslant 0.999$$

即 $\frac{x-200\ 000}{10\ 954.4}\geqslant 3.01$,$x\geqslant 232\ 972.74$.

(6)解:$X\sim B(100,0.2)$,则

$$P\{14\leqslant X\leqslant 30\}=P\left\{\frac{14-100\times 0.2}{\sqrt{100\times 0.2\times 0.8}}\leqslant \frac{X-100\times 0.2}{8}\leqslant \frac{30-100\times 0.2}{\sqrt{100\times 0.2\times 0.8}}\right\}=$$

$$\Phi(\frac{5}{2})-\Phi(-\frac{6}{4})=\Phi(\frac{5}{2})-1+\Phi(\frac{3}{2})=0.927$$

(7)(i)X_i——第 i 名学生来参加家长会的家长人数

X_i	0	1	2
P	0.05	0.8	0.15

$$E(X_i)=0\times 0.05+1\times 0.8+2\times 0.15=1.1$$

$$D(X_i)=(0-1.1)^2\times 0.05+(1-1.1)^2\times 0.8+(2-1.1)^2\times 0.15=0.19$$

$$X=\sum_{i=1}^{400}X_i$$

$$P\{X>450\}=1-P\{X\leqslant 450\}=1-P\left\{\frac{X-1.1\times 400}{\sqrt{400\times 0.19}}\leqslant \frac{450-1.1\times 400}{\sqrt{400\times 0.19}}\right\}=$$

$$1-\Phi(1.147)$$

(ii)Y——有一名家长参加会议的学生数,则

$$Y \sim B(400, 0.8)$$

$$P\{Y \leqslant 340\} = P\left\{\frac{Y - 400 \times 0.8}{\sqrt{400 \times 0.8 \times 0.2}} \leqslant \frac{340 - 400 \times 0.8}{\sqrt{400 \times 0.8 \times 0.2}}\right\} = \Phi\left(\frac{20}{8}\right) = \Phi(2.5).$$

(8) 见第 5 章习题, 计算题第 8 题.

(9) X—— 任意时刻开工车床总数, $X \sim B(200, 0.6)$.

设供给此车间 aE 电量, 则

$$P\{XE \leqslant aE\} = P\{X \leqslant a\} =$$

$$P\left\{\frac{X - 200 \times 0.6}{\sqrt{200 \times 0.6 \times 0.4}} \leqslant \frac{a - 200 \times 0.6}{\sqrt{200 \times 0.6 \times 0.4}}\right\} = \Phi\left(\frac{a - 120}{\sqrt{48}}\right) \geqslant 0.999$$

即 $\dfrac{a - 120}{\sqrt{48}} \geqslant 3.01 \Rightarrow a \geqslant 140.854$, 即至少供给此车间 $141E$.

(10)(i) X_i—— 第 i 个加数的误差, $X_i \sim U(-0.5, 0.5)$, 则

$$X = \sum_{i=1}^{1\,500} X_i, \quad E(X_i) = 0, \quad D(X_i) = \frac{1}{12} \quad i = 1, 2, \cdots, 150$$

$$P\{|X| > 15\} = P\{X > 15\} + P\{X < -15\} = 1 - P\{X \leqslant 15\} + P\{X \leqslant -15\} =$$

$$1 - P\left\{\frac{X - 1\,500 \times 0}{\sqrt{1\,500} \times \sqrt{\frac{1}{2}}} \leqslant \frac{15 - 1\,500 \times 0}{\sqrt{1\,500} \times \sqrt{\frac{1}{12}}}\right\} +$$

$$P\left\{\frac{X - 1\,500 \times 0}{\sqrt{1\,500} \times \sqrt{\frac{1}{12}}} \leqslant \frac{-15 - 1\,500 \times 0}{\sqrt{1\,500} \times \sqrt{\frac{1}{12}}}\right\} =$$

$$1 - \Phi\left(\frac{15}{\sqrt{125}}\right) + \Phi\left(\frac{-15}{\sqrt{125}}\right) = 1 - \Phi\left(\frac{15}{\sqrt{125}}\right) + 1 - \Phi\left(\frac{15}{\sqrt{125}}\right) =$$

$$2 - 2\Phi\left(\frac{3}{15}\right) = 2 - 2\Phi(1.341) = 2 - 2 \times 0.909\,9 = 0.180\,2$$

(ii) 设最多 n 个数相加使得误差总和的绝对值小于 10 的概率小于 0.90, 则

$$P\{|\sum_{i=1}^{n} X_i| < 10\} = P\{-10 < \sum_{i=1}^{n} X_i < 10\} =$$

$$P\left\{\frac{-10 - n \times 0}{\sqrt{n} \times \sqrt{\frac{1}{12}}} < \frac{\sum_{i=1}^{n} X_i - n \times 0}{\sqrt{n} \times \sqrt{\frac{1}{12}}} < \frac{10 - n \times 0.2}{\sqrt{n} \times \sqrt{\frac{1}{n}}}\right\} =$$

$$\Phi\left(\frac{20\sqrt{3}}{\sqrt{n}}\right) - \Phi\left(-\frac{20\sqrt{3}}{\sqrt{n}}\right) = 2\Phi\left(\frac{20\sqrt{3}}{\sqrt{n}}\right) - 1 \geqslant 0.90$$

$$\Phi\left(\frac{20\sqrt{3}}{\sqrt{n}}\right) \geqslant 0.95 \Rightarrow \frac{20\sqrt{3}}{\sqrt{n}} \geqslant 1.65 \Rightarrow n \leqslant 440.7$$

即 $n = 440$.

第 6 章

样本及抽样分布

一、考试要求

1. 理解总体、个体，简单随机样本，统计量，样本均值、样本方差及样本矩的概念.

2. 掌握 χ^2 分布、t 分布和 F 分布的概念及性质，了解分位数的概念并会查表计算.

3. 了解正态总体的某些常用抽样分布.

二、基本概念

1. 总体

研究对象的全体称为总体，它是一个随机变量记为 X.

(1) 有限总体 —— 所包含的个体数量有限的总体.

(2) 无限总体 —— 所包含的个体数量是无限的总体.

2. 个体

组成总体的每一个元素称为个体.

3. 样本

从总体 X 中按某种方式抽若干个个体所组成的集合称为样本，个体的个数 n 称为样本容量.

假设：(1) 样本 $X_1, X_2, \cdots, X_n$ 独立.

(2) $X_i (i = 1, 2, \cdots, n)$ 与总体 X 具有相同的分布.

注：样本的二重性.

(1) 样本值 $x_1, x_2, \cdots, x_n$ —— 数的属性.

(2) 随机变量 $X_1, X_2, \cdots, X_n$ —— 随机变量的属性.

以后我们总是将它们看做随机变量.

4. 统计量

不含总体分布中未知自由度的样本函数 $g(x_1, x_2, \cdots, x_n)$ 称为统计量，常见的统计量：设 $X_1, X_2, \cdots, X_n$ 是来自总体 X 的一个样本；$x_1, x_2, \cdots, x_n$ 是这一样本的观察值.

(1) 样本平均值 $\bar{X} \triangleq \dfrac{1}{n} \sum\limits_{i=1}^{n} X_i$.

（2）样本方差 $S^2 \triangleq \frac{1}{n-1}\sum_{i=1}^{n}(X_i - \bar{X})^2 = \frac{1}{n-1}(\sum_{i=1}^{n}X_i^2 - n\bar{X}^2)$.

（3）样本标准差 $S \triangleq \sqrt{\frac{1}{n-1}\sum_{i=1}^{n}(X_i - \bar{X})^2}$.

（4）样本 K 阶原点矩 $A_K \triangleq \frac{1}{n}\sum_{i=1}^{n}X_i^K, K = 1,2,\cdots$

（5）样本 K 阶中心矩 $B_K = M_K \triangleq \frac{1}{n}\sum_{i=1}^{n}(X_i - \bar{X})^K, K = 2,3,\cdots$

（6）顺序统计量

设样本 $(X_1, X_2, \cdots, X_n)$ 的观察值为 $(x_1, x_2, \cdots, x_n)$，将 $x_1, x_2, \cdots, x_n$ 按由小到大的顺序重新排列得到 $x_{(1)} \leqslant x_{(2)} \leqslant \cdots \leqslant x_{(n)}$，记取值为 $X_{(i)}$ 的样本分量为 $x_{(i)}$，则称 $X_{(1)} \leqslant X_{(2)} \leqslant \cdots \leqslant X_{(n)}$ 为样本 $(X_1, X_2, \cdots, X_n)$ 的顺序统计量或次序统计量.

$X_{(i)}$ 为第 i 个次序统计量；

$X_{(1)} = \min(X_1, X_2, \cdots, X_n)$ 为最小次序统计量；

$X_{(n)} = \max(X_1, X_2, \cdots, X_n)$ 为最大次序统计量.

5.抽样分布

统计量的分布称抽样分布.

6.分位数（点）

设随机变量 X 的分布函数为 $F(x)$，满足 $P\{X > Z_\alpha\} = \alpha, 0 < \alpha < 1$，点 Z_α 称为 X 的上 α 分位数（点）.

注：下 α 分位数，$P\{X \leqslant Z_\alpha\} = \alpha, 0 < \alpha < 1$，点 Z_α 称为 X 的下 α 分位数.

7.样本（经验）分布函数

设 $X_1, X_2, \cdots, X_n$ 是取自总体 X 的一个样本，得到一个次序统计量

$$X_{(1)} \leqslant X_{(2)} \leqslant \cdots \leqslant X_{(n)}$$

$$F_n(x) = \begin{cases} 0 & x < x_{(1)} \\ \dfrac{1}{n} & x_{(1)} \leqslant x \leqslant x_{(2)} \\ \dfrac{2}{n} & x_{(2)} \leqslant x \leqslant x_{(3)} \\ \vdots & \vdots \\ 1 & x \geqslant x_n \end{cases}$$

称 $F_n(x)$ 为经验分布函数.

$F_n(x)$ 以概率 1 一致收敛于总体分布函数 $F(x)$.

8.总体 X 的分布函数 $F(x)$，样本 $(X_1, X_2, \cdots, X_n)$ 联合分布函数，为 $F(x_1, x_2, \cdots, x_n) = \prod_{i=1}^{n}F(x_i)$，若总体 X 的密度函数为 $f(x)$，则样本联合密度函数为 $f(x_1, x_2, \cdots, x_n) = \prod_{i=1}^{n}f(x_i)$.

三、十二个基本公式

（一）正态分布

$X \sim N(\mu, \sigma^2), X_1, X_2, \cdots, X_n$ 为样本.

1. $\bar{X} = \dfrac{1}{n} \sum\limits_{i=1}^{n} X_i \sim N\left(\mu, \dfrac{\sigma^2}{n}\right)$.

2. $\dfrac{\bar{X} - \mu}{\sigma} \sim N(0, 1)$.

3. $\bar{X}$ 与 $S^2 \triangleq \dfrac{1}{n-1} \sum\limits_{i=1}^{n} (X_i - \bar{X})^2$ 独立.

（二）χ^2 分布

4. $X \sim N(0, 1), X_1, X_2, \cdots, X_n$ 为样本,则随机变量 $\chi^2 = X_1^2 + X_2^2 + \cdots + X_n^2$ 所服从的分布称为自由度为 n 的 χ^2 分布,记作 $\chi^2 \sim \chi^2(n)$.

注：(1)$\chi^2(n)$ 的密度函数为 $f(x) = \begin{cases} \dfrac{1}{2^{\frac{n}{2}} \Gamma\left(\dfrac{n}{2}\right)} e^{-\frac{x}{2}} x^{\frac{n}{2}-1} & x > 0 \\ 0 & x \leqslant 0 \end{cases}$,其中伽马函数 $\Gamma(\alpha) =$

$\int_0^{+\infty} x^{\alpha-1} e^{-x} \mathrm{d}x$,且 $\Gamma(\alpha+1) = \alpha\Gamma(\alpha)$,$\Gamma(n+1) = n!$,$n \in \mathbf{N}$,图形非对称.

(2) 若 $X \sim \chi^2(n), Y \sim \chi^2(m), X$ 与 Y 独立,则 $X + Y \sim \chi^2(n+m), E(\chi^2(n)) = n$,$D(\chi^2(n)) = 2n$.

(3)χ^2 分布的上 α 分位数 $\chi_\alpha^2(n)$.

设随机变量 $X \sim \chi^2(n)$,对于任意的 $\alpha(0 < \alpha < 1)$ 称满足条件 $P\{\chi^2(n) > \chi_\alpha^2(n)\} = \alpha$ 的点 $\chi_\alpha^2(n)$ 为 $\chi^2(n)$ 的上 α 分位数,且当 $n > 45$ 时,$\chi_\alpha^2(n) \approx \dfrac{1}{2}\left(Z_\alpha + \sqrt{2n-1}\right)^2$.

5. $X \sim N(\mu, \sigma^2), X_1, X_2, \cdots, X_n$ 为样本,则

$$\chi^2 = \sum_{i=1}^{n} \left(\frac{X_i - \mu}{\sigma}\right)^2 = \frac{\sum\limits_{i=1}^{n} (X_i - \mu)^2}{\sigma^2} \sim \chi^2(n)$$

6. $X \sim N(\mu, \sigma^2), X_1, X_2, \cdots, X_n$ 为样本,μ 未知,则

$$\chi^2 = \frac{\sum\limits_{i=1}^{n} (X_i - \bar{X})^2}{\sigma^2} = \frac{(n-1)S^2}{\sigma^2} \sim \chi^2(n-1)$$

（三）t 分布

7. 设 $X \sim N(0, 1), Y \sim \chi^2(n), X, Y$ 独立,则随机变量 $\Gamma = \dfrac{X}{\sqrt{\dfrac{Y}{n}}}$ 所服从的分布称为自由度为 n 的 t 分布,记作 $\Gamma \sim t(n)$.

注：(1)Γ 的密度函数

$$f(x) = \frac{\Gamma\left(\dfrac{n+1}{2}\right)}{\sqrt{n\pi}\,\Gamma\left(\dfrac{n}{2}\right)} \left(1 + \frac{x^2}{n}\right)^{-\frac{n+1}{2}} \quad -\infty < x < +\infty$$

图形关于 Y 轴对称.

(2) $E(t) = 0 (n > 1)$, $D(t) = \dfrac{n}{n+2} (n > 2)$.

(3) $\lim\limits_{n \to \infty} f(x) = \dfrac{1}{\sqrt{2\pi}} e^{-\frac{x^2}{2}} = \varphi(x)$，即 n 充分大时，$t(n)$ 近似服从 $N(0,1)$.

(4) t 分布的上 α 分位数 $t_\alpha(n)$.

设随机变量 $X \sim t(n)$，对任意 $\alpha(0 < \alpha < 1)$ 称满足条件 $P\{t(n) > t_\alpha(n)\} = \alpha$ 的点 $t_\alpha(n)$ 为 $t(n)$ 上 α 分位数，且有 $t_{1-\alpha}(n) = -t_\alpha(n)$，$t_{0.5}(n) = 0$.

当 $n > 45$ 时，$t_\alpha(n) \approx Z_\alpha$.

8. $X \sim N(\mu, \sigma^2)$，$X_1, X_2, \cdots, X_n$ 为样本，σ^2 未知，则 $t = \dfrac{\overline{X} - \mu}{S}\sqrt{n} \sim t(n-1)$，$S$ 为样本标准差.

9. $X \sim N(\mu_1, \sigma^2)$，$X_1, X_2, \cdots, X_{n_1}$，样本均值为 $\overline{X}$，样本方差为 S_1^2.

$Y \sim N(\mu_2, \sigma^2)$，$Y_1, Y_2, \cdots, Y_{n_2}$，样本均值为 $\overline{Y}$，样本方差为 S_2^2.

X, Y 独立，则

$$t = \frac{\overline{X} - \overline{Y} - (\mu_1 - \mu_2)}{S_W \sqrt{\dfrac{1}{n_1} + \dfrac{1}{n_2}}} \sim t(n_1 + n_2 - 2)$$

其中

$$S_W^2 = \frac{(n_1 - 1)S_1^2 + (n_2 - 1)S_2^2}{n_1 + n_2 - 2}$$

(四) F 分布

10. 设 $X \sim \chi^2(n)$，$Y \sim \chi^2(m)$，X, Y 独立，则随机变量 $F = \dfrac{\dfrac{X}{n}}{\dfrac{Y}{m}}$ 所服从的分布称为自由度为 (n, m) 的 F 分布，记作 $F \sim F(n, m)$，n 为第一自由度，m 为第二自由度.

注：(1) F 的密度函数

$$f_{n,m}(x) = \begin{cases} 0 & x \leqslant 0 \\ \dfrac{\Gamma\left(\dfrac{n+m}{2}\right)}{\Gamma\left(\dfrac{n}{2}\right)\Gamma\left(\dfrac{m}{2}\right)} \left(\dfrac{n}{m}\right)^{\frac{n}{2}} x^{\frac{n}{2}-1} \left(1 + \dfrac{n}{m}x\right)^{-\frac{n+m}{2}} & x > 0 \end{cases}$$

其图形非对称.

(2) $X \sim t(n)$，则 $X^2 \sim F(1, n)$.

(3) $E[F(n, m)] = \dfrac{m}{m-2}$，$m > 2$.

$$D[F(n,m)] = \frac{2m^2(n+m-2)}{n(m-2)^2(m-4)}, m > 4.$$

(4) F 分布的上 α 分位数 $F_\alpha(n,m)$.

称 $P\{F(n,m) > F_\alpha(n,m)\} = \alpha$ $(0 < \alpha < 1)$ 的点 $F_\alpha(n,m)$ 为 $F(n,m)$ 的上 α 分位数,且有

$$F_{1-\alpha}(n,m) = \frac{1}{F_\alpha(m,n)}$$

11. 若 $F \sim F(n,m)$,则 $\frac{1}{F} \sim F(m,n)$.

12. $X \sim N(\mu_1, \sigma_1^2)$, $X_1, X_2, \cdots, X_{n_1}$ 样本,$\overline{X}$ 为样本约值,S_1^2 为样本方差.

$Y \sim N(\mu_2, \sigma_2^2)$, $Y_1, Y_2, \cdots, Y_{n_2}$ 样本,$\overline{Y}$ 为样本约值,S_2^2 为样本方差.

X, Y 独立,则

$$F = \frac{\dfrac{S_1^2}{\sigma_1^2}}{\dfrac{S_2^2}{\sigma_2^2}} \sim F(n_1 - 1, n_2 - 1)$$

四、典型题型与例题分析

例 1　随机变量 X 和 Y 都服从 $N(0,1)$,则(　　).

(A) $X + Y$ 服从正态分布　　　　　　　　(B) $X^2 + Y^2$ 服从 χ^2 分布

(C) X^2 和 Y^2 都服从 χ^2 分布　　　　　(D) $\dfrac{X^2}{Y^2}$ 服从 F 分布

解　X 和 Y 都服从 $N(0,1)$,但没说独立,因此 A、B、D 都不能选,选 C.

例 2　$X \sim N(0, 3^2)$,样本 $X_1, X_2, \cdots, X_{18}$,则:

(1) 求系数 a, b, c, d 使统计量

$$Y = aX_1^2 + b(X_2 + X_3)^2 + c(X_4 + X_5 + X_6)^2 + d(X_7 + X_8 + X_9 + X_{10})^2$$

服从 χ^2 分布,求自由度.

(2) $Y = \dfrac{X_1 + X_2 + \cdots + X_9}{\sqrt{X_{10}^2 + \cdots + X_{18}^2}}$ 服从_____分布,自由度为_____.

(3) $Y = K\dfrac{X_1^2 + X_2^2 + X_3^2 + X_4^2}{X_5^2 + X_6^2 + X_7^2 + X_8^2}$,$K = $_____,$Y$ 服从_____分布,自由度为

_____.

解　(1) $X_1 \sim N(0,9)$, $X_2 + X_3 \sim N(0,18)$, $X_4 + X_5 + X_6 \sim N(0,27)$, $X_7 + X_8 + X_9 + X_{10} \sim N(0,36)$. 从而

$$\frac{X_1}{3} \sim N(0,1), \frac{X_2 + X_3}{3\sqrt{2}} \sim N(0,1), \frac{X_4 + X_5 + X_6}{3\sqrt{3}} \sim N(0,1)$$

$$\frac{X_7 + X_8 + X_9 + X_{10}}{6} \sim N(0,1)$$

$X_1^2, (X_2 + X_3)^2, (X_4 + X_5 + X_6)^2, (X_7 + X_8 + X_9 + X_{10})^2$ 相互独立,故

$$\frac{X_1^2}{9} \sim \chi^2(1) \ , \frac{(X_2 + X_3)^2}{18} \sim \chi^2(1)$$

$$\frac{(X_4 + X_5 + X_6)^2}{27} \sim \chi^2(1), \ \frac{(X_7 + X_8 + X_9 + X_{10})^2}{36} \sim \chi^2(1)$$

由 χ^2 分布的可加性知

$$Y = \frac{X_1^2}{9} + \frac{(X_2 + X_3)^2}{18} + \frac{(X_4 + X_5 + X_6)^2}{27} + \frac{(X_7 + X_8 + X_9 + X_{10})^2}{36} \sim \chi^2(4)$$

$$a = \frac{1}{9} \ , b = \frac{1}{18} \ , c = \frac{1}{27}, d = \frac{1}{36}$$

(2) $X \sim N(0,9)$.

$X_1 + \cdots + X_9 \sim N(0,9^2)$.

$\bar{X} = \dfrac{X_1 + \cdots + X_9}{9} \sim N(0,1)$.

又 $\dfrac{X_i}{3} \sim N(0,1)$，所以 $Z = \displaystyle\sum_{i=10}^{18} \left(\frac{X_i}{3}\right)^2 = \dfrac{X_{10}^2 + \cdots + X_{18}^2}{9} \sim \chi^2(9)$.

由 t 分布知 $Y = \dfrac{\bar{X}}{\sqrt{\dfrac{Z}{9}}} = \dfrac{X_1 + X_2 + \cdots + X_9}{\sqrt{X_{10}^2 + \cdots + X_{18}^2}}$，服从 t 分布，自由度为 9.

(3) $\dfrac{X_i}{3} \sim N(0,1)$.

$\dfrac{X_1^2}{9} \sim \chi^2(1), \dfrac{X_1^2 + X_2^2 + X_3^2 + X_4^2}{9} \sim \chi^2(4)$.

同理 $\dfrac{X_5^2 + \cdots + X_8^2}{9} \sim \chi^2(4)$，两者独立，故

$$\frac{\dfrac{X_1^2 + X_2^2 + X_3^2 + X_4^2}{9 \times 4}}{\dfrac{X_5^2 + X_6^2 + X_7^2 + X_8^2}{9 \times 4}} = \frac{X_1^2 + X_2^2 + X_3^2 + X_4^2}{X_5^2 + X_6^2 + X_7^2 + X_8^2} \sim F(4,4)$$

$K = 1$，自由度为 $(4,4)$.

例 3 已知 $T \sim t(n)$，则 $T^2 \sim$ _____.

解 因为 $T \sim t(n)$，所以 $T = \dfrac{X}{\sqrt{\dfrac{Y}{n}}}$，$X \sim N(0,1)$，$Y \sim \chi^2(n)$，$X,Y$ 独立，故

$$T^2 = \frac{X^2}{\dfrac{Y}{n}} = \frac{\dfrac{X^2}{1}}{\dfrac{Y}{n}} \sim F(1,n)$$

例 4 $T \sim t(n)(n > 1)$，则 $\dfrac{1}{T^2} \sim$ _____.

解 $T^2 \sim F(1,n)$，故 $\dfrac{1}{T^2} \sim F(n,1)$.

例 5 设在总体 $X \sim N(\mu,\sigma^2)$ 中取一容量为 16 的样本，这里 μ,σ^2 均为未知.

求：(1) $P\left\{\dfrac{S^2}{\sigma^2} \leqslant 2.041\right\}$，其中 S^2 为样本方差；(2) $D(S^2)$.

解　因为 $X \sim N(\mu,\sigma^2)$，有 $\dfrac{(n-1)S^2}{\sigma^2} \sim \chi^2(n-1)$.

(1) 可得

$$P\left\{\dfrac{S^2}{\sigma^2} \leqslant 2.041\right\} = P\left\{\dfrac{15S^2}{\sigma^2} \leqslant 15 \times 2.041\right\} = P\{\chi^2(15) \leqslant 30.615\} =$$

$$1 - P\{\chi^2(15) > 30.615\} \approx 1 - 0.01 = 0.99$$

(2) 因为

$$D\left(\dfrac{(n-1)S^2}{\sigma^2}\right) = 2(n-1)$$

所以

$$\dfrac{15^2}{\sigma^2}D(S^2) = 2 \times 15,\ D(S^2) = \dfrac{2}{15}\sigma^4$$

例 6　设 $X_1,\cdots,X_{26}$ 为 $N(0,\sigma^2)$ 的一个样本，求概率 $P\left\{\dfrac{\displaystyle\sum_{i=1}^{10} X_i}{\sqrt{\displaystyle\sum_{j=11}^{26} X_j^2}} \leqslant 1.675\ 9\right\}$.

解　$\dfrac{X_i}{\sigma} \sim N(0,1)$，$\displaystyle\sum_{i=1}^{10} X_i \sim N(0,10\sigma^2)$，于是

$$\dfrac{\displaystyle\sum_{i=1}^{10} X_i}{\sqrt{10}\,\sigma} \sim N(0,1),\ \dfrac{1}{\sigma^2}\sum_{j=11}^{26} X_j^2 \sim \chi^2(16)$$

由 t 分布知

$$\dfrac{\displaystyle\sum_{i=1}^{10}\dfrac{X_i}{\sqrt{10}\,\sigma}}{\sqrt{\displaystyle\sum_{j=11}^{26}\dfrac{X_j^2}{16\sigma^2}}} = \dfrac{\sqrt{1.6}\displaystyle\sum_{i=1}^{10} X_i}{\sqrt{\displaystyle\sum_{j=11}^{26} X_j^2}} \sim t(16)$$

因此

$$P\left\{\dfrac{\displaystyle\sum_{i=1}^{10} X_i}{\sqrt{\displaystyle\sum_{j=11}^{26} X_j^2}} \leqslant 1.675\ 9\right\} = P\left\{\dfrac{\sqrt{1.6}\displaystyle\sum_{i=1}^{10} X_i}{\sqrt{\displaystyle\sum_{j=11}^{26} X_j^2}} \leqslant \sqrt{1.6} \times 1.675\ 9\right\} =$$

$$1 - P\{t(16) > 2.119\ 9\} = 1 - 0.025 = 0.975$$

例 7　设总体 $X \sim N(a,2^2)$，$Y \sim N(b,2^2)$，而 $X_1,\cdots,X_9$ 和 $Y_1,\cdots,Y_{16}$ 分别是来自 X,Y 的样本，X,Y 独立，记 $W_1 = \displaystyle\sum_{i=1}^{9}(X_i - \bar{X})^2$，$W_2 = \displaystyle\sum_{j=1}^{16}(Y_j - \bar{Y})^2$，其中 $\bar{X} = \dfrac{1}{9}\displaystyle\sum_{i=1}^{9} X_i$，$\bar{Y} = \dfrac{1}{16}\displaystyle\sum_{j=1}^{16} Y_j$.

(1) 求常数 C，使 $P\left\{\dfrac{|\bar{Y}-b|}{\sqrt{W_2}} < C\right\} = 0.9$；

(2) 求 $P\left\{0.709 < \dfrac{W_2}{W_1} < 6.038\right\}$.

解 因为 $X \sim N(a,2^2), Y \sim N(b,2^2)$，所以

$$\frac{\overline{Y} - b}{2}\sqrt{16} = 2(\overline{Y} - b) \sim N(0,1)$$

$$\frac{W_1}{4} \sim \chi^2(8) , \quad \frac{W_2}{4} \sim \chi^2(15)$$

于是

$$\frac{2(\overline{Y} - b)}{\sqrt{\dfrac{W_2}{4 \times 15}}} = \frac{4\sqrt{15}\,(\overline{Y} - b)}{\sqrt{W_2}} \sim t(15)$$

$$\frac{\dfrac{W_2}{15}}{\dfrac{W_1}{8}} = \frac{8}{15}\,\frac{W_2}{W_1} \sim F(15,8)$$

(1) $P\left\{\dfrac{|\overline{Y} - b|}{\sqrt{W_2}} < C\right\} = P\left\{\dfrac{4\sqrt{15}\,(\overline{Y} - b)}{\sqrt{W_2}} < 4\sqrt{15}\,C\right\} = P\{|t(15)| < 4\sqrt{15}\,C\} = $

0.9，查表得 $4C\sqrt{15} = 1.753\,1$，于是 $C = 0.113\,16$.

(2) $P\left\{0.709 < \dfrac{W_2}{W_1} < 6.038\right\} = P\left\{\dfrac{8}{15} \times 0.709 < \dfrac{8W_2}{15W_1} < \dfrac{8}{15} \times 6.038\right\} = $

$P\left\{\dfrac{1}{2.645} < F(15,8) < 3.22\right\} = 0.9$.

例 8 在总体 $X \sim N(52,6.3^2)$ 中，随机抽一容量为 36 的样本，求样本平均值 $\overline{X}$ 落在 50.8 到 53.8 之间的概率.

解 因为 $\qquad X \sim N(52,6.3^2)$
所以

$$\overline{X} \sim N\left(52,\frac{6.3^2}{36}\right)$$

$$P\{50.8 < \overline{X} < 53.8\} = P\left\{\frac{50.8 - 52}{\dfrac{6.3}{6}} < \frac{\overline{X} - 52}{\dfrac{6.3}{6}} < \frac{53.8 - 52}{\dfrac{6.3}{6}}\right\} = $$

$$P\left\{-\frac{8}{7} < \frac{\overline{X} - 52}{\dfrac{6.3}{6}} < \frac{12}{7}\right\} \approx \Phi(1.714) - \Phi(-1.143) = 0.829\,3$$

例 9 从总体 $X \sim N(75,100)$ 中抽取一容量 n 的样本，为使样本均值大于 74 的概率不小于 90%，问样本容量 n 至少应取多大？

解 因为 $X \sim N(75,100)$，有 $\dfrac{\overline{X} - 75}{10}\sqrt{n} \sim N(0,1)$，于是

$$P\{\bar{X}>74\}=P\left\{\frac{\bar{X}-75}{10}\sqrt{n}>\frac{74-75}{10}\sqrt{n}\right\}=P\left\{\frac{\bar{X}-75}{10}\sqrt{n}>-0.1\sqrt{n}\right\}\approx$$

$$1-\Phi(-0.1\sqrt{n})=\Phi(0.1\sqrt{n})\geqslant 0.90$$

查表得 $0.1\sqrt{n}\geqslant 1.29$,所以 $n\geqslant 166.41$.

为使样本均值大于 74 的概率不小于 90%,样本容量至少应取 167.

例 10　从在总体 $N(\mu,\sigma^2)$ 中随机抽一容量为 10 的样本,假定有 2% 的样本均值与总体均值之差的绝对值在 4 以上,求总体的标准差.

解　$X\sim N(\mu,2^2)$,知

$$\frac{\bar{X}-\mu}{\sigma}\sqrt{10}\sim N(0,1)$$

$$P\{|\bar{X}-\mu|>4\}=P\left\{\frac{|\bar{X}-\mu|}{\sigma}\sqrt{10}>\frac{4\sqrt{10}}{\sigma}\right\}=$$

$$2P\left\{\frac{\bar{X}-\mu}{\sigma}\sqrt{10}>\frac{4\sqrt{10}}{\sigma}\right\}=2\left[1-\Phi\left(\frac{\sqrt{10}}{\sigma}\right)\right]=0.02$$

于是 $\Phi\left(\frac{4\sqrt{10}}{\sigma}\right)=0.99$,查表得 $\frac{4\sqrt{10}}{\sigma}=2.33$,从而 $\sigma\approx 5.429$.

第 6 章习题

一、填空题

1. 设 $X_1,X_2,\cdots,X_n$ 为来自 $\chi^2(n)$ 的一个样本,$\bar{X},S^2$ 分别为样本均值和样本方差,则 $E(\bar{X})=(\qquad)$,$D(\bar{X})=(\qquad)$,$E(S^2)=(\qquad)$.

2. 设 $(X_1,X_2,\cdots,X_n)$ 为来自总体 $X\sim N(\mu,\sigma^2)$ 的一个样本,则统计量 $W=n\left(\frac{\bar{X}-\mu}{\sigma}\right)^2$ 服从$(\qquad)$分布,自由度为$(\qquad)$.

3. 设 X_1,X_2,X_3,X_4 是来自正态总体 $N(0,0.2^2)$ 的样本,则统计量 $Y=\frac{1}{20}(X_1-2X_2)^2+\frac{1}{100}(3X_3-4X_4)^2$ 服从$(\qquad)$分布,自由度为$(\qquad)$.

4. 设 $X_1,X_2,\cdots,X_7$ 为来自总体 $X\sim N(0,0.5^2)$ 的一个样本,则 $P\left\{\sum_{i=1}^{7}X_i^2>4\right\}=(\qquad)$.

5. 设 $X_1,X_2,\cdots,X_6$ 为来自总体 $X\sim N(\mu,\sigma^2)$ 的样本 $S^2=\frac{1}{5}\sum_{i=1}^{6}(X_i-\bar{X})^2$,则 $D(S^2)=(\qquad)$.

6. 设 (X_1,X_2,X_3,X_4) 为来自总体 $X\sim N(0,1)$ 的一个样本,则统计量 $\frac{X_1-X_2}{\sqrt{X_3^2+X_4^2}}$ 服

从（　　　　）分布,自由度为（　　　　）.

7. 设 $X \sim t(10)$,且已知 $P\{X^2 < \lambda\} = 0.05$,则 $\lambda = ($　　　　$)$.

8. 设 (X_1, X_2) 为来自总体 $X \sim N(0, \sigma^2)$ 的一个样本,则统计量 $\dfrac{(X_1 + X_2)^2}{(X_1 - X_2)^2}$ 服从（　　）分布,自由度为（　　　　）.

9. 设 $X_1, X_2, \cdots, X_n, X_{n+1}$ 为来自总体 $X \sim N(\mu, \sigma^2)$ 的一个样本, $\bar{X} = \dfrac{1}{n} \sum\limits_{k=1}^{n} X_k$, $S^2 = \dfrac{1}{n-1} \sum\limits_{i=1}^{n} (X_i - \bar{X})^2$,则统计量 $Y = \dfrac{X_{n+1} - \bar{X}}{S} \sqrt{\dfrac{n}{n+1}}$ 服从（　　　　）分布,自由度为（　　　　）.

10. 总体 $X \sim N(0, \sigma^2)$,而 $X_1, X_2, \cdots, X_9$ 是来自 X 的简单随机样本,则统计量 $Y = \dfrac{2(X_1^2 + X_2^2 + X_3^2)}{X_4^2 + \cdots + X_9^2}$ 服从（　　　　）分布,自由度为（　　　　）.

二、单项选择题

1. 设 $(X_1, X_2, \cdots, X_n)$ 为来自总体 X 的一个样本,则 $X_1, X_2, \cdots, X_n$ 必然满足（　　　　）.
(A) 独立但分布不同　　　　　　　　(B) 分布相同但不独立
(C) 独立同分布　　　　　　　　　　(D) 不能确定

2. 设 $(X_1, X_2, \cdots, X_n)$ 为来自总体 $X \sim N(\mu, \sigma^2)$,其中 μ, σ^2 未知,则下列哪个是统计量（　　　　）.

(A) $\dfrac{1}{n} \sum\limits_{i=1}^{n} (X_i - \mu)^2$

(B) $\dfrac{(n-1)S^2}{\sigma^2}$

(C) $\max\{X_1 + \mu, X_2 + \mu, \cdots, X_n + \mu\} - \min\{X_1 + \mu, X_2 + \mu, \cdots, X_n + \mu\}$

(D) $\sum\limits_{i=1}^{n} \left(\dfrac{X_i - \mu}{\sigma}\right)^2$

3. 设 $(X_1, X_2, \cdots, X_n)(n > 1)$ 来自总体 $X \sim N(0, 1)$, $\bar{X}$ 与 S 分别为样本均值和样本标准差,则有（　　　　）.

(A) $\bar{X} \sim N(0, 1)$　　　　　　　(B) $n\bar{X} \sim N(0, 1)$

(C) $\sum\limits_{i=1}^{n} X_i^2 \sim \chi^2(n)$　　　　　　(D) $\dfrac{\bar{X}}{S} \sim t(n-1)$

4. 设总体 $X \sim N(\mu, \sigma^2)$, $(X_1, X_2, \cdots, X_n)$ 为来自总体 X 的一个样本, $\bar{X}$ 为样本均值,则（　　　　）.

(A) $\dfrac{1}{\sigma^2} \sum\limits_{i=1}^{n} (X_i - \mu)^2 \sim \chi^2(n-1)$　　(B) $\dfrac{n-1}{\sigma^2} \sum\limits_{i=1}^{n} (X_i - \mu)^2 \sim \chi^2(n-1)$

(C) $\dfrac{1}{\sigma^2} \sum\limits_{i=1}^{n} (X_i - \bar{X})^2 \sim \chi^2(n-1)$　　(D) $\dfrac{n-1}{\sigma^2} \sum\limits_{i=1}^{n} (X_i - \bar{X})^2 \sim \chi^2(n-1)$

5. 设 $X_1, X_2, \cdots, X_n$ 为来自总体 $X \sim N(\mu, \sigma^2)$ 的一个样本, 统计量 $Y = n\left(\dfrac{\bar{X} - \mu}{S}\right)^2$, 则( ).

(A) $Y \sim \chi^2(n-1)$ 　　　　　　(B) $Y \sim t(n-1)$

(C) $Y \sim F(n-1, 1)$ 　　　　　　(D) $Y \sim F(1, n-1)$

三、计算题

1. 设总体 $X \sim B(1, p)$, $X_1, X_2, \cdots, X_n$ 为来自 X 的样本.

(1) 求 $X_1, X_2, \cdots, X_n$ 的联合分布律;

(2) 求 $\sum\limits_{i=1}^{n} X_i$ 的分布律;

(3) 求 $E(\bar{X}), D(\bar{X}), E(S^2)$.

2. 总体 $X \sim U[a, b]$, $X_1, X_2, \cdots, X_n$ 来自 X 的样本.

(1) 写出 $(X_1, X_2, \cdots, X_n)$ 的联合密度函数;

(2) $E(\bar{X}), D(\bar{X})$.

3. 在 $X \sim N(80, 25)$ 中随机抽取一容量为 36 的样本, 求样本均值 $\bar{X}$ 落在 78 到 82.5 之间的概率.

4. 设 $X_1, X_2, \cdots, X_{10}$ 为 $N(0, 0.3^2)$ 的一个样本, 求 $P\left\{\sum\limits_{i=1}^{10} X_i^2\right\} > 1.44$.

5. 在天平上重复称一重为 a 的物品, 假设各次称量相互独立且服从 $N(a, 0.2^2)$, 若以 $\bar{X}_n$ 表示 n 次称量结果的算术平均值, 则为使 $P\{|\bar{X}_n - a| < 0.1\} \geqslant 0.9$, 则 n 的最小值自然数是多少?

习题 6 参考答案

一、填空题

(1) $E(\bar{X}) = 0, D(\bar{X}) = \dfrac{1}{n-2}, E(S^2) = D(X) = \dfrac{n}{n-2}$. 　见第 6 章习题, 填空题第 1 题.

(2) $W = n\left(\dfrac{\bar{X} - \mu}{\sigma}\right)^2 \sim \chi^2(1)$ 分布; 参数为 1. 　见第 6 章习题, 填空题第 2 题.

(3) $X_i \sim U[0, \theta]$, $f(x_i) = \begin{cases} \dfrac{1}{\theta} & 0 \leqslant x_i \leqslant \theta \\ 0 & \text{其他} \end{cases}$, $i = 1, 2, \cdots, n$, 则

$$f(x_1, x_2, \cdots, x_n) = \prod_{i=1}^{n} f(x_i) = \begin{cases} \dfrac{1}{\theta^n} & 0 \leqslant x_1, \cdots, x_n \leqslant \theta \\ 0 & \text{其他} \end{cases}$$

(4) $Y \sim t(2)$. 　见第 6 章习题, 填空题第 6 题.

(5)$Y = \dfrac{1}{2} \cdot \dfrac{X_1^2 + \cdots + X_{10}^2}{X_{11}^2 + \cdots + X_{15}^2} = \dfrac{\dfrac{X_1^2 + \cdots + X_{10}^2}{10}}{\dfrac{X_{11}^2 + \cdots + X_{15}^2}{5}}$, $X_1, X_2, \cdots, X_{15}$ 为样本,则相互独立.

从而 $X_1^2 + \cdots + X_{10}^2 \sim \chi^2(10)$, $X_{11}^2 + \cdots + X_{15}^2 \sim \chi^2(5)$, 所以 $Y \sim F(10,5)$.

(6) $X \sim N(0,\sigma^2) \Rightarrow \dfrac{X}{\sigma} \sim N(0,1)$. $X_1, X_2, \cdots, X_{10}$ 为样本,则相互独立.

(i) 从而

$$\frac{X_1}{\sigma} + \cdots + \frac{X_5}{\sigma} \sim N(0,5) \Rightarrow \frac{X_1 + \cdots + X_5}{\sigma\sqrt{5}} \sim N(0,1)$$

$$\left(\frac{X_6}{\sigma}\right)^2 + \cdots + \left(\frac{X_{10}}{\sigma}\right)^2 = \frac{X_6^2 + \cdots + X_{10}^2}{\sigma^2} \sim \chi^2(5)$$

所以

$$Y = \frac{\dfrac{X_1 + \cdots + X_5}{\sigma\sqrt{5}}}{\sqrt{\dfrac{X_6^2 + \cdots + X_{10}^2}{\sigma^2 5}}} \sim t(5)$$

(ii)$Y = \sim F(1,1)$. 见第 6 章习题,填空题第 8 题.

(7) 可得

$$E(S^2) = E\left[\frac{1}{n-1}\sum_{i=1}^n (X_i - \bar X)^2\right] = \frac{1}{n-1}E\left[\sum_{i=1}^n X_i^2 - n\bar X^2\right] =$$

$$\frac{1}{n-1}\left[\sum_{i=1}^n E(X_i^2) - nE(\bar X^2)\right] =$$

$$\frac{1}{n-1}\left\{\sum_{i=1}^n [D(X_i) + E^2(X_i)] - n[D(\bar X) + E^2(\bar X)]\right\} =$$

$$\frac{1}{n-1}\left[\sum_{i=1}^n (\sigma^2 + \mu^2) - n\left(\frac{\sigma^2}{n} + \mu^2\right)\right] =$$

$$\frac{1}{n-1}(n\sigma^2 + n\mu^2 - \sigma^2 - n\mu^2) = \sigma^2$$

所以 $S^2 = \dfrac{1}{n-1}\sum_{i=1}^n (X_i - \bar X)^2$ 是 $D(X) = \sigma^2$ 的无偏估计量.

由 $\dfrac{(n-1)S^2}{\sigma^2} \sim \chi^2(n-1)$, 所以 $D\left(\dfrac{(n-1)S^2}{\sigma^2}\right) = 2(n-1)$. 进而 $\dfrac{(n-1)^2 D(S^2)}{\sigma^4} = 2(n-1)$, 所以 $D(S^2) = \dfrac{2\sigma^4}{n-1}$.

(8)$\chi^2(2)$. 见第 6 章习题,填空题第 3 题.

(9)0.025. 见第 6 章习题,填空题第 4 题.

(10)0.004. 见第 6 章习题,填空题第 7 题.

二、单项选择题

(1)D. 见第 6 章例 1.

(2)C. 见第 6 章习题,单项选择题第 2 题.

(3)A.　$X \sim N(0,4) \Rightarrow \dfrac{X}{2} \sim N(0,1) \Rightarrow \dfrac{X^2}{4} \sim \chi^2(1) \Rightarrow D\left(\dfrac{X^2}{4}\right) = 2 \Rightarrow D(X^2) = 32.$

$Y \sim N(0,9) \Rightarrow \dfrac{Y}{3} \sim N(0,1) \Rightarrow \dfrac{Y^2}{9} \sim \chi^2(1) \Rightarrow D\left(\dfrac{Y^2}{9}\right) = 2 \Rightarrow D(Y^2) = 162.$

$D(X^2 - 2Y^2) = D(X^2) + 4D(Y^2) = 32 + 4 \times 162 = 680.$

(4)B.　$X \sim N(\mu,\sigma^2) \Rightarrow \bar{X} \sim N\left(\mu,\dfrac{\sigma^2}{n}\right) \Rightarrow \dfrac{\bar{X}-\mu}{\sigma}\sqrt{n} \sim N(0,1).$

又 $\dfrac{\sum\limits_{i=1}^{n}(X_i - \bar{X})^2}{\sigma^2} \sim \chi^2(n-1)$，而 $S_2^2 = \sum\limits_{i=1}^{n}(X_i - \bar{X})^2.$

所以 $\dfrac{S_2^2}{\sigma^2} \sim \chi^2(n-1)$，又 $\bar{X}$ 与 S_2^2 相互独立.

因此 $T = \dfrac{\dfrac{\bar{X}-\mu}{\sigma}\sqrt{n}}{\sqrt{\dfrac{\dfrac{S_2^2}{\sigma^2}}{n-1}}} = \dfrac{\bar{X}-\mu}{S_2}\sqrt{n^2-n} \sim t(n-1).$

(5)A.　$X \sim N(3,4^2) \Rightarrow \dfrac{\bar{X}-3}{1} \sim N(0,1) \Rightarrow \bar{X}-3 \sim N(0,1).$

(6)D.　见第 6 章习题，单项选择题第 5 题.

(7)C.　$X \sim N(0,\sigma^2) \Rightarrow \dfrac{X_i}{\sigma} \sim N(0,1), i=1,2,\cdots,9 \Rightarrow$

$\sum\limits_{i=1}^{3}\left(\dfrac{X_i}{\sigma}\right)^2 = \dfrac{(X_1^2 + X_2^2 + X_3^2)}{\sigma^2} \sim \chi^2(3)$，$\sum\limits_{i=4}^{9}\left(\dfrac{X_i}{\sigma}\right)^2 = \dfrac{(X_4^2 + \cdots + X_9^2)}{\sigma^2} \sim \chi^2(6) \Rightarrow$

$F = \dfrac{\dfrac{\dfrac{(X_1^2 + X_2^2 + X_3^2)}{\sigma^2}}{3}}{\dfrac{\dfrac{(X_4^2 + \cdots + X_9^2)}{\sigma^2}}{6}} = \dfrac{2(X_1^2 + X_2^2 + X_3^2)}{X_4^2 + \cdots + X_9^2} \sim F[3,6].$

(8)B.　$X \sim N(0,1) \Rightarrow \sum\limits_{i=2}^{n} X_i^2 \sim \chi^2(n-1)$，$X_1 \sim N(0,1) \Rightarrow$

$Y = \dfrac{X_1}{\sqrt{\dfrac{\sum\limits_{i=2}^{n} X_i^2}{n-1}}} = \dfrac{(n-1)X_1}{\sqrt{\sum\limits_{i=2}^{n} X_i^2}} \sim t(n-1).$

三、计算题

(1) $P\{78 \leqslant \bar{X} \leqslant 82.5\} = 0.990\,5.$　见第 6 章习题，计算题第 3 题.

(2) 因为 $X \sim N(62,100)$，有 $\dfrac{\bar{X}-62}{10}\sqrt{n} \sim N(0,1)$，于是

$$P\{\bar{X} > 60\} = P\left\{\frac{\bar{X}-72}{10}\sqrt{n} > \frac{60-62}{10}\sqrt{n}\right\} = P\left\{\frac{\bar{X}-62}{10}\sqrt{n} > -0.2\sqrt{n}\right\} =$$

$$1 - \Phi(-0.2\sqrt{n}) = \Phi(0.2\sqrt{n}) \geqslant 1.65$$

查表得 $0.2\sqrt{n} \geqslant 1.65$，所以 $n \geqslant 11$.

（3）至少应 $\geqslant 11$. 见第 6 章习题,计算题第 5 题.

四、证明题

证明：(i)

$$\sum_{i=1}^{n}(X_i-\mu)^2 = \sum_{i=1}^{n}(X_i-\bar{X}+\bar{X}-\mu)^2 =$$

$$\sum_{i=1}^{n}((X_i-\bar{X})+(\bar{X}-\mu))^2 = \sum_{i=1}^{n}((X_i-\bar{X})^2 + 2(X_i-\bar{X})(\bar{X}-\mu)+(\bar{X}-\mu)^2) =$$

$$\sum_{i=1}^{n}(X_i-\bar{X})^2 + 2\sum_{i=1}^{n}(X_i-\bar{X})(\bar{X}-\mu) + \sum_{i=1}^{n}(\bar{X}-\mu)^2$$

而

$$\sum_{i=1}^{n}(X_i-\bar{X})(\bar{X}-\mu) = \sum_{i=1}^{n}(X_i\bar{X}-X_i\mu-\bar{X}^2+\bar{X}\mu) =$$

$$\bar{X}\sum_{i=1}^{n}X_i - \mu\sum_{i=1}^{n}X_i - \sum_{i=1}^{n}\bar{X}^2 + \sum_{i=1}^{n}\bar{X}\mu =$$

$$\bar{X}n\bar{X} - \mu n\bar{X} - n\bar{X}^2 + n\bar{X}\mu = 0$$

$$\sum_{i=1}^{n}(\bar{X}-\mu)^2 = n(\bar{X}-\mu)^2$$

因此

$$\sum_{i=1}^{n}(X_i-\mu)^2 = \sum_{i=1}^{n}(X_i-\bar{X})^2 + n(\bar{X}-\mu)^2$$

(ii)

$$\sum_{i=1}^{n}(X_i-\bar{X})^2 = \sum_{i=1}^{n}(X_i^2 - 2X_i\bar{X}+\bar{X}^2) =$$

$$\sum_{i=1}^{n}X_i^2 - 2\bar{X}\sum_{i=1}^{n}X_i + \sum_{i=1}^{n}\bar{X}^2 =$$

$$\sum_{i=1}^{n}X_i^2 - 2\bar{X}n\bar{X} + n\bar{X}^2 =$$

$$\sum_{i=1}^{n}X_i^2 - n\bar{X}^2$$

第 **7** 章

参 数 估 计

一、考试要求

1. 理解参数的点估计,掌握矩估计法和最大似然估计法.

2. 了解估计量的无偏性、有效性和一致性的概念,并会验证估计量的无偏性,会用大数定理证明估计量的一致性.

3. 了解区间估计的概念,掌握建立未知参数(双侧和单侧)置信区间的方法.

4. 掌握单个正态总体的均值,方差,标准差的置信区间,掌握两个正态总体的均值差和方差比的置信区间.

二、基本内容

1. 点估计

设 $X_1, X_2, \cdots, X_n$ 为取自总体 X 的样本,若将样本的某个函数 $\hat\theta(X_1, X_2, \cdots, X_n)$ 作为总体分布中未知参数 θ 的估计,则称 $\hat\theta$ 为 θ 的点估计.

(1) 矩法估计

用样本的矩代替相应的总体的矩

$$\frac{1}{n}\sum_{i=1}^{n} X_i^K = EX^K \quad K=1,2,\cdots,m$$

有一个待估参数,令 $K=1$.

有两个待估参数,令 $K=1, K=2$,联立解之.

(2) 最大似然估计

设总体 X 的分布律或密度函数为 $f(x; \theta_1, \cdots, \theta_K)$,$\theta_1, \cdots, \theta_K$ 为未知参数,取自总体 X 的样本 $(X_1, X_2, \cdots, X_n)$ 的联合分布律或联合密度函数 $L = \prod_{i=1}^{n} f(x_1, \theta_1, \cdots, \theta_K)$ 称为似然函数,若有 $\hat\theta_i(x_1, x_2, \cdots, x_n)$,$i=1,2,\cdots,K$,使得

$$L = \max L(x_1, x_2, \cdots, x_n; \theta_1, \cdots, \theta_K)$$

则称 $\hat\theta_i(x_1, x_2, \cdots, x_n)$ 为 θ_i 的最大似然估计值 $(i=1,2,\cdots,K)$.

$\hat{\theta_i}(X_1, X_2, \cdots, X_n)$ 称为 θ_i 的最大似然估计量 $(i=1,2,\cdots,K)$.

最大似然估计的求解步骤为:

① 写出似然函数 $L = \prod_{i=1}^{n} f(x_i, \theta_1, \cdots, \theta_K)$;

② 取对数 $\ln L$;

③ 分别对 $\theta_1, \cdots, \theta_k$ 求偏导得似然方程

$$\begin{cases} \dfrac{\partial \ln L}{\partial \theta_1} = 0 \\ \quad\vdots \\ \dfrac{\partial \ln L}{\partial \theta_K} = 0 \end{cases}$$

解似然方程得驻点.

2.估计量的评选标准

(1)无偏性

设 $\hat{\theta}(X_1, X_2, \cdots, X_n)$ 为 θ 的估计量,若 $E(\hat{\theta}(X_1, X_2, \cdots, X_n)) = \theta$,则称 $\hat{\theta}(X_1, X_2, \cdots, X_n)$ 为 θ 的无偏估计量.

(2)有效性

设 $\hat{\theta_1} = \hat{\theta_1}(X_1, X_2, \cdots, X_n)$,$\hat{\theta_2} = \hat{\theta_2}(X_1, X_2, \cdots, X_n)$ 均为 θ 的无偏估计,如果 $D(\hat{\theta_1}) < D(\hat{\theta_2})$,则称 $\hat{\theta_1}$ 较 $\hat{\theta_2}$ 有效.

若 θ 的无偏估计量 $\hat{\theta}$ 的方差 $D(\hat{\theta})$ 达到最小,则称 $\hat{\theta}$ 为 θ 的最小方差无偏估计.

(3)一致性(相合性)

设 $\hat{\theta}(X_1, X_2, \cdots, X_n)$ 为 θ 的估计量,若对任意 $\varepsilon > 0$ 有

$$\lim_{n \to \infty} P\{|\hat{\theta} - \theta| < \varepsilon\} = 1$$

则称 $\hat{\theta}(X_1, X_2, \cdots, X_n)$ 为 θ 的一致(相合)估计.

注:(1)设 $X_1, X_2, \cdots, X_n$ 为来自任意总体 X 的样本,且 $E(X) = \mu, D(X) = \sigma^2$ 则:

①$E(\bar{X}) = \mu, E(S^2) = \sigma^2$,其中 $S^2 = \dfrac{1}{n} \sum_{i=1}^{n} (X_i - \bar{X})^2$,即 $\bar{X}, S^2$ 分别为总体 X 的 $E(X), D(X)$ 的无偏估计.

②$\bar{X}, S^2$ 分别为总体 X 的 $E(X), D(X)$ 的一致估计.

③ 不论总体服从什么分布,K 阶样本矩 $A_K = \dfrac{1}{n} \sum_{i=1}^{n} X_i^K$ 是 EX^K 的无偏估计.

④μ 的一切形 $\hat{\mu} = \sum_{i=1}^{n} a_i X_i, \sum_{i=1}^{n} a_i = 1$ 的无偏估计中,当 $a_i = \dfrac{1}{n}, i = 1, 2, \cdots, n$ 时最有效.

(2)若 $\hat{\theta}$ 为 θ 的矩估计,$g(x)$ 为连续函数,则 $g(\hat{\theta})$ 为 $g(\theta)$ 的矩估计值.

(3) 若 $\hat{\theta}$ 为 θ 的最大似然估计，$g(x)$ 为连续函数或单调函数，则 $g(\hat{\theta})$ 为 $g(\theta)$ 的最大似然估计.

(4) 若 $\hat{\theta}$ 为 θ 的一致估计，$g(x)$ 在 $x=\theta$ 连续，则 $g(\hat{\theta})$ 为 $g(\theta)$ 的一致估计.

(5) 如果总体 X 的 K 阶原点矩 $E(X^K)=\mu_K$ 存在，则样本 K 阶 $(K \geqslant 1)$ 原点矩，$\dfrac{1}{n}\sum\limits_{i=1}^{n} X_i^K$ 是 $E(X^K)=\mu_K$ 的一致估计.

3. 区间估计

(1) 设 θ 为总体 X 的分布中的未知参数，$X_1,X_2,\cdots,X_n$ 是来自总体 X 的样本，对给定的 $\alpha\,(0<\alpha<1)$，如果两个统计量 $\theta_1=\theta_1(X_1,X_2,\cdots,X_n)$，$\theta_2=\theta_2(X_1,X_2,\cdots,X_n)$ 满足 $P\{\theta_1(X_1,X_2,\cdots,X_n)<\theta<\theta_2(X_1,X_2,\cdots,X_n)\}=1-\alpha$，则称随机区间 (θ_1,θ_2) 为 θ 的置信区间，θ_1 和 θ_2 分别称为置信水平为 $1-\alpha$ 的双侧置信区间的置信下限和置信上限.

(2) 设 $X_1,X_2,\cdots,X_n$ 是来自总体 X 的样本，θ 为总体中未知参数，对给定的 $\alpha\,(0<\alpha<1)$：

① 若统计量 $\underline{\theta}=\underline{\theta}(X_1,X_2,\cdots,X_n)$ 使得 $P\{\theta<\underline{\theta}(X_1,X_2,\cdots,X_n)\}=1-\alpha$，则称随机区间 $(\underline{\theta},+\infty)$ 为 θ 的置信水平为 $1-\alpha$ 的单侧置信区间，$\underline{\theta}$ 称为 θ 的置信水平为 $1-\alpha$ 的单侧置信下限.

② 若统计量 $\overline{\theta}=\overline{\theta}(X_1,X_2,\cdots,X_n)$，使得 $P\{\theta<\overline{\theta}(X_1,X_2,\cdots,X_n)\}=1-\alpha$，则称随机区间 $(-\infty,\overline{\theta})$ 为 θ 的置信水平为 $1-\alpha$ 的单侧置信区间，$\overline{\theta}$ 称为 θ 的置信水平为 $1-\alpha$ 的单侧置信上限.

(3) 正态总体未知参数的置信水平为 $1-\alpha$ 的双侧置信区间表，单侧置信区间表(略).

三、典型题型与例题分析

例 1　糖厂用自动包装机包装水果，袋装糖重是一个随机变量，今随机抽查 12 袋，称得净重(单位:g)1 001,1 004,1 003,1 000,997,999,1 004,1 000,996,1 002,998,999,则总体均值 μ 的矩估计值为 _____，方差 σ^2 的矩估计值为 _____，样本方差 S^2 为 _____.

解　由矩估计知总体均值 μ 及方差 σ^2 的矩估计量

$$\hat{\mu}=\bar{X}=\frac{1}{n}\sum_{i=1}^{n} X_i=1\,000.25$$

$$\hat{\sigma}^2=\frac{1}{n}\sum_{i=1}^{n}(X_i-\bar{X})^2=\frac{1}{12}\Big[\sum_{i=1}^{12} X_i^2-12\,\bar{X}^2\Big]\approx 6.35$$

$$S^2=\frac{1}{n-1}\sum_{i=1}^{n}(X_i-\bar{X})^2\approx 6.93$$

注:题中只知道一组样本值，而不知总体分布的任何其他信息，我们就可直接求到均值、方差的矩估计，这是矩估计的优点之一，不需知道总体分布.

例 2　设总体 X 的分布律为

X	0	1	2	3
P_K	θ^2	$2\theta(1-\theta)$	θ^2	$1-2\theta$

其中 $\theta\left(0<\theta<\dfrac{1}{2}\right)$ 是未知参数,利用样本值 3,1,3,0,3,1,2,3,求 θ 的矩估计值和最大似然估计值.

解 (1)因为

$$E(X)=0 \cdot \theta^2+1 \cdot 2\theta(1-\theta)+2 \cdot \theta^2+3(1-2\theta)=3-4\theta$$

$$\bar{X}=\frac{3+1+3+0+3+1+2+3}{8}=2$$

$$\bar{X}=E(X)$$

所以

$$\hat{\theta}=\frac{3-\bar{X}}{4}=\frac{1}{4}$$

(2)似然函数为

$$L(\theta)=\prod_{K=1}^{8}P\{X_K=x_K\}=(1-2\theta)\cdot 2\theta(1-\theta)\cdot(1-2\theta)\cdot\theta^2 \cdot$$
$$(1-2\theta)\cdot 2\theta(1-\theta)\cdot\theta^2\cdot(1-2\theta)=$$
$$4\theta^6(1-\theta)^2(1-2\theta)^4$$

取对数

$$\ln L=2\ln 2+6\ln\theta+2\ln(1-\theta)+4\ln(1-2\theta)$$

$$\frac{\mathrm{d}\ln L}{\mathrm{d}\theta}=\frac{6}{\theta}+\frac{-2}{1-\theta}-\frac{8}{1-2\theta}=\frac{24\theta^2-28\theta+6}{\theta(1-\theta)(1-2\theta)}=0$$

解得 $\theta_{1,2}=\dfrac{7\pm\sqrt{13}}{12}$,因为 $\dfrac{7+\sqrt{13}}{12}>\dfrac{1}{2}$ 不合题意,所以 θ 的最大似然估计值为 $\hat{\theta}=\dfrac{7-\sqrt{13}}{12}$.

例3 设总体 X 的密度函数为 $f(x;\theta)=\begin{cases}(\theta+1)x^\theta & 0<x<1\\ 0 & \text{其他}\end{cases}$,其中 $\theta>-1$ 为未知参数,$X_1,X_2,\cdots,X_n$ 为样本,分别用矩估计值和最大似然估计值,求参数 θ 的估计量.

解 (1)$EX=\displaystyle\int_{-\infty}^{+\infty}xf(x)\mathrm{d}x=\int_0^1(\theta+1)x^{\theta+1}\mathrm{d}x=\frac{\theta+1}{\theta+2}$.

令 $\bar{X}=E(X)=\dfrac{\theta+1}{\theta+2}$,解得 $\theta=\dfrac{2\bar{X}-1}{1-\bar{X}}$,故 θ 的矩估计量为 $\hat{\theta}=\dfrac{2\bar{X}-1}{1-\bar{X}}$.

(2)似然函数

$$L(\theta)=\prod_{K=1}^{n}f(x_K;\theta)=(\theta+1)^n(x_1,x_2,\cdots,x_n)^\theta$$
$$\ln L=n\ln(\theta+1)+\theta\ln(x_1,x_2,\cdots,x_n)$$

$$\frac{\mathrm{d}\ln L}{\mathrm{d}\theta}=\frac{n}{\theta+1}+\ln(x_1,x_2,\cdots,x_n)=0\Rightarrow\theta=-1-\frac{n}{\ln(x_1,x_2,\cdots,x_n)}$$

从而 θ 的最大似然估计量为 $\hat{\theta} = -1 - \dfrac{n}{\sum\limits_{i=1}^{n} \ln X_i}$.

例 4　设 $X \sim N(\mu, \sigma^2)$，$X_1, X_2, \cdots, X_n$ 来自总体 X 的样本，求 μ, σ^2 的矩估计量和最大似然估计量.

解　(1) $\begin{cases} E(X) = \bar{X} \\ D(X) = \dfrac{1}{n} \sum (X_i - \bar{X})^2 \end{cases}$ 或 $\begin{cases} E(X) = \bar{X} \\ E(X^2) = \dfrac{1}{n} \sum\limits_{i=1}^{n} X_i^2 \end{cases} \Rightarrow \begin{cases} \mu = \bar{X} = \dfrac{1}{n} \sum\limits_{i=1}^{n} X_i \\ \sigma^2 = \dfrac{1}{n} \sum\limits_{i=1}^{n} (X_i - \bar{X})^2 \end{cases}$,

即 μ, σ^2 的矩估计量为 $\begin{cases} \hat{\mu} = \bar{X} \\ \hat{\sigma}^2 = \dfrac{1}{n} \sum (X_i - \bar{X})^2 \end{cases}$.

(2) 最大似然估计

X 的密度函数为 $f(x, \mu, \sigma^2) = \dfrac{1}{\sqrt{2\pi}\,\sigma} \mathrm{e}^{-\frac{(x-\mu)^2}{2\sigma^2}}$，$-\infty < x < +\infty$.

似然函数

$$L(\mu, \sigma^2) = \prod_{i=1}^{n} f(x_K, \mu, \sigma^2) = \left(\dfrac{1}{\sqrt{2\pi}}\right)^n \left(\dfrac{1}{\sigma}\right)^n \mathrm{e}^{-\frac{1}{2\sigma^2} \sum\limits_{K=1}^{n} (x_K - \mu)^2}$$

$$\ln L = \ln \left(\dfrac{1}{\sqrt{2\pi}}\right)^n - \dfrac{n}{2} \ln \sigma^2 - \dfrac{1}{2\sigma^2} \sum_{K=1}^{n} (X_K - \mu)^2$$

$$\begin{cases} \dfrac{\partial \ln L}{\partial \mu} = \dfrac{1}{\sigma^2} \sum\limits_{K=1}^{n} (x_K - \mu) = 0 \\ \dfrac{\partial \ln L}{\partial \sigma^2} = -\dfrac{n}{2\sigma^2} + \dfrac{1}{2\sigma^4} \sum\limits_{K=1}^{n} (x_K - \mu)^2 = 0 \end{cases} \Rightarrow \begin{matrix} \mu = \dfrac{1}{n} \sum\limits_{K=1}^{n} x_K \\ \sigma^2 = \sum\limits_{K=1}^{n} (x_K - \bar{X})^2 \end{matrix}$$

似然方程组有唯一解，所以 μ, σ^2 的最大似然估计量为

$$\hat{\mu} = \bar{X} = \dfrac{1}{n} \sum_{K=1}^{n} x_K$$

$$\sigma^2 = \dfrac{1}{n} \sum_{K=1}^{n} (x_K - \bar{X})^2$$

例 5　设总体 $X \sim B(1, P)$，$X_1, X_2, \cdots, X_n$ 为来自 X 的样本.

(1) 求 P 的矩估计量；

(2) 求 P 的最大似然估计量；

(3) 求总体均值 μ，方差 σ^2 的矩估计量.

解　(1) $E(X) = \bar{X}$，得 $P = \bar{X}$，P 的矩估计量为

$$\hat{P} = \bar{X} = \dfrac{1}{n} \sum_{K=1}^{n} X_K$$

(2) $P\{X = x\} = P^x (1 - P)^{1-x}$，$x = 0, 1$，所以似然函数为

$$L(P) = \prod_{K=1}^{n} P^{x_K} (1-P)^{1-x_K} = P^{\sum\limits_{K=1}^{n} x_K} (1-P)^{n-\sum\limits_{K=1}^{n} x_K} \qquad x_K = 0,1$$

$$\ln L = \left(\sum_{K=1}^{n} x_K\right) \ln P + \left(n - \sum_{K=1}^{n} x_K\right) \ln(1-P)$$

$$\frac{d\ln L}{dp} = \frac{\sum\limits_{K=1}^{n} x_K}{1-P} = 0 \Rightarrow P = \frac{1}{n} \sum_{K=1}^{n} x_K$$

似然方程解唯一,所以 P 的最大似然估计量为 $\hat{P} = \bar{X} = \frac{1}{n} \sum\limits_{K=1}^{n} X_K$.

$$(3) \begin{cases} EX = \bar{X} \\ EX^2 = \dfrac{1}{n} \sum\limits_{K=1}^{n} X_K^2 = \dfrac{1}{n} \sum\limits_{K=1}^{n} X_K = \bar{X} \quad X_K = 0,1 \end{cases}, 即$$

$$\begin{cases} \mu = \bar{X} = \dfrac{1}{n} \sum\limits_{i=1}^{n} X_i \\ \sigma^2 + \mu^2 = \bar{X} \end{cases}$$

于是 μ, σ^2 的矩估计量为

$$\begin{cases} \hat{\mu} = \bar{X} = \dfrac{1}{n} \sum\limits_{i=1}^{n} X_i \\ \hat{\sigma^2} = \bar{X} - \bar{X}^2 = \bar{X}(1-\bar{X}) \end{cases}$$

例6 $X \sim U[a,b]$, $X_1, X_2, \cdots, X_n$ 来自 X 的样本,用矩估计法和最大似然估计求 a, b 估计量.

解 (1)矩估计

$$\begin{cases} E(X) = \bar{X} \\ E(X^2) = \dfrac{1}{n} \sum\limits_{i=1}^{n} X_i^2 \end{cases}, \begin{cases} \dfrac{a+b}{2} = \bar{X} = A_1 \\ \dfrac{1}{12}(b-a)^2 + \bar{X}^2 = \dfrac{1}{n} \sum\limits_{i=1}^{n} X_i^2 = A_2 \end{cases} \Rightarrow$$

$$a = A_1 - \sqrt{3(A_2 - A_1^2)}, \quad b = A_1 + \sqrt{3(A_2 - A_1^2)}$$

故 a, b 的矩估计量为

$$\hat{a} = A_1 - \sqrt{3(A_2 - A_1^2)}, \hat{b} = A_1 + \sqrt{3(A_2 - A_1^2)}$$

$(2) f(x,a,b) = \begin{cases} \dfrac{1}{b-a} & a \leqslant x \leqslant b \\ 0 & 其他 \end{cases}$, 似然函数 $L(a,b) = \dfrac{1}{(B-a)^n}$.

因为其导数不为 0,记 $x_{(1)} = \min(x_1, x_2, \cdots, x_n)$, $x_{(n)} = \max(x_1, x_2, \cdots, x_n)$.

由于 $a \leqslant x_1, x_2, \cdots, x_n \leqslant b$,所以

$$a \leqslant x_{(1)}, x_{(n)} \leqslant b$$

$$L(a,b) = \frac{1}{(b-a)^n} \leqslant \frac{1}{(x_{(n)} - x_{(1)})^n}$$

即 $L(a,b)$ 在 $a=x_{(1)}$，$b=x_{(n)}$ 时取到最大值 $\dfrac{1}{(x_{(n)}-x_{(1)})^n}$，故 a,b 的最大似然估计量

为 $\hat{a}=\min(X_1,X_2,\cdots,X_n)$，$\hat{b}=\max(X_1,X_2,\cdots,X_n)$.

例 7 设 $X \sim E(\lambda)$，密度函数为 $f(x,\lambda)=\begin{cases}\lambda\mathrm{e}^{-\lambda x} & x>0 \\ 0 & x \leqslant 0\end{cases}$，$X_1,X_2,\cdots,X_n$ 来自 X 的

样本，用矩估计法和最大似然估计求 λ 的估计量.

解 (1) 矩估计

$E(X)=\bar{X}$，即 $\dfrac{1}{\lambda}=\bar{X} \Rightarrow \lambda=\dfrac{1}{\bar{X}}$，故 λ 的估计量为 $\hat{\lambda}=\dfrac{1}{\bar{X}}=\dfrac{n}{\sum\limits_{i=1}^{n}X_i}$.

(2) 似然函数

$$L(\lambda)=\prod_{i=1}^{n}\lambda\mathrm{e}^{-\lambda x_i}=\lambda^n\mathrm{e}^{-\lambda\sum\limits_{i=1}^{n}X_i}$$

$$\ln L=n\ln\lambda-\lambda\sum_{i=1}^{n}X_i$$

$$\frac{\mathrm{d}\ln L}{\mathrm{d}\lambda}=\frac{n}{\lambda}-\sum_{i=1}^{n}X_i=0 \Rightarrow \lambda=\frac{n}{\sum\limits_{i=1}^{n}X_i}=\frac{1}{\bar{X}}$$

故 λ 的最大似然估计量 $\hat{\lambda}=\dfrac{1}{\bar{X}}$，结果与矩估计一样.

例 8 X 存在方差 $D(X)=\sigma^2$，$X_1,X_2,\cdots,X_n$ 是来自 X 的样本，$S^2=\dfrac{1}{n-1}\cdot$

$\sum\limits_{i=1}^{n}(X_i-\bar{X})^2$.

证明：S^2 是 σ^2 的无偏估计量.

证明 可得

$$E(S^2)=E\left(\frac{1}{n-1}\sum_{i=1}^{n}(X_i-\bar{X})^2\right)=\frac{1}{n-1}E\left[\sum_{i=1}^{n}X_i^2-n\bar{X}^2\right]=$$

$$\frac{1}{n-1}\left[\sum_{i=1}^{n}E(X_i^2)-nE(\bar{X}^2)\right]=$$

$$\frac{1}{n-1}\left\{\sum_{i=1}^{n}\left[D(X_i)+(E(X_i))^2\right]-n\left[D(\bar{X})+(E(\bar{X}))^2\right]\right\}=$$

$$\frac{1}{n-1}\left\{nD(X)+n(E(X))^2-n\left[\frac{D(X)}{n}+(E(X))^2\right]\right\}=$$

$$\frac{1}{n-1}\left[(n-1)D(X)\right]=D(X)=\sigma^2$$

例 9 设 $X_1,X_2,\cdots,X_n$ 是来自总体 X 的一个样本，且设 $E(X)=\mu$，$D(X)=\sigma^2$，确定

常数 C 使 $C\sum\limits_{i=1}^{n-1}(X_{i+1}-X_i)^2$ 为 σ^2 的无偏估计.

解 因为

$$E\left[C\sum_{i=1}^{n-1}(X_{i+1}-X_i)^2\right]=C\sum_{i=1}^{n-1}E\left[(X_{i+1}-X_i)^2\right]=$$

$$C\sum_{i=1}^{n-1}E(X_{i+1}^2-2X_{i+1}X_i+X_i^2)=$$

$$C\sum_{i=1}^{n-1}\left[E(X_{i+1}^2)-2E(X_{i+1})E(X_i)+E(X_i^2)\right]=$$

$$C\sum_{i=1}^{n-1}\left[E(X^2)-2(E(X))^2+E(X^2)\right]=$$

$$2C\sum_{i=1}^{n-1}\left[E(X^2)-(E(X))^2\right]=2C\sum_{i=1}^{n-1}D(X)=2(n-1)C\sigma^2=\sigma^2$$

所以 $$C=\frac{1}{2(n-1)}$$

例 10 验证 $S_w^2=\dfrac{(n_1-1)S_1^2+(n_2-1)S_2^2}{n_1+n_2-2}$ 是两总体的公共方差 σ^2 的无偏估计量.

证 可得

$$E(S_w^2)=E\left[\frac{(n_1-1)S_1^2+(n_2-1)S_2^2}{n_1+n_2-2}\right]=$$

$$\frac{n_1-1}{n_1+n_2-2}E(S_1^2)+\frac{n_2-1}{n_1+n_2-2}E(S_2^2)=$$

$$\frac{n_1-1}{n_1+n_2-2}\sigma^2+\frac{n_2-1}{n_1+n_2-2}\sigma^2=\sigma^2$$

即 S_w^2 是两总体公共方差 σ^2 的无偏估计量.

例 11 设分别来自总体 $N(\mu_1,\sigma^2)$ 和 $N(\mu_2,\sigma^2)$ 中抽取容量为 n_1,n_2 的两独立样本,其样本方差分别为 S_1^2,S_2^2,试证对于任意常数 a,b $(a+b=1)$,$Y=aS_1^2+bS_2^2$ 都是 σ^2 的无偏估计量,并确定常数 a,b,使 $D(Y)$ 达到最小.

证 可得

$$E(S_1^2)=E(S_2^2)=\sigma^2$$

$$E(Y)=aE(S_1^2)+bE(S_2^2)=(a+b)\sigma^2=\sigma^2$$

故 $Y=aS_1^2+bS_2^2$ 是 σ^2 的无偏估计.

因为 $$\frac{(n_1-1)S_1^2}{\sigma^2}\sim\chi^2(n_1-1),\frac{(n_2-1)S_2^2}{\sigma^2}\sim\chi^2(n_2-1)$$

所以 $$D\left[\frac{(n_1-1)S_1^2}{\sigma^2}\right]=\frac{(n_1-1)^2}{\sigma^4}D(S_1^2)=2(n_1-1)$$

得 $$D(S_1^2)=\frac{2\sigma^4}{n_1-1}$$

由 $D\left[\dfrac{(n_2-1)S_2^2}{\sigma^2}\right]=\dfrac{(n_2-1)^2D(S_2^2)}{\sigma^4}=2(n_2-1)$,得

$$D(S_2^2)=\frac{2\sigma^4}{n_2-1}$$

$$D(Y)=a^2D(S_1^2)+b^2D(S_2^2)=\frac{2a^2\sigma^4}{n_1-1}+\frac{2b^2\sigma^4}{n_2-1}=$$

$$2\sigma^4 \frac{(n_1 + n_2 - 2) a^2 - 2(n_1 - 1) a + n_1 - 1}{(n_1 - 1)(n_2 - 1)}$$

要使 $D(Y)$ 最小,则 $(n_1 + n_2 - 2) a^2 - 2(n_1 - 1) a + n_1 - 1$ 必须最小.

由函数的极值知,当 $a = \dfrac{n_1 - 1}{n_1 + n_2 - 2}, b = \dfrac{n_2 - 1}{n_1 + n_2 - 2}$ 时,$D(Y)$ 最小.

例 12 设总体 $X \sim N(\mu, 1), X_1, X_2, \cdots, X_{100}$ 来自 X 的样本,测得 $\overline{X} = 5$,则 μ 的置信水平为 0.95 的置信区间为 _____.

解 由公式可知,μ 的置信区间为

$$\left(\overline{X} - \frac{\sigma}{\sqrt{n}} Z_{\frac{\alpha}{2}}, \overline{X} + \frac{\sigma}{\sqrt{n}} Z_{\frac{\alpha}{2}} \right) = \left(5 - \frac{1}{10} \times 1.96, 5 + \frac{1}{10} \times 1.96 \right) = (4.804, 5.196)$$

例 13 有一大批糖果,现从中随机地取出 16 袋,$X_1, X_2, \cdots, X_{16}$,测得 $\overline{X} = 503.75$,$S = 6.202\ 2$,设糖果每袋重量服从正态分布,求总体均值 μ 的置信水平为 0.95 的置信区间.

解 $\dfrac{\overline{X} - \mu}{S} \sqrt{n} \sim t(n - 1), t_{0.025}(15) = 2.131\ 5.$

由公式 μ 的置信水平为 0.95 的置信区间为

$$\left(\overline{X} - \frac{S}{\sqrt{n}} t_{\frac{\alpha}{2}}(n - 1), \overline{X} + \frac{S}{\sqrt{n}} t_{\frac{\alpha}{2}}(n - 1) \right)$$

即 $\left(503.75 - \dfrac{6.202\ 2}{\sqrt{16}} \times 2.131\ 5, 503.75 + \dfrac{6.202\ 2}{\sqrt{16}} \times 2.131\ 5 \right) = (500.4, 507.1)$

例 14 从一批灯泡中随机取 5 只做寿命试验,测得寿命(单位:h)为 1 050,1 100,1 120,1 280,1 250.设灯泡寿命服从正态分布,试求灯泡寿命平均值 μ 的置信水平为 0.95 的单侧置信下限和一个单侧置信区间.

解 此题是一个正态总体,方差未知,求 μ 的单侧置信下限.

因为 $\dfrac{\overline{X} - \mu}{S} \sqrt{n} \sim t(n - 1), n = 5, \alpha = 0.05, t_{0.05}(4) = 2.131\ 8, \overline{X} = 1\ 160, S = 9\ 950$,所以 μ 的置信水平 $1 - \alpha$ 的单侧置信下限为

$$\underline{\mu} = \overline{X} - \frac{S}{\sqrt{n}} t_{\alpha}(n - 1) = 1\ 160 - \frac{9\ 950}{\sqrt{5}} \times 2.131\ 8 = 1\ 065$$

μ 的置信水平 $1 - \alpha$ 的单侧置信区间

$$\left(\overline{X} - \frac{S}{\sqrt{n}} t_{\alpha}(n - 1), +\infty \right) = (1\ 065, +\infty)$$

例 15 糖厂用自动包装机包装糖果,每袋糖的重量是一个随机变量,其重量服从正态分布,今随机抽查 12 袋,$X_1, X_2, \cdots, X_{12}$,测得 $S^2 = 6.923$,求 σ^2 的置信水平为 0.95 的置信区间.

解 可得

$$\frac{(n - 1) S^2}{\sigma^2} \sim \chi^2(n - 1)$$

$$n = 12, a = 0.05, S^2 = 6.923, \chi_{\frac{a}{2}}^2 (n-1) = \chi_{0.025}^2 (11) = 21.920$$

$$\chi_{1-\frac{a}{2}}^2 (n-1) = \chi_{0.975}^2 (11) = 3.816$$

σ^2 的置信水平为 0.95 的置信区间为

$$\left(\frac{(n-1)S^2}{\chi_{\frac{a}{2}}^2(n-1)}, \frac{(n-1)S^2}{\chi_{1-\frac{a}{2}}^2(n-1)} \right) = \left(\frac{11 \times 6.923}{21.920}, \frac{11 \times 6.923}{3.816} \right) = (3.479, 19.982)$$

第 7 章习题

一、填空题

1. 随机地取 8 只活塞环,测得它们的直径为(单位:mm)74.001,74.005,74.003, 74.001,74.000,73.998,74.006,74.002,则总体均值 μ 的矩估计值为( ),方差 σ^2 的矩估计值为( ),样本方差 S^2 为( ).

2. 设总体 X 的密度函数 $f(x;\theta) = \begin{cases} e^{-(x-\theta)} & x > \theta \\ 0 & x \leqslant \theta \end{cases}$,$X_1, X_2, \cdots, X_n$ 是来自 X 的样本, 则未知参数 θ 的矩估计量为( ),最大似然估计量为( ).

3. 设 $X_1, X_2, \cdots, X_n$ 是来自总体 X 的一个样本,且 $E(X) = \mu, D(X) = \sigma^2, \bar{X}, S^2$ 是样本 均值和样本方差,则当 $C = ($) 时,统计量 $\bar{X}^2 - CS^2$ 是 μ^2 的无偏估计.

4. 设由来自正态总体 $X \sim N(\mu, 0.9^2)$ 的容量为 9 的样本,测得样本均值 $\bar{X} = 5$,则 μ 的置信度为 0.95 的置信区间是( ).

二、单项选择题

1. 设 $X_1, X_2, \cdots, X_n$ 是来自总体 $X \sim N(\mu, \sigma^2)$ 的样本,则 $\mu^2 + \sigma^2$ 的无偏估计量为 ( ).

(A) $\frac{1}{n} \sum_{i=1}^{n} (X_i - \bar{X})^2$ (B) $\frac{1}{n-1} \sum_{i=1}^{n} (X_i - \bar{X})^2$

(C) $\sum_{i=1}^{n} X_i^2 - n\bar{X}^2$ (D) $\frac{1}{n} \sum_{i=1}^{n} X_i^2$

2. 设总体 $X \sim N(\mu, \sigma^2)$ 其中 σ^2 已知,若已知样本容量和置信度 $1-a$ 均不变,则对于 不同的样本观察值,总体均值 μ 的置信区间的长度( ).

(A) 变长   (B) 变短   (C) 不变   (D) 不能确定

三、计算题

1. 设 X 的分布律为

X	1	2	3
P	θ^2	$2\theta(1-\theta)$	$(1-\theta)^2$

其中 $\theta(0 < \theta < 1)$ 为未知参数.已知取得样本 $X_1 = 1, X_2 = 2, X_3 = 1$,试求 θ 的矩估计值

和最大似然估计值.

2.设 X 的密度函数为 $f(x)=\begin{cases}\theta C^{\theta}x^{-(\theta+1)} & x>C \\ 0 & x\leqslant C\end{cases}$,其中 $C>0$ 为已知,$\theta>1$ 为未知参数,$X_1,X_2,\cdots,X_n$ 为 X 的一个样本.

(1) 求 θ 的矩估计量;

(2) 求 θ 的最大似然估计量.

3.设总体 X 的数学期望为 μ,$X_1,X_2,\cdots,X_n$ 是来自 X 的一个样本,$a_1,a_2,\cdots,a_n$ 是任意常数,证明:统计量 $\dfrac{\sum\limits_{i=1}^{n}a_iX_i}{\sum\limits_{i=1}^{n}a_i}$ 是 μ 的无偏估计量 $\left(\sum\limits_{i=1}^{n}a_i\neq 0\right)$.

4.设 $\hat{\theta}$ 是 θ 的无偏估计量,且 $D(\hat{\theta})>0$,证明:$(\hat{\theta})^2$ 不是 θ^2 的无偏估计量.

习题 7 参考答案

一、填空题

(1)$\hat{\theta}=\dfrac{\overline{X}}{1-\overline{X}}$.　$E(X)=\displaystyle\int_{-\infty}^{+\infty}xf(x;\theta)\mathrm{d}x=\int_{0}^{1}x\theta x^{\theta-1}\mathrm{d}x=\dfrac{\theta}{\theta+1}$,令 $E(X)=\overline{X}$,即

$\dfrac{\theta}{\theta+1}=\overline{X}$.有 θ 的矩估计量 $\hat{\theta}=\dfrac{\overline{X}}{1-\overline{X}}$.

(2) 短估计量 $\hat{\theta}=\overline{X}-1$,最大似然估计量为 $\hat{\theta}_L=\min(X_1,X_2,\cdots,X_n)$.　见第 7 章习题,填空题第 2 题.

(3)$\hat{\theta}_L=\dfrac{n^2}{\left(\sum\limits_{i=1}^{n}\ln X_i\right)^2}$.

似然函数

$$L(\theta)=\prod_{i=1}^{n}f(x_i;\theta)=\begin{cases}\theta^{\frac{n}{2}}(x_1,x_2,\cdots,x_n)^{\sqrt{\theta}-1} & x_i>\theta,i=1,2,\cdots,n \\ 0 & \text{其他}\end{cases}$$

$$\ln L(\theta)=\frac{n}{2}\ln\theta+(\sqrt{\theta}-1)\ln(x_1,x_2,\cdots,x_n)$$

$$\frac{\mathrm{d}\ln L(\theta)}{\mathrm{d}\theta}=0\Rightarrow\theta=\left(\frac{n}{\ln(x_1,x_2,\cdots,x_n)}\right)^2$$

从而 θ 的最大似然估计量

$$\hat{\theta}_L=\frac{n^2}{\left(\sum\limits_{i=1}^{n}\ln X_i\right)^2}$$

(4) $\dfrac{\bar{X}}{n}$. $\quad E(X) = \bar{X} \Rightarrow np = \bar{X} \Rightarrow p = \dfrac{\bar{X}}{n}$. p 的矩估计量 $\hat{p} = \dfrac{\bar{X}}{n}$.

(5) 矩估计量 $\hat{\lambda} = \dfrac{1}{\bar{X}}$. 最大似然估计量 $\hat{\lambda}_L = \dfrac{1}{\bar{X}}$. $\quad$ 见第 7 章例 7.

(6) $C = \dfrac{1}{n}$. $\quad$ 见第 7 章习题,填空题第 3 题.

(7) $(497.23,510.05)$. $\quad \dfrac{\bar{X} - \mu}{S}\sqrt{n} \sim t(n-1)$,$t_{0.025}(13) = 2.1604$.

由公式,μ 的 95% 的置信区间为 $\left(\bar{X} - \dfrac{s}{\sqrt{n}}t_{0.025}(13), \bar{X} + \dfrac{s}{\sqrt{n}}t_{0.025}(13)\right) = (497.23,$
$510.05)$.

(8) $(4.412,5.558)$. $\quad$ 见第 7 章习题,填空题第 4 题.

(9) $(8.05,17.90)$. $\quad \dfrac{(n-1)S^2}{\sigma^2} \sim \chi^2(n-1)$, $\chi^2_{0.025}(13) = 24.74$, $\chi^2_{0.975}(13) =$
5.01.

由公式,σ^2 的 95% 的置信区间为 $\left(\sqrt{\dfrac{(n-1)S^2}{\chi^2_{0.025}(13)}}, \sqrt{\dfrac{(n-1)S^2}{\chi^2_{0.975}(13)}}\right) = (8.05,17.90)$.

(10) $(3.42,8.58)$. $\quad \dfrac{(\bar{X} - \bar{Y}) - (\mu_1 - \mu_2)}{\sqrt{\dfrac{\sigma_1^2}{n_1} + \dfrac{\sigma_2^2}{n_2}}} \sim N(0,1)$.

由公式,$\mu_1 - \mu_2$ 的置信度为 95% 的置信区间为 $\left((\bar{X} - \bar{Y}) \mp \sqrt{\dfrac{\sigma_1^2}{n_1} + \dfrac{\sigma_2^2}{n_2}}Z_{\frac{a}{2}}\right) = (3.42,$
$8.58)$.

二、单项选择题

(1) A. $\quad$ 见第 7 章习题,计算题第 4 题.

(2) D. $\quad$ 见第 7 章习题,单项选择题第 1 题.

(3) D. $\quad E\left(\dfrac{1}{n}\sum_{i=1}^{n}X_i^2\right) = \dfrac{1}{n}\sum_{i=1}^{n}E(X_i^2) = \dfrac{1}{n}\sum_{i=1}^{n}\left[E(X_i)^2 + D(X_i)\right] = \dfrac{1}{n}\sum_{i=1}^{n}\left[0 + \sigma^2\right] =$
σ^2.

(4) B. $\quad f(x,\mu,\sigma^2) = \dfrac{1}{\sqrt{2\pi}\sigma}e^{-\frac{(x-\mu)^2}{2\sigma^2}}$.

似然函数
$$L = \prod_{i=1}^{n}f(x_i,\mu,\sigma^2) = \prod_{i=1}^{n}\dfrac{1}{\sqrt{2\pi}\sigma}e^{-\frac{(x_i-\mu)^2}{2\sigma^2}} = \dfrac{1}{(\sqrt{2\pi}\sigma)^n}e^{-\frac{1}{2\sigma^2}\sum_{i=1}^{n}(x_i-\mu)^2}$$

取对数
$$\ln L = \ln\left[\dfrac{1}{(\sqrt{2\pi}\sigma)^n}e^{-\frac{1}{2\sigma^2}\sum_{i=1}^{n}(x_i-\mu)^2}\right] = -\dfrac{n}{2}\left[\ln 2\pi + \ln\sigma^2\right] - \dfrac{1}{2\sigma^2}\sum_{i=1}^{n}(x_i-\mu)^2$$

$$\begin{cases} \dfrac{\partial \ln L}{\partial \mu} = \dfrac{1}{\sigma^2} \sum_{i=1}^{n} (x_i - \mu) = 0 \\ \dfrac{\partial \ln L}{\partial \sigma^2} = -\dfrac{n}{2\sigma^2} + \dfrac{1}{2\sigma^4} \sum_{i=1}^{n} (x_i - \mu)^2 = 0 \end{cases}$$

解得 $\hat{\mu}_L = \dfrac{1}{n} \sum_{i=1}^{n} x_i, \hat{\sigma}_L^2 = \dfrac{1}{n} \sum_{i=1}^{n} (x_i - \bar{x})^2$.

(5) C.　$E(X)$ 的无偏估计量有很多,以样本均值最有效.

(6) A.　若 $C(X_1 + X_n - 2\bar{X})^2$ 是 σ^2 的无偏估计量,则

$$E(C(X_1 + X_n - 2\bar{X})^2) = \sigma^2$$

$$E(C(X_1 + X_n - 2\bar{X})^2) = CE((X_1 + X_n - 2\bar{X})^2) =$$

$$C((E(X_1 + X_n - 2\bar{X}))^2 + D(X_1 + X_n - 2\bar{X}))$$

再由 $X \sim N(0, \sigma^2)$,有

$$E(X_i) = 0, D(X_i) = \sigma^2, i = 1, 2, \cdots, n$$

$$\bar{X} \sim N\left(0, \frac{\sigma^2}{n}\right), E(\bar{X}) = 0$$

$$E(X_1 + X_n - 2\bar{X}) = E(X_1) + E(X_n) - 2E(\bar{X}) = 0$$

$$D(X_1 + X_n - 2\bar{X}) = D\left(X_1 + X_n - 2\frac{1}{n}\sum_{i=1}^{n} X_i\right) =$$

$$D\left(\frac{n-1}{n}X_1 + \frac{n-1}{n}X_n - 2\frac{1}{n}\sum_{i=2}^{n-1} X_i\right) =$$

$$\left(\frac{n-1}{n}\right)^2 D(X_1) + \left(\frac{n-1}{n}\right)^2 D(X_n) - 4\frac{1}{n^2}\sum_{i=2}^{n-1} D(X_i) =$$

$$\left(\frac{n-1}{n}\right)^2 \sigma^2 + \left(\frac{n-1}{n}\right)^2 \sigma^2 - 4\frac{1}{n^2}(n-2)\sigma^2 =$$

$$\frac{2(n-2)}{n}\sigma^2$$

即 $C\dfrac{2(n-2)}{n}\sigma^2 = \sigma^2$,则 $C = \dfrac{n}{2(n-2)}$.

(7) C.　见第 7 章习题,单项选择题第 2 题.

(8) A.　$\dfrac{\bar{X} - \mu}{\sigma}\sqrt{n} \sim N(0,1), Z_{0.025} = 1.96$.

由公式,μ 的 95% 的置信区间是 $\left(\bar{X} \mp \dfrac{\sigma}{\sqrt{n}}Z_{\frac{\alpha}{2}}\right)$,即 $(39.51, 40.49)$.

(9) B.

$$E(T_2) = \frac{1}{7}E(X_1) + \frac{2}{7}E(X_2) + \frac{3}{7}E(X_3) + \frac{4}{7}E(X_4) =$$

$$\frac{1}{7}\mu + \frac{2}{7}\mu + \frac{3}{7}\mu + \frac{4}{7}\mu = \frac{10}{7}\mu \neq \mu$$

三、计算题

(1) 解:$E(X) = \mu = \dfrac{1}{n} \sum\limits_{i=1}^{n} X_i$,即

$$\hat{\mu} = \bar{X} = \frac{1}{5}(2\ 781 + 2\ 836 + 2\ 807 + 276 + 2\ 858) = 2\ 809$$

$$E(X^2) = \frac{1}{n} \sum_{i=1}^{n} X_i^2$$

即 $\qquad D(X) + [E(X)]^2 = \dfrac{1}{n} \sum\limits_{i=1}^{n} X_i^2$

所以 $\qquad D(X) = \sigma^2 = \dfrac{1}{n} \sum\limits_{i=1}^{n} X_i^2 - [E(X)]^2$

即 $\hat{\sigma}^2 = 1\ 508.545\ 6.$

(2) ① $E(X) = \displaystyle\int_0^{\theta} x\, \frac{6x(\theta - x)}{\theta^3} \mathrm{d}x = \frac{\theta}{2} = \bar{X} \Rightarrow \hat{\theta} = 2\bar{X}.$

② $D(\hat{\theta}) = D(2\bar{X}) = 4D(\bar{X}) = 4D\left(\dfrac{1}{n} \sum\limits_{i=1}^{n} X_i\right) = \dfrac{4}{n^2} \sum\limits_{i=1}^{n} D(X_i)$,而

$$E(X^2) = \int_0^{\theta} x^2 \frac{6x(\theta - x)}{\theta^3} \mathrm{d}x = \frac{3}{10}\theta^2$$

所以 $\qquad D(X) = E(X^2) - E^2(X) = \dfrac{1}{20}\theta^2$

进而 $\qquad\qquad D(\hat{\theta}) = \dfrac{\theta^2}{5n}$

(3) 解:$E(X) = \mu = \dfrac{1}{n} \sum\limits_{i=1}^{n} X_i$,有

$$\hat{\mu} = \bar{X} = \frac{1}{8} \sum_{i=1}^{8} X_i = 74.003$$

$$E(X^2) = D(X) + [E(X)]^2 = \frac{1}{n} \sum_{i=1}^{n} X_i^2 \Rightarrow$$

$$\hat{\sigma}^2 = \frac{1}{n} \sum_{i=1}^{n} X_i^2 - (\bar{X})^2 = \frac{1}{n} \sum_{i=1}^{n} (X_i - \bar{X})^2 = \frac{1}{8} \sum_{i=1}^{8} (X_i - 74.003)^2 = 6 \times 10^{-6}$$

$$S^2 = \frac{1}{8-1} \sum_{i=1}^{8} (X_i - \bar{X})^2 = \frac{8}{7}\left[\frac{1}{8} \sum_{i=1}^{8} (X_i - \bar{X})^2\right] = \frac{8}{7}\hat{\sigma}^2 = 6.86 \times 10^{-6}$$

(4) 见第 7 章例 3.

(5) ① $E(\hat{\theta}_1) = E\left(\dfrac{X_i}{n}\right) = \dfrac{1}{n} E(X_i) = \dfrac{1}{n} np = p$,故正确.

② $E(\hat{\theta}_2) = E\left(\dfrac{\bar{X}}{n}\right) = \dfrac{1}{n} E(\bar{X}) = \dfrac{1}{n} E\left(\dfrac{1}{k} \sum\limits_{i=1}^{k} X_i\right) = \dfrac{1}{n} \cdot \dfrac{1}{k} \cdot \sum\limits_{i=1}^{k} E(X_i) = \dfrac{1}{n} \cdot \dfrac{1}{k} \cdot k \cdot n \cdot$

$p = p$,故正确.

③$E(\hat{\theta_3}) = E\left(\dfrac{X_i^2 - X_i}{n(n-1)}\right) = \dfrac{1}{n(n-1)}(E(X_i^2) - E(X_i)) = \dfrac{1}{n(n-1)}[D(X_i) +$

$E^2(X_i) - E(X_i)] = \dfrac{1}{n(n-1)}[np(1-p) + n^2p^2 - np] = p^2$，故正确.

(6) 由第 7 章习题,填空题第 5 题可知$\hat{\lambda}_L = \bar{X}$. 根据若$\hat{\theta}$是 X 密度函数 $f(x;\theta)$ 中参数 θ 的最大似然估计. θ 的函数 $\varphi(\theta)$ 具有单值反函数,则 $\varphi(\hat{\theta})$ 是 $\varphi(\theta)$ 的最大似然估计. 即 $\hat{\varphi(\theta)} = \varphi(\hat{\theta})$. 和 e^{-x} 具有单值反函数,则 $\hat{e^{-\lambda}} = e^{-\frac{1}{x}}$,即 $P(\hat{X=0}) = e^{-\frac{1}{x}}$.

(7) ① 由题可知 $E(\hat{\theta_1}) = E(\hat{\theta_2}) = \theta$. 再由 $\hat{\theta_1}$ 与 $\hat{\theta_2}$ 不相关,有 $Cov(\hat{\theta_1}, \hat{\theta_2}) = 0$,则

$$E(C_1\hat{\theta_1} + C_2\hat{\theta_2}) = C_1E(\hat{\theta_1}) + C_2E(\hat{\theta_2}) = C_1\theta + C_2\theta = (C_1 + C_2)\theta$$

若 $C_1\hat{\theta_1} + C_2\hat{\theta_2}$ 为 θ 的无偏估计量,则 $(C_1 + C_2)\theta = \theta$,即 $C_1 + C_2 = 1$ 时.

②$D(C_1\hat{\theta_1} + C_2\hat{\theta_2}) = C_1^2D(\hat{\theta_1}) + C_2^2D(\hat{\theta_2}) + 2Cov(C_1\hat{\theta_1}, C_2\hat{\theta_2}) = C_1^2D(\hat{\theta_1}) +$

$C_2^2D(\hat{\theta_2}) = (1 - C_2^2)4D(\hat{\theta_2}) + C_2^2D(\hat{\theta_2})$.

若在这一族无偏估计量中方差最小,$D(\hat{\theta_2})(5C_2^2 - 8C_2 + 4)$ 在当 $C_2 = 0.8$ 时取最小值;即,当 $C_1 = 0.2, C_2 = 0.8$ 时,有最小方差.

(8) 解:$\dfrac{\bar{X} - \mu}{S}\sqrt{n} \sim t(n-1)$,$t_{0.025}(9) = 2.262\ 2$.

由公式,μ 的 95% 的置信区间为

$$\left(\bar{X} - \dfrac{S}{\sqrt{n}}t_{\frac{\alpha}{2}}(n-1), \bar{X} + \dfrac{S}{\sqrt{n}}t_{\frac{\alpha}{2}}(n-1)\right)$$

即

$$\left(1\ 500 - \dfrac{20}{\sqrt{10}} \times 2.262\ 2, 1\ 500 + \dfrac{20}{\sqrt{10}} \times 2.262\ 2\right) = (1\ 485.69,\ 1\ 514.31)$$

$$\dfrac{(n-1)S^2}{\sigma^2} \sim \chi^2(n-1), \chi^2_{0.025}(9) = 19.02, \chi^2_{0.975}(9) = 2.7$$

由 σ^2 的 95% 的置信区间为

$$\left(\dfrac{(n-1)S^2}{\chi^2_{\frac{\alpha}{2}}(n-1)}, \dfrac{(n-1)S^2}{\chi^2_{1-\frac{\alpha}{2}}(n-1)}\right)$$

即

$$\left(\dfrac{9 \times 20^2}{19.02}, \dfrac{9 \times 20^2}{2.7}\right) = (187.5,\ 1\ 333.33)$$

因此 σ 的 95% 的置信区间为 $(13.8, 36.5)$.

(9) $\dfrac{\bar{X} - \mu}{\sigma}\sqrt{n} \sim N(0,1)$,$Z_{0.025} = 1.96$.

μ 的 95% 的置信区间为 $\left(\bar{X} \mp \dfrac{\sigma}{\sqrt{n}}Z_{\frac{\alpha}{2}}\right)$,故长度为 $2\dfrac{\sigma}{\sqrt{n}}Z_{\frac{\alpha}{2}}$.

由题意 $2\dfrac{\sigma}{\sqrt{n}}Z_{\frac{\alpha}{2}} \leqslant L$,即 $2\dfrac{\sigma}{\sqrt{n}}1.96 \leqslant L$,有 $n \geqslant 15.37\dfrac{\sigma^2}{L^2}$.

(10)① $\dfrac{\bar{X}-\mu}{\sigma}\sqrt{n} \sim N(0,1)$，$Z_{0.025}=1.96$，$\bar{X}=6$.

μ 的 95% 的置信区间为 $\left(\bar{X} \mp \dfrac{\sigma}{\sqrt{n}}Z_{\frac{\alpha}{2}}\right)$，即

$$\left(6-\dfrac{0.6}{3}\times 1.96, 6+\dfrac{0.6}{3}\times 1.96\right)=(5.608, 6.392)$$

② $\dfrac{\bar{X}-\mu}{S}\sqrt{n} \sim t(n-1)$，$t_{0.025}(8)=2.306\,0$，$\bar{X}=6$，$S^2=\dfrac{1}{8}\sum_{i=1}^{9}(X_i-6)^2=0.33$.

μ 的 95% 的置信区间为 $\left(\bar{X} \mp \dfrac{S}{\sqrt{n}}t_{\frac{\alpha}{2}}(n-1)\right)$，即

$$\left(6-\dfrac{\sqrt{0.33}}{\sqrt{3}}\times 2.306\,0, 6+\dfrac{\sqrt{0.33}}{\sqrt{3}}\times 2.306\,0\right)=(5.558, 6.442)$$

(11) $\dfrac{(\bar{X}-\bar{Y})-(\mu_1-\mu_2)}{S_w\sqrt{\dfrac{1}{n_1}+\dfrac{1}{n_2}}} \sim t(n_1-1, n_2-1)$，其中

$$S_w^2=\dfrac{(n_1-1)S_1^2+(n_2-1)S_2^2}{n_1+n_2-2}$$

$$\bar{X}=\dfrac{1}{4}(0.143+0.142+0.143+0.137)=0.141\,25$$

$$\bar{Y}=\dfrac{1}{5}(0.14+0.142+0.136+0.138+0.14)=0.139\,2$$

$$S_1^2=\dfrac{1}{3}\sum_{i=1}^{4}(X_i-0.141\,25)^2$$

$$S_2^2=\dfrac{1}{4}\sum_{i=1}^{5}(X_i-0.139\,2)^2$$

$$t_{0.025}(7)=2.364\,6$$

$\mu_1-\mu_2$ 的置信度为 95% 的置信区间为

$$\left((\bar{X}-\bar{Y}) \mp S_w\sqrt{\dfrac{1}{n_1}+\dfrac{1}{n_2}}t_{\frac{\alpha}{2}}(n_1+n_2-2)\right)$$

即 $(-0.002, 0.006)$.

(12) 可得

$$\dfrac{\dfrac{S_1^2}{\sigma_1^2}}{\dfrac{S_2^2}{\sigma_2^2}} \sim F(n_1-1, n_2-1)$$

$$S_1^2=\dfrac{1}{15}\sum_{i=1}^{16}(X_i-\bar{X})^2=\dfrac{380}{15}, S_2^2=\dfrac{1}{9}\sum_{i=1}^{10}(Y_i-\bar{Y})^2=20$$

$\dfrac{\sigma_X^2}{\sigma_Y^2}$ 的置信度为 95% 的置信区间为

$$\left(\frac{S_1^2}{S_2^2} \cdot \frac{1}{F_{0.025}(15,9)}, \frac{S_1^2}{S_2^2} \cdot \frac{1}{F_{0.975}(15,9)}\right)$$

即 $(0.34, 3.95)$.

四、证明题

(1) $X \sim U[0,\theta] \Rightarrow X$ 的分布函数为 $F(x) = \begin{cases} 0 & x < 0 \\ \dfrac{x}{\theta} & 0 \leqslant x < \theta. \\ 1 & x \geqslant \theta \end{cases}$

$X_1, X_2, \cdots, X_n$ 为样本则相互独立 $\Rightarrow Z = \max(X_1, X_2, \cdots, X_n)$ 的分布函数

$$F_Z(z) = F_{X_1}(z) \cdots F_{X_n}(z) = \begin{cases} 0 & z < 0 \\ \left(\dfrac{z}{\theta}\right)^n & 0 \leqslant z < \theta \\ 1 & z \geqslant \theta \end{cases}$$

故 Z 的密度函数

$$f_Z(z) = \begin{cases} \dfrac{nz^{n-1}}{\theta^n} & 0 \leqslant z \leqslant \theta \\ 0 & \text{其他} \end{cases}$$

因此 $E(Z) = \int_0^\theta z \dfrac{nz^{n-1}}{\theta^n} \mathrm{d}z = \dfrac{n}{n+1}\theta$, 而 $E(Z) \neq \theta$. 故 Z 是 θ 的有偏估计量, 但

$$E\left(\frac{n+1}{n}Z\right) = \theta$$

所以 $\dfrac{n+1}{n}Z$ 是 θ 的无偏估计量.

(2) 证 (i) $\mu_n \sim B(n,p)$, $E(\hat{p}_n) = E\left(\dfrac{\mu_n}{n}\right) = \dfrac{1}{n}E(\mu_n) = \dfrac{1}{n}np = p$, 故 $\hat{p}_n$ 为 p 的无偏估计量.

(ii) 根据伯努利大数定律可知, 对任意 $\varepsilon > 0$, 有

$$\lim_{n \to \infty} P\left\{\left|\frac{\mu_n}{n} - p\right| < \varepsilon\right\} = 1$$

即

$$\lim_{n \to \infty} P\{|\hat{p}_n - p| < \varepsilon\} = 1$$

因此 $\hat{p}_n$ 是 p 的相合估计量.

第 8 章

假设检验

一、考试要求

1.理解显著性的基本思想,掌握假设检验的基本步骤,了解假设检验可能产生的两类错误,对于较简单的情形,会计算两类错误的概率.

2.了解单个及两个正态总体的均值和方差的假设检验.

二、基本内容

1.假设检验的基本思想

小概率事件原理:小概率事件在一次试验中不会发生.

首先根据问题提出假设 H_0,如果在一次试验中,小概率事件居然发生了,与小概率原理矛盾,就完全有理由拒绝 H_0 的正确性,否则没有充分理由拒绝 H_0 的正确性,从而接受 H_0.

2.假设检验的两类错误

否定 H_0,但 H_0 为真,此时犯了弃真错误,也称第一类错误,犯这类错误的概率至多为 α——显著性水平.接受了 H_0,但 H_0 为假,此时犯了采伪错误,也称第二类错误.

3.显著性检验

样本容量 n 固定时,只控制犯第一类错误的概率小于等于 α,显著性水平 $\alpha(0 < \alpha < 1)$.

设总体 X 的分布中含有参数 θ:

(1) 双边假设检验

$$H_0 : \theta = \theta_0$$
$$H_1 : \theta \neq \theta_0$$

(2) 单边假设检验

① 右边假设检验

$$H_0 : \theta \leqslant \theta_0(或 \theta = \theta_0)$$
$$H_1 : \theta > \theta_0$$

② 左边假设检验

$$H_0 : \theta \geqslant \theta_0 \text{（或 } \theta = \theta_0 \text{）}$$
$$H_1 : \theta < \theta_0$$

4.显著性检验的步骤

(1)提出原假设,并假定它成立;

(2)规定显著性水平 α;

(3)选择适当的统计量,确定其分布;

(4)根据检验统计量和 α,求出拒绝域(一般可查表求得);

(5)根据样本观测值计算出统计量的值,将其与拒绝域比较,作出推断.

检验规则:当样本值落入否定域时,拒绝 H_0;否则接受 H_0.

5.正态总体参数为假设检验及两个正态总体的假设检验公式表(略).

三、典型题型与例题分析

例 1　某车间用一台包装机包装葡萄糖,包得的袋装重量是一个随机变量,它服从正态分布,当机器正常时,其均值为 0.5 kg,标准差为 0.015 kg,长期实践表明标准差比较稳定.某日开工后,随机抽取 9 袋糖,净重为(单位:kg)0.497,0.506,0.518,0.524,0.498,0.511,0.520,0.515,0.512;问机器是否正常.($\alpha = 0.05$)

解　可得

$$X \sim N(\mu, 0.015^2)$$
$$H_0 : \mu = \mu_0 = 0.5$$
$$H_1 : \mu \neq 0.5$$

$$\frac{\bar{X} - \mu_0}{\sigma} \sqrt{n} \sim N(0,1) \quad , \quad \bar{X} = 0.511, n = 9, \sigma = 0.015$$

$$\left| \bar{X} - \mu_0 \right| \frac{\sqrt{n}}{\sigma} = 2.2$$

$Z_{\frac{\alpha}{2}} = Z_{0.025} = 1.96$,故 $\left| \bar{X} - \mu_0 \right| \dfrac{\sqrt{n}}{\sigma} > Z_{\frac{\alpha}{2}}$,拒绝 H_0.

即认为包装机工作不正常.

例 2　某种电子元件的寿命 X(单位:h)服从正态分布 $N(\mu, \sigma^2)$,μ, σ^2 未知,现测得 16 只元件的寿命如下:159,280,101,212,224,379,179,264,222,362,168,250,149,260,485,170,问是否有理由认为元件寿命大于 225 h.($\alpha = 0.05$)

解　依题意需检验

$$H_0 : \mu \leqslant \mu_0 = 225$$
$$H_1 : \mu > 225$$
$$\alpha = 0.05$$

统计量

$$\frac{\bar{X} - \mu_0}{S} \sqrt{n} \sim t(n-1) \quad n = 16$$

H_0 的拒绝域为

$$(t_a(n-1), +\infty)$$

$t_{0.05}(15) = 1.753\,1$，于是拒绝域为

$$(1.753\,1, +\infty)$$

算得

$$\overline{X} = 241.5, S = 98.725\,9$$

有

$$t = \frac{\overline{X} - \mu_0}{S}\sqrt{n} = 0.668\,5 < 1.735\,1$$

t 不落在拒绝域中，故接受 H_0，即认为元件平均寿命不大于 225 h.

例3 某工厂生产一种灯管，已知灯管的寿命 $X \sim N(\mu, 200^2)$，根据经验知道灯管的平均寿命不会超过 1 500 h，为了提高灯管的平均寿命，工厂采用了新工艺，为了弄清工艺是否真的能提高灯管的平均寿命，他们随机地测试了新工艺生产的 25 只灯管的寿命，得其平均值为 1 575 h，问可否由此判定新工艺生产的灯管的平均寿命较以往生产的灯管的平均寿命有显著性差异？（$\alpha = 0.05$）

解 可得

$$H_0 : \mu \leqslant 1\,500$$
$$H_1 : \mu > 1\,500$$

统计量

$$Z = \frac{\overline{X} - 1\,500}{\sigma}\sqrt{n} = \frac{\overline{X} - 1\,500}{200}\sqrt{25} \sim N(0, 1)$$

$$Z_a = Z_{0.05} = 1.645$$

拒绝域 $Z = \dfrac{\overline{X} - \mu_0}{\sigma}\sqrt{n} > Z_a$，$\overline{X} = 1\,575$，$n = 25$，代入

$$Z = 1.875 > 1.645$$

Z 属于拒绝域，从而否定 H_0，即在显著性水平 $\alpha = 0.05$ 下，可以认为新工艺提高了灯管的平均寿命.

例4 要求一种元件平均使用寿命不得低于 1 000 h，生产者从一批这种元件中随机地抽取 25 件，测得其寿命的平均值为 950 h，已知该元件寿命服从 $N(\mu, 100^2)$，试在显著性水平 $\alpha = 0.05$ 下，确定这批元件是否合格？

解 可得

$$H_0 : \mu \geqslant 1\,000$$
$$H_1 : \mu < 1\,000$$

统计量

$$Z = \frac{\overline{X} - 1\,000}{100}\sqrt{n} \sim N(0, 1)$$

拒绝域

$$Z = \frac{\overline{X} - 1\,000}{100}\sqrt{n} \leqslant -Z_a = -Z_{0.05} = -1.645$$

根据样本观测值作出判断

$$\overline{X} = 950, n = 25$$

代入

$$Z = \frac{950 - 1\,000}{100} \sqrt{25} = -2.5 < -1.645$$

Z 属于拒绝域,从而否定 H_0,即在显著性水平 $\alpha = 0.05$ 下,认为这批元件不合格.

例5　用自动包装机包装某种洗衣粉,在机器正常情况下,每袋洗衣粉重量为 1 000 g,标准差 σ 不超过 15 g,假设每袋洗衣粉的净重量服从正态分布,某天检验机器工作情况,从已包装好的洗衣粉中随机地抽取 10 袋,称得其净重为(单位:g):1 020,1 030,968,994,1 014,998,976,982,950,1 048,问这天机器工作是否正常?($\alpha = 0.05$)

解　由题意知问题为单个正态总体,在均值未知的情况下,对方差进行右边假设检验,所以使用 χ^2 检验法.

设袋装洗衣粉重为 X,则 $X \sim N(\mu, \sigma^2)$.

(1) 作假设

$$H_0 : \sigma_0 \leqslant 15^2$$
$$H_1 : \sigma \leqslant 15^2$$

(2) 选取检验统计量

$$\chi^2 = \frac{(n-1)S^2}{\sigma_0^2} = \frac{9S^2}{15^2} \sim \chi^2(9)$$

(3) 拒绝域

$$\chi^2 = \frac{9S^2}{15^2} > \chi_\alpha^2(9) = \chi_{0.05}^2(9) = 16.919$$

(4) 由样本观测值有 $\overline{x} = 998, S^2 = 913.85$,代入得

$$\chi^2 = \frac{9 \times 913.85}{15^2} = 36.554$$

因为 $\chi^2 = 36.554 > 16.916$,属于拒绝域.故拒绝 H_0,即在显著性水平 $\alpha = 0.05$ 下,认为这天机器工作不正常应调整.

例6　测定某种溶液中的水分,它的 10 个测定值给出 $S^2 = 0.037\%$,设测定值总体为正态分布,σ^2 已知,试在显著性水平 $\alpha = 0.05$ 下,检验假设:$H_0 : \sigma \geqslant 0.04\%$,$H_1 : \sigma < 0.04\%$.

解　此题是单个正态总体,在均值未知情况下,对方差作左边假设检验,因此使用 χ^2 检验法.

(1) 检验假设

$$H_0 : \sigma_0 \geqslant 0.04\%, H_1 : \sigma_0 < 0.04\%$$

(2) 统计量

$$\chi^2 = \frac{(n-1)S^2}{\sigma_0^2} \sim \chi^2(10-1)$$

(3) 查表 $\chi_{1-\alpha}^2(n-1) = \chi_{0.95}^2(9) = 3.325$,于是拒绝域为

$$\chi^2 = \frac{(n-1)S^2}{\sigma_0^2} \leqslant \chi_{1-\alpha}^2(n-1) = 3.325$$

(4)$n = 10, S^2 = 0.037\%$,得

$$\chi^2 = \frac{9 \times 0.037^2 \times 10^{-4}}{0.04^2 \times 10^{-4}} = 7.701 > 3.325$$

χ^2 没落在拒绝域,所以接受 H_0.

例 7 设对某门统考课程,两个学校的考生成绩分别服从正态分布 $N(\mu_1, 12^2)$, $N(\mu_2, 14^2)$,现分别从两个学校随机地抽取 36 位考生的成绩,算得平均成绩分别为 72 分和 78 分,问在显著性水平 $\alpha = 0.05$ 下,两个学校考生的平均成绩是否有显著性差异?

解 由题意知 $X \sim N(\mu_1, 12^2), Y \sim N(\mu_2, 14^2)$.

(1) 假设

$$H_0 : \mu_1 = \mu_2, H_1 : \mu_1 \neq \mu_2$$

(2) 统计量

$$Z = \frac{\bar{X} - \bar{Y}}{\sqrt{\frac{\sigma_1^2}{n_1} + \frac{\sigma_2^2}{n_2}}} \sim N(0, 1)$$

(3) 拒绝域

$$|Z| = \frac{|\bar{X} - \bar{Y}|}{\sqrt{\frac{12^2}{36} + \frac{14^2}{36}}} > Z_{\frac{\alpha}{2}} = Z_{0.025} = 1.96$$

(4) 作判断

$$\bar{x} = 72, \bar{y} = 78, n_1 = n_2 = 36$$

$$|Z| = \frac{36}{\sqrt{340}} = \frac{18}{\sqrt{85}} < 1.96$$

故接受 H_0,在显著性水平 $\alpha = 0.05$ 下,两校考生的平均成绩无显著性差异.

例 8 设甲、乙两种砌块,彼此可以代用,但乙砌块比甲砌块制作简单,造价低,经过实验获得抗压强数据(单位:kg/cm^2):

甲	88	87	92	90	91
乙	89	89	90	84	88

假设甲、乙两种砌块的抗压强度分别服从 $N(\mu_1, \sigma^2)$,试问可否用乙砌块代替甲砌块?($\alpha = 0.05$)

解 这是两个正态总体,方差未知时,均值差 $\mu_1 - \mu_2$ 的右边假设检验;

(1) 作假设

$$H_0 : \mu_1 - \mu_2 \leqslant 0 \ \text{或} \ \mu_1 \leqslant \mu_2$$
$$H_1 : \mu_1 - \mu_2 > 0 \ \text{或} \ \mu_1 > \mu_2$$

(2) 选统计量

$$T = \frac{\bar{X} - \bar{Y}}{S_w \sqrt{\frac{1}{n_1} + \frac{1}{n_2}}} \sim t(n_1 + n_2 - 2)$$

（3）拒绝域

$$t = \frac{\overline{X} - \overline{Y}}{S_W \sqrt{\dfrac{1}{n_1} + \dfrac{1}{n_2}}} > t_a(n_1 + n_2 - 2) = t_{0.05}(8) = 1.859\,5$$

（4）由样本观测值得

$$\overline{X} = 89.6, \overline{Y} = 88.0, S_1^2 = 4.3, S_2^2 = 5.5$$

$$S_W^2 = \frac{4 \times 4.3 + 4 \times 5.5}{8} = 4.9, S_W \approx 2.213\,6$$

$$t = \frac{89.6 - 88.0}{2.213\,6 \sqrt{\dfrac{1}{5} + \dfrac{1}{5}}} \approx 1.142\,9$$

$t = 1.142\,9 < 1.859\,5$，不属于拒绝域，从而接受 H_0.

即在显著性水平 $\alpha = 0.05$ 下，没有理由认为乙砌块的抗压强度比甲砌块的抗压强度低，故可用乙砌块代替甲砌块.

例 9　两家工商银行分别对 21 个储户和 16 个储户的年存款余额进行抽样调查，测得其平均年存款余额分别为 $\overline{X} = 650$ 和 $\overline{Y} = 800$，样本标准差 $S_1 = 50(元)$，$S_2 = 70(元)$，假设年存款余额服从正态分布，试问在显著性水平 $\alpha = 0.1$ 下，可否认为两家银行储户年存款余额的方差相等？

解　这是两个正态总体均值 μ_1, μ_2 未知时，对方差进行双边假设检验从而使用 F 检验法：

（1）作假设

$$H_0 : \sigma_1^2 = \sigma_2^2$$
$$H_1 : \sigma_1^2 \neq \sigma_2^2$$

（2）统计量由

$$F = \frac{S_1^2}{S_2^2} \sim F(n_1 - 1, n_2 - 1)$$

（3）查表得

$$F_{\frac{a}{2}}(n_1 - 1, n_2 - 1) = F_{0.05}(20.15) \approx 2.33$$

$$F_{1 - \frac{a}{2}}(n_1 - 1, n_2 - 1) = F_{0.95}(20.15) = \frac{1}{F_{0.05}(15.20)} \approx 0.45$$

拒绝域为 $F = \dfrac{S_1^2}{S_2^2} \geqslant 2.33$ 或 $F \leqslant 0.45$.

（4）由样本观测值得 $f = \dfrac{S_1^2}{S_2^2} = \dfrac{2\,500}{4\,900} = 0.510\,2$.

$0.45 < F < 2.33$ 不属于拒绝域，从而接受 H_0，即在显著性水平 $\alpha = 0.05$ 下，认为两家银行储户存款余额的方差相等.

例 10　有两台机床生产同一型号的滚珠，根据以往经验知，这两台机床生产的滚珠直径都服从正态分布，现分别从两台机床生产的滚珠中随机地抽取 7 个和 9 个，并测得它们的直径如下（单位：mm）：

甲	15.2	14.5	15.5	14.8	15.1	15.6	14.7	
乙	15.2	15.0	14.8	15.2	15.0	14.9	15.1	14.8	15.3

试问机床乙生产的滚珠直径的方差是否比机床甲生产的滚珠直径的方差小？（$\alpha=0.05$）

解 这是两个正态总体在均值未知时，对方差 σ_1^2, σ_2^2 作右边假设检验，因此用 F 检验法：

（1）作假设
$$H_0: \sigma_1^2 \leqslant \sigma_2^2$$
$$H_1: \sigma_1^2 > \sigma_2^2$$

（2）统计量由
$$F = \frac{S_1^2}{S_2^2} \sim F(n_1 - 1, n_2 - 1)$$

（3）查表得 $F_\alpha(n_1-1, n_2-1) = F_{0.05}(6.8) = 3.58$，于是拒绝域为
$$f = \frac{S_1^2}{S_2^2} \geqslant F_{0.05}(6.8) = 3.58$$

（4）由样本观测值得
$$\overline{X} = 15.057, \overline{Y} = 15.033, S_1^2 = 0.174\,5, S_2^2 = 0.043\,8$$
$$f = \frac{S_1^2}{S_2^2} = \frac{0.174\,5}{0.043\,8} = 3.984 > 3.58$$

属于拒绝域，从而拒绝 H_0.

即在显著性水平 $\alpha = 0.05$ 下，认为乙机床生产的滚珠直径的方差明显比甲机床生产的滚珠直径方差小.

下面是有关两类错误的例题.

例 11 某厂生产一种螺钉，标准要求长度是 68 mm，实际生产的产品，其长度服从 $N(\mu_1, 3.6^2)$ 考虑假设检验问题 $H_0: \mu = 68$，$H_1: \mu \neq 68$，记 $\overline{X}$ 为样本均值，按下列方式进行假设：当 $|\overline{X} - 68| > 1$ 时，拒绝 H_0；当 $|\overline{X} - 68| \leqslant 1$ 时，接受 H_0，当容量 $n = 64$ 时，求：（1）犯第一类错误的概率 α；（2）犯第二类错误的概率 β.（设 $\mu = 70$）

解 （1）因为 $n = 64, \overline{X} \sim N\left(68, \frac{3.6^2}{64}\right) = N\left(68, \left(\frac{3.6}{8}\right)^2\right)$

所以犯第一类错误的概率
$$\alpha = P\{\overline{X} < 67 \mid H_0 \text{ 成立}\} + P\{\overline{X} > 69 \mid H_0 \text{ 成立}\} =$$
$$\Phi\left(\frac{67-68}{3.6} \times 8\right) + 1 - \Phi\left(\frac{69-68}{3.6} \times 8\right) =$$
$$2\left[1 - \Phi\left(\frac{20}{9}\right)\right] = 2[1 - \Phi(2.22)] = 2[1 - 0.986\,8] = 0.026\,4$$

（3）因为 $n = 64, \mu = 70$ 时，$\overline{X} \sim N\left(70, \left(\frac{3.6}{8}\right)^2\right)$，所以犯第二类错误的概率

$$\beta = P(67 \leqslant \bar{X} \leqslant 69 \mid \mu = 70) =$$

$$\Phi\left(\frac{69-70}{3.6} \times 8\right) - \Phi\left(\frac{67-70}{3.6} \times 8\right) = \Phi(-2.22) - \Phi(-6.67) \approx 0.013\,2$$

例 12　设 $(X_1, X_2, \cdots, X_n)$ 为来自总体 $X \sim N(\mu, 4)$ 的一个样本，在显著性水平 α 下，检验 $H_0: \mu = 0$，$H_1: \mu \neq 0$，现取拒绝域 $W = \left\{(x_1, x_2, \cdots, x_n) \mid \sqrt{n}\,\dfrac{|\bar{x}|}{2} > Z_{\frac{\alpha}{2}}\right\}$，当实际情况为 $\mu = 1$ 时，试求犯第二类错误的概率.

解　犯第二类错误的概率为

$$P\{\text{接受 } H_0 \mid H_1 \text{ 为假}\} = P\{\text{样本观测值不属于拒绝域} \mid \mu = 1\}$$

设犯第二类错误的概率为 β，则因 H_0 不成立时，$\mu = 1$，即总体 $X \sim N(1, 4)$，于是

$$\bar{X} \sim N\left(1, \frac{4}{n}\right)$$

故

$$\beta = P\left\{\sqrt{n}\,\frac{|\bar{X}|}{2} \leqslant Z_{\frac{\alpha}{2}}\right\} = P\left\{|\bar{X}| \leqslant \frac{2Z_{\frac{\alpha}{2}}}{\sqrt{n}}\right\} =$$

$$P\left\{\frac{-2Z_{\frac{\alpha}{2}} - 1}{\sqrt{n} \times 2}\sqrt{n} \leqslant \frac{\bar{X} - 1}{2}\sqrt{n} \leqslant \frac{2Z_{\frac{\alpha}{2}} - 1}{\sqrt{n} \times 2}\sqrt{n}\right\} =$$

$$\Phi\left(Z_{\frac{\alpha}{2}} - \frac{1}{2}\right) - \Phi\left(-Z_{\frac{\alpha}{2}} - \frac{1}{2}\right)$$

第 8 章习题

一、填空题

1. 设 $X_1, X_2, \cdots, X_{16}$ 是来自 $X \sim N(\mu, 2^2)$ 样本，样本均值为 $\bar{X}$，则在显著性水平 $\alpha = 0.05$ 下，检验假设 $H_0: \mu = 5$，$H_1: \mu \neq 5$ 的拒绝域为（　　）.

2. 设 $X_1, X_2, \cdots, X_n$ 是来自 $X \sim N(\mu, \sigma^2)$ 的样本，其中 μ, σ^2 未知，记 $\bar{X} = \dfrac{1}{n}\sum\limits_{i=1}^{n} X_i$，$Q^2 = \sum\limits_{i=1}^{n}(X_i - \bar{X})^2$，则假设 $H_0: \mu = 0$ 的 t 检验使用的统计量 $T = $（　　）.

3. 设总体 $X \sim N(\mu_0, \sigma^2)$，$\mu_0$ 已知，$(X_1, X_2, \cdots, X_n)$ 为其一组样本，则检验假设，$H_0: \sigma^2 = \sigma_0^2$，$H_1: \sigma^2 \neq \sigma_0^2$ 的统计量是（　　）；当 H_0 成立时，服从（　　）分布.

4. 设总体 $X \sim N(\mu_1, \sigma_1^2)$，$Y \sim N(\mu_2, \sigma_2^2)$，$(X_1, X_2, \cdots, X_n)$ 与 $(Y_1, Y_2, \cdots, Y_n)$ 分别是来自 X 与 Y 的样本，X 与 Y 独立，则检验假设 $H_0: \sigma^2 = \sigma_0^2$，$H_1: \sigma^2 \neq \sigma_0^2$ 的检验统计量 $F = $（　　）；其拒绝域 $W = $（　　）.

5. 在假设检验问题中，原假设为 H_0，备择假设为 H_1，拒绝域为 W，取得的样本值为 $(X_1, X_2, \cdots, X_n)$，则假设检验的第一类错误的概率 $\alpha = $（　　），第二类错误的概率

$\beta = ($ $)$.

二、单项选择题

1. 在假设检验中，H_0 表示原假设，H_1 表示备择假设，则称为犯第二类错误的是（   ）.

(A) H_1 不真，接受 H_1 (B) H_0 不真，接受 H_1

(C) H_0 不真，接受 H_0 (D) H_0 为真，接受 H_1

2. 设总体 $X \sim N(\mu, \sigma^2)$，σ^2 未知，$x_1, x_2, \cdots, x_n$ 为来自总体 X 的样本观测值，现对 μ 进行假设检验，若在显著性水平 $\alpha = 0.05$ 下，接受了 $H_0 : \mu = \mu_0$，则当显著性水平改为 $\alpha = 0.01$ 时，则下列说法正确的是（   ）.

(A) 必接受 H_0 (B) 必拒绝 H_0

(C) 可能接受 H_0，也可能拒绝 H_0 (D) 犯第二类错误的概率必减小

3. 设总体 $X \sim N(\mu, \sigma^2)$，σ^2 未知，$x_1, x_2, \cdots, x_n$ 为来自总体 X 的样本观测值，记 $\overline{X}$ 为样本均值，S 为样本标准差，对假设检验 $H_0 : \mu \geqslant \mu_0$，$H_1 : \mu < \mu_0$，取检验统计量 $t = \dfrac{\overline{X} - \mu}{S} \sqrt{n}$，则在显著水平为 α 下，拒绝域为（   ）.

(A) $\{|t| > t_\alpha(n-1)\}$ (B) $\{|t| \leqslant t_\alpha(n-1)\}$

(C) $\{t > t_\alpha(n-1)\}$ (D) $\{t \leqslant t_\alpha(n-1)\}$

4. 设总体 $X \sim N(\mu, \sigma^2)$，σ^2 未知，$x_1, x_2, \cdots, x_n$ 为来自总体 X 的样本观测值，记 $\overline{X}$ 为样本均值，S^2 为样本方差，对假设检验 $H_0 : \sigma \geqslant 2$，$H_1 : \sigma < 2$，应取检验统计量 $\chi^2 = ($ $)$.

(A) $\dfrac{(n-1)S^2}{8}$ (B) $\dfrac{(n-1)S^2}{6}$ (C) $\dfrac{(n-1)S^2}{4}$ (D) $\dfrac{(n-1)S^2}{2}$

三、计算题

1. 某批矿砂的 5 个样品中的镍含量，经测定为（百分数）：3.24, 3.27, 3.24, 3.26, 3.24. 设测定值总体服从正态分布，但参数均未知，问在 $\alpha = 0.01$ 下能否接受假设，这批矿砂镍的含量均值为 3.25.

2. 设在一批木材中抽出 36 根，测其小头直径得到样本均值 $\overline{X} = 12.8$(cm)，样本标准差 $S = 2.6$(cm)，问这批木材小头的平均直径能否认为在 12 cm 以下. 假设木材小头直径服从正态分布.（$\alpha = 0.05$）

3. 某工厂生产的固体燃料推进器的燃烧率（单位：cm/s）$\sim N(40, 2^2)$，现在用新方法生产了一批推进器，从中随机抽取 25 只，测得其燃烧率的样本均值 $\overline{X} = 41.25$，问这批推进器的燃烧率是否有显著提高？（$\alpha = 0.05$）

4. 某工厂生产的钢丝的折断力 $X \sim N(576, 64)$，某日抽取 10 板钢丝进行折断力试验，测得结果如下（单位：N）：578, 572, 570, 568, 572, 570, 572, 596, 584, 570，是否要认为该月生产的钢丝折断力的标准差是 8 N？（$\alpha = 0.05$）

习题 8 参考答案

一、填空题

(1)(i) $\{|\overline{X}-5|>0.98\}$；(ii) $\overline{X}<4.18$.　　见第 8 章习题,填空题第 1 题.

(2) $T=\dfrac{\overline{X}}{Q}\sqrt{n(n-1)}$.　　见第 8 章习题,填空题第 2 题.

(3) $\chi^2=\dfrac{1}{\sigma_0^2}\sum\limits_{i=1}^{n}(X_i-\mu_0)^2$；$\chi^2(n)$.　　见第 8 章习题,填空题第 3 题.

(4) $\chi^2=\dfrac{(n-1)S^2}{\sigma_0^2}=\dfrac{9S^2}{0.06}=150S^2$；$\chi^2(9)$.

$H_0:\sigma^2\leqslant 0.06$,$W=\dfrac{(n-1)S^2}{\sigma^2}\sim\chi^2(n-1)$,则统计量为 $\dfrac{9S^2}{0.06}$,在 H_0 为真的情况下所服从的分布为 $\chi^2(9)$.

(5) $F=\dfrac{S_1^2}{S_2^2}$；$W=\{F<F_{1-\frac{a}{2}}(n_1-1,n_2-1)\}\bigcup\{F>F_{\frac{a}{2}}(n_1-1,n_2-1)\}$.　　见第 8 章习题,填空题第 5 题.

二、单项选择题

(1) B.

(2) A.　$H_0:\sigma^2=1$,选统计量 $W=\dfrac{\sum\limits_{i=1}^{n}(X_i-\mu)^2}{\sigma_0^2}=\sum\limits_{i=1}^{n}X_i^2$.

(3) D.　见第 8 章习题,单项选择题第 3 题.

(4) C.　见第 8 章习题,单项选择题第 4 题.

(5) B.　见第 8 章习题,单项选择题第 1 题.

(6) D.　见第 8 章习题,单项选择题第 2 题.

三、计算题

(1) 见第 8 章例 1.

(2) 解　　　　　　　　　$H_0:\sigma^2=\sigma_0^2,H_1:\sigma^2\neq\sigma_0^2$

在 H_0 成立时

$$W=\dfrac{(n-1)S^2}{\sigma_0^2}\sim\chi^2(n-1)$$

查表

$$\chi^2_{\frac{a}{2}}(n-1)=\chi^2_{0.025}(14)=26.12,\chi^2_{1-\frac{a}{2}}(n-1)=\chi^2_{0.975}(14)=5.63$$

于是拒绝域为

$$(0,5.63)\bigcup(26.12,+\infty)$$

而 $$5.63 < \frac{(n-1)S^2}{\sigma_0^2} = \frac{14 \times 0.025^2}{0.02^2} = 21.875 < 26.12$$

于是接受 H_0，即无显著差异.

（3）见第 8 章习题，计算题第 3 题.

（4）$H_0 : \sigma^2 \leqslant \sigma_0^2 = 0.048^2, H_1 : \sigma^2 > \sigma_0^2 = 0.048^2$.

在 H_0 成立时

$$W = \frac{(n-1)S^2}{\sigma_0^2} \sim \chi^2(n-1)$$

查表

$$\chi_\alpha^2(n-1) = \chi_{0.01}^2(4) = 13.28$$

于是拒绝域为 $(13.28, +\infty)$，由样本观察值有

$$\bar{X} = 1.414, S^2 = 0.007\,88$$

从而 $$W = 13.51 > 13.28$$

故拒绝 H_0，接受 H_1，故不正常.

（5）见第 8 章习题，计算题第 1 题.

（6）见第 8 章习题，计算题第 2 题.

（7）见第 8 章习题，计算题第 4 题.

（8）设甲产品的重量为 X，乙产品的重量为 Y. 有 $X \sim N(\mu_1, \sigma_1^2), Y \sim N(\mu_2, \sigma_2^2)$.

（i）$H_0 : \sigma_1^2 = \sigma_2^2, H_1 : \sigma_1^2 \neq \sigma_2^2$.

由 $n_1 = 21, \bar{X} = 2.46, S_1 = 0.584, n_2 = 16, \bar{Y} = 2.55, S_2 = 0.558, \alpha = 0.5$

则 $$F_{\frac{\alpha}{2}}(n_1-1, n_2-1) = 1.41, F_{1-\frac{\alpha}{2}}(n_1-1, n_2-1) = 0.73, F = \frac{S_1^2}{S_2^2} = 1.095\,3$$

因为 $F_{1-\frac{\alpha}{2}}(n_1-1, n_2-1) = 0.73 < \frac{S_1^2}{S_2^2} = 1.095\,3 < F_{\frac{\alpha}{2}}(n_1-1, n_2-1) = 1.41$，所以

接受 H_0，即可认为 $\sigma_1^2 = \sigma_2^2$.

（ii）$H_0 : \mu_1 = \mu_2, H_1 : \mu_1 \neq \mu_2$.

$\alpha = 0.01$，自由度

$$n = 21 + 16 - 2 = 35, t_{\frac{\alpha}{2}}(n) = 2.723\,8$$

又因为

$$\bar{X} = 2.46, \bar{Y} = 2.55, n_1 = 21, n_2 = 16$$

$$S_w^2 = \frac{(n-1)S_1^2 + (n_2-1)S_2^2}{(n_1+n_2-2)} = 0.328\,331, S_w = \sqrt{S_w^2} = 0.573\,002$$

$$|T| = \left| \frac{\bar{X} - \bar{Y}}{S_w \sqrt{\dfrac{1}{n_1} + \dfrac{1}{n_2}}} \right| = 0.473\,321 < 2.723\,8$$

所以接受 H_0，即认为 $\mu_1 = \mu_2$.

习题参考答案

第1章习题参考答案

一、填空题

1. 0. 15. $P(A-B)=P(A-AB)=P(A)-P(A)P(B)=0.3-0.3\times 0.5=0.15.$

2. 0. 3. 因为 $P(A+B)=P(A)+P(B)-P(AB)$，所以 $P(AB)=0.1.$ 从而 $P(A\bar{B})=P(A-AB)=P(A)-P(AB)=0.4-0.1=0.3.$

3. $1-a.$ 因为 $P(AB)=P(\overline{AB})=P(\bar{A}-\overline{AB})=P(\bar{A})-P(\overline{AB})=P(\bar{A})-P(B-BA)=P(\bar{A})-P(B)+P(BA)$，所以 $P(\bar{A})-P(B)=0$，即 $P(\bar{A})=P(B)$. 因而 $P(B)=P(\bar{A})=1-P(A)=1-a.$

4. 0. 7. $P(AB)=P(B\mid A)P(A)=0.8\times 0.5=0.4,P(B\bigcup A)=P(B)+P(A)-P(AB)=0.5+0.6-0.4=0.7.$

5. 0. 16. $P(A-B)=P(A-AB)=P(A)-P(A)P(B)=0.4-0.4\times 0.6=0.16.$

6. 0. 375. $A=\{恰有2枚正面向上\},P(A)=\dfrac{C_3^2}{2^3}=\dfrac{3}{8}=0.375.$

7. 0. A,B 互不相容 $\Rightarrow AB=\varnothing \Rightarrow P(AB)=0.$

8. 0. 4. $P(A-B)=P(A-AB)=P(A)-P(A)P(B)=0.8-0.8\times 0.5=0.4.$

9. 0. 2. 因为 $P(B\bigcup A)=P(B)+P(A)-P(AB)$，所以 $P(AB)=0.3.$ 从而 $P(A\bar{B})=P(A-AB)=P(A)-P(AB)=0.5-0.3=0.2.$

10. $\dfrac{1}{3}.$ $\dfrac{4}{8+4}=\dfrac{1}{3}.$

11. $C_3^1 p^2 (1-p)^2.$ 设 A——"此人第4次射击恰好第2次命中"，B——"前3次射击恰好有1次命中"，C——"第4次射击命中". $P(A)=P(BC)=C_3^1 p (1-p)^2 p=C_3^1 p^2 (1-p)^2.$

12. 0. 7. $P(AB)=P(B\mid A)P(A)=0.8\times 0.5=0.4,P(B\bigcup A)=P(B)+P(A)-P(AB)=0.5+0.6-0.4=0.7.$

13. $1-(1-p)^n.$ $P(A)=1-P(\bar{A})=1-(1-p)^n.$

14. 0. 2. $P(AB)=P(B\mid A)P(A)=0.8\times 0.5=0.4.P(B-A)=P(B)-P(AB)=0.6-0.4=0.2.$

15.$\dfrac{13}{21}$. 从 10 只鞋中,任取 4 只,共有 C_{10}^4 取法.至少一双鞋,2 双为 C_5^2,1 双为 $C_5^1 C_4^2 \cdot$ $C_2^1 C_2^1$,其中 C_5^1 表示从 5 双中任取一双,C_4^2 表示从剩下的 4 双鞋中任取 2 双,C_2^1 表示从一双中任取一只,A——"至少一双". $P(A) = \dfrac{C_5^2 + C_5^1 C_4^2 (C_2^1)^2}{C_{10}^4} = \dfrac{13}{21}$ 或 $P(A) = 1 - P(\bar{A}) =$ $1 - \dfrac{C_5^4 (C_2^1)^4}{C_{10}^4} = 1 - \dfrac{8}{21} = \dfrac{13}{21}$.

16.0.324. A——"恰有一人命中目标",A_i——"第 i 个人命中目标",$i = 1, 2, 3$,则
$$P(A) = P(A_1 \overline{A_2}\, \overline{A_3}) + P(\overline{A_1} A_2\, \overline{A_3}) + P(\overline{A_1}\, \overline{A_2} A_3) =$$
$$P(A_1) P(\overline{A_2}) P(\overline{A_3}) + P(\overline{A_1}) P(A_2) P(\overline{A_3}) + P(\overline{A_1}) P(\overline{A_2}) P(A_3) =$$
$$0.7 \times (1 - 0.6) \times (1 - 0.4) + (1 - 0.7) \times 0.6 \times (1 - 0.4) +$$
$$(1 - 0.7) \times (1 - 0.6) \times 0.4 =$$
$$0.7 \times 0.4 \times 0.6 + 0.3 \times 0.6 \times 0.6 + 0.3 \times 0.4 \times 0.4 =$$
$$0.168 + 0.108 + 0.048 = 0.324$$

17.0.4. 由 A, B 是互不相容的随机事件,有 $P(AB) = 0$,从而 $P(A - B) = P(A - AB) = P(A) - P(AB) = P(A)$,即 $P(A) = 0.4$.

18.0.7. $P(B \bigcup A) = P(B) + P(A) - P(AB) = P(B) + P(A) - P(A)P(B) = 0.4 + 0.5 - 0.4 \times 0.5 = 0.7$.

19.$\dfrac{1}{5}$. $\dfrac{2}{8+2} = \dfrac{1}{5}$.

20.0.5. $P(B \bigcup A) = P(B) + P(A) - P(AB) = P(B) + P(A) - P(A)P(B) \Rightarrow 0.7 = 0.4 + P(B) - 0.4 P(B) \Rightarrow P(B) = 0.5$.

21.0.2. $P(A - B - C) = P((A - B) - (A - B)C) = P(A - B) - P(AC - BC) = P(A) - P(AB) - P(AC) + P(ABC) = 0.8 - 0.4 - 0.3 + 0.1 = 0.2$.

22.0.976. A——"甲破解",B——"乙破解",C——"丙破解",D——"密码破解",则
$$P(D) = P(A + B + C) = 1 - P(\overline{A + B + C}) = 1 - P(\overline{A}\,\overline{B}\,\overline{C}) =$$
$$1 - P(\bar{A}) P(\bar{B}) P(\bar{C}) = 1 - 0.2 \times 0.3 \times 0.4 = 0.976$$

23.11. A——"n 次独立射击至少击中一次". $P(A) = 1 - P(\bar{A}) = 1 - (1 - 0.2)^n \geq 0.9 \Rightarrow (0.8)^n \leq 0.1 \Rightarrow n \geq 11$.

24.$\overline{ABC}$.

25.$\dfrac{A_n^y}{n^y}$. 将 y 个球放入 n 个盒子中去,每一种放法是一个基本事件,每个球都可以放入 n 个盒子中的任一个,故有 n^y 种不同的放法.而恰有 y 个盒子,其中各有一球共有 $y(y - 1) \cdots [y - (n - 1)]$ 种不同放法.因而所求的概率为
$$P = \dfrac{y(y - 1) \cdots (y - n + 1)}{n^y} = \dfrac{A_n^y}{n^y}$$

26.0.125. $P(A - B) = P(A) - P(AB) = P(A) - P(A)P(B) = 0.25 - 0.25 \times$

$0.50 = 0.125.$

27. (1) 甲没得 100 分；

(2) 甲、乙至少有一人得 100 分；

(3) 甲、乙都得 100 分；

(4) 甲得 100 分,乙没得 100 分；

(5) 甲、乙都没得 100 分；

(6) 甲、乙至少有一个没得 100 分.

28. $1 - p.$ $P(AB) = P(\overline{A}\,\overline{B}) = P(\overline{A+B}) = 1 - P(A+B) = 1 - P(A) - P(B) + P(AB) \Rightarrow P(B) = 1 - P(A) = 1 - p.$

二、单项选择题

1. A. $B \subset A \Rightarrow A + B = A \Rightarrow P(A+B) = P(A)$, $AB = B \Rightarrow P(AB) = P(B) \leqslant P(A)$, $P(B \mid A) = \dfrac{P(AB)}{P(A)} = \dfrac{P(B)}{P(A)} \geqslant P(B)$, $P(B - A)$ 无意义.

2. C. 因为 $P((A_1 + A_2) \mid B) = \dfrac{P((A_1 + A_2)B)}{P(B)} = \dfrac{P(A_1B + A_2B)}{P(B)}$, $P(A_1 \mid B) = \dfrac{P(A_1B)}{P(B)}$, $P(A_2 \mid B) = \dfrac{P(A_2B)}{P(B)}$, 所以由 $P((A_1 + A_2) \mid B) = P(A_1 \mid B) + P(A_2 \mid B)$, 可知 C 对.

3. A. 10 本书放在书架上共有 10! 种放法. 将 4 卷诗集当做一本,共有 7! 种放法, "诗集按顺序放在一起",按顺序有 2 种,故 4 卷诗集 按顺序放在一起的概率为 $P(A) = \dfrac{7! \times 2}{10!}$, 其中 A——"诗集按顺序放在一起".

4. C. 由 A 和 B 相互独立,则 $P(AB) = P(A)P(B)$, $1 - P(\overline{A})P(\overline{B}) = 1 - [1 - P(A)][1 - P(B)] = 1 - [1 - P(B) - P(A) + P(A)P(B)] = P(A) + P(B) - P(AB) = P(A+B).$

5. C. 伯努利概型.

6. B. $\dfrac{20}{50} = \dfrac{2}{5}.$

7. B. 由 $P(A \mid B) + P(\overline{A} \mid \overline{B}) = 1$, 得出 $\dfrac{P(AB)}{P(B)} + \dfrac{P(\overline{A}\,\overline{B})}{P(\overline{B})} = 1$, 即

$$\dfrac{P(AB)[1 - P(B)] + P(B)P(\overline{A+B})}{P(B)[1 - P(B)]} =$$

$$\dfrac{P(AB) - P(B)P(AB) + P(B)[1 - P(A+B)]}{P(B)[1 - P(B)]} =$$

$$\dfrac{P(AB) - P(B)P(AB) + P(B) - P(B)[P(A) + P(B) - P(AB)]}{P(B)[1 - P(B)]} =$$

$$\dfrac{P(AB) + P(B) - P(A)P(B) - [P(B)]^2}{P(B)[1 - P(B)]} = 1 \Rightarrow P(AB) = P(A)P(B)$$

所以 A,B 独立.

8. A.　A——"取 2 把开此门", $P(A) = \dfrac{C_2^2 + C_2^1 C_8^1}{C_{10}^2} = \dfrac{17}{45}$.

9. D.　伯努利概型.

10. D.　$\dfrac{C_3^1 C_7^2}{C_{10}^3} = \dfrac{21}{40}$.

11. A.

12. A.　$P(AB) = P(B \mid A) P(A) = 0.8 \times 0.5 = 0.4$.

13. A.　A,B,C 至少有一个发生的概率为 $P(A+B+C) = P(A) + P(B) + P(C) -$

$P(AB) - P(AC) - P(BC) + P(ABC) = \dfrac{1}{4} + \dfrac{1}{4} + \dfrac{1}{4} - 0 - \dfrac{1}{8} - 0 + 0 = \dfrac{5}{8}$.

14. D.　A,B 互不相容事件 $\Rightarrow P(AB) = 0, P(A-B) = P(A) - P(AB) = P(A)$.

15. B.　$P(A \mid B) = \dfrac{P(AB)}{P(B)} = \dfrac{P(A)}{P(B)} \geqslant P(A)$.

16. B.　$B \subset A \Rightarrow A \bigcup B = A \Rightarrow P(A \bigcup B) = P(A)$.

17. C.

18. A.　设 A 为试验至少失败一次,则 $P(A) = 1 - P(\bar{A}) = 1 - p^3$.

19. D.　$\dfrac{C_3^3 C_5^1}{C_8^4} = \dfrac{5}{C_8^4}$.

20. D.　$AB \subset C$,于是

$$P(C) \geqslant P(AB) = 1 - P(\overline{AB}) = 1 - P(\bar{A} + \bar{B}) = 1 - [P(\bar{A}) + P(\bar{B}) - P(\overline{AB})] =$$

$$1 - [(1 - P(A)) + (1 - P(B)) - P(\overline{AB})] =$$

$$P(A) + P(B) - 1 + P(\overline{AB}) \geqslant P(A) + P(B) - 1$$

21. D.　$P(B \mid A) = 1 \Rightarrow A$ 发生 B 一定发生 $\Rightarrow A \subset B$.

三、计算题

1. 解:设 A_0, A_1, A_2 分别表示这箱中有 $0, 1, 2$ 只残次品,B 表示买下该箱玻璃杯,则
$$P(A_0) = 0.8, P(A_1) = 0.1, P(A_2) = 0.1$$
$$P(B \mid A_0) = 1, P(B \mid A_1) = \dfrac{C_{19}^4}{C_{20}^4} = \dfrac{16}{20} = 0.8, P(B \mid A_2) = \dfrac{C_{18}^4}{C_{20}^4} = \dfrac{12}{19}$$

由全概率公式
$$P(B) = P(A_0) P(B \mid A_0) + P(A_1) P(B \mid A_1) + P(A_2) P(B \mid A_2) \approx 0.943$$

2. 解:设 A——"甲袋取红球";$\bar{A}$——"甲袋取白球";B——"乙袋取红球".

由全概率公式
$$P(B) = P(A) P(B \mid A) + P(\bar{A}) P(B \mid \bar{A}) =$$
$$\dfrac{6}{10} \times \dfrac{6}{10} + \dfrac{4}{10} \times \dfrac{5}{10} = 0.56$$

3. 解：(1) A——"取白球"；B_i——"从第 i 盒取球"，$i=1,2,3$.

由全概率公式

$$P(A) = P(B_1)P(A \mid B_1) + P(B_2)P(A \mid B_2) + P(B_3)P(A \mid B_3) =$$

$$\frac{1}{3} \times \frac{1}{5} + \frac{1}{3} \times \frac{3}{6} + \frac{1}{3} \times \frac{5}{8} = \frac{53}{120}$$

(2) $P(B_3 \mid A) = \dfrac{P(B_3 A)}{P(A)} = \dfrac{P(B_3)P(A \mid B_3)}{P(A)} = \dfrac{\frac{1}{3} \times \frac{5}{8}}{\frac{53}{120}} = \dfrac{25}{53}.$

4. 解：令 A_i——"恰有 i 次击中飞机"，$i=0,1,2,3$；B——"飞机被击落".

显然

$$P(A_0) = (1-0.4)(1-0.5)(1-0.7) = 0.09$$

$$P(A_1) = 0.4 \times (1-0.5) \times (1-0.7) + (1-0.4) \times 0.5 \times (1-0.7) +$$
$$(1-0.4) \times (1-0.5) \times 0.7 = 0.36$$

$$P(A_2) = 0.4 \times 0.5 \times (1-0.7) + 0.4 \times (1-0.5) \times 0.7 + (1-0.4) \times 0.5 \times 0.7 = 0.41$$

$$P(A_3) = 0.4 \times 0.5 \times 0.7 = 0.14$$

而

$$P(B \mid A_0) = 0, P(B \mid A_1) = 0.2, P(B \mid A_2) = 0.6, P(B \mid A_3) = 1$$

所以

$$P(B) = P(A_1)P(B \mid A_1) + P(A_2)P(B \mid A_2) + P(A_3)P(B \mid A_3) = 0.458$$

$$P(\overline{B}) = 1 - P(B) = 1 - 0.458 = 0.542$$

5. 解：(1) A_1——"甲车间生产"；A_2——"乙车间生产"；A_3——"丙车间生产"；B——"不合格产品".

由全概率公式

$$P(B) = P(A_1)P(B \mid A_1) + P(A_2)P(B \mid A_2) + P(A_3)P(B \mid A_3) =$$

$$\frac{6}{10} \times \frac{4}{100} + \frac{2}{10} \times \frac{2}{100} + \frac{2}{10} \times \frac{1}{100} = \frac{30}{1\,000} = \frac{3}{100}$$

(2) $P(A_1 \mid B) = \dfrac{P(A_1 B)}{P(B)} = \dfrac{P(A_1)P(B \mid A_1)}{P(B)} = \dfrac{\frac{6}{10} \times \frac{4}{100}}{\frac{3}{100}} = 0.8.$

6. 解：设 A_1, A_2, A_3 分别表示在甲袋中抽取白球、红球、黑球；B_1, B_2, B_3 分别表示在乙袋中抽取白球、红球、黑球；C 表示两球颜色相同.

$C = A_1 B_1 \bigcup A_2 B_2 \bigcup A_3 B_3, A_1 B_1, A_2 B_2, A_3 B_3$ 互不相容且 A_i, B_i 相互独立 $(i=1,2,3)$，则

$$P(C) = P(A_1 B_1 \bigcup A_2 B_2 \bigcup A_3 B_3) = P(A_1 B_1) + P(A_2 B_2) + P(A_3 B_3) =$$

$$P(A_1)P(B_1) + P(A_2)P(B_2) + P(A_3)P(B_3) =$$

$$\frac{3}{25} \times \frac{10}{25} + \frac{7}{25} \times \frac{6}{25} + \frac{15}{25} \times \frac{9}{25} = \frac{207}{625} = 0.331\,2$$

7. 解：设 A_i——"飞机中 i 弹"$(i=0,1,2,3)$；B——"飞机被击落"；C_1, C_2, C_3 分别表示甲、乙、丙击中，C_1, C_2, C_3 独立. 可知

$$A_0 = \bar{C_1}\ \bar{C_2}\ \bar{C_3}$$

$$A_1 = C_1\ \bar{C_2}\ \bar{C_3} \bigcup \bar{C_1}C_2\ \bar{C_3} \bigcup \bar{C_1}\ \bar{C_2}C_3$$

$$A_2 = C_1C_2\ \bar{C_3} \bigcup C_1\ \bar{C_2}C_3 \bigcup \bar{C_1}C_2C_3$$

$$A_3 = C_1C_2C_3$$

$$P(A_1) = 0.36, P(A_2) = 0.41, P(A_3) = 0.14$$

$$P(B \mid A_0) = 0, P(B \mid A_1) = 0.2, P(B \mid A_2) = 0.6, P(B \mid A_3) = 1$$

(1)$P(B) = P(B \mid A_0)P(A_0) + P(B \mid A_1)P(A_1) + P(B \mid A_2)P(A_2) + P(B \mid A_3) \cdot$
$P(A_3) = 0.458.$

(2)$P(A_1 \mid B) = \dfrac{0.36 \times 0.2}{0.458} = 0.157.$

8. 解：两件中至少有一件不合格：$C_4^2 + C_4^1 C_6^1 = 30.$

两件都为不合格品：$C_4^2 = 6.$

所以已知至少有一件为不合格时，另一件也是不合格品的概率为 $\dfrac{C_4^2}{C_4^2 + C_4^1 C_6^1} = \dfrac{1}{5}.$

9. 解：设 A 表示"取到的是一只次品"，$B_i(i=1,2,3)$ 表示"所取到的产品是由第 i 家工厂提供的"，有

$$P(B_1) = 0.15, P(B_2) = 0.80, P(B_3) = 0.05$$

$$P(A \mid B_1) = 0.02, P(A \mid B_2) = 0.01, P(A \mid B_3) = 0.03$$

由全概率公式有

$$P(B) = P(B_1)P(A \mid B_1) + P(B_2)P(A \mid B_2) + P(B_3)P(A \mid B_3) = 0.012\ 5$$

10. 解：设 $A_i = \{$第 i 台车床需要工人照管$\}$，$i=1,2,3$；$B = \{$最多有一台需要工人照管$\}$，则

$$B = \bar{A_1}\bar{A_2}\bar{A_3} + A_1\bar{A_2}\bar{A_3} + \bar{A_1}A_2\bar{A_3} + \bar{A_1}\bar{A_2}A_3$$

由题设知

$$P(\bar{A_1}) = 0.9, P(\bar{A_2}) = 0.8, P(A_1) = 0.1, P(A_2) = 0.2, P(A_3) = 0.3, P(\bar{A_3}) = 0.7$$

$$P(B) = P(\bar{A_1}\bar{A_2}\bar{A_3}) + P(A_1\bar{A_2}\bar{A_3}) + P(\bar{A_1}A_2\bar{A_3}) + P(\bar{A_1}\bar{A_2}A_3) =$$
$$P(\bar{A_1})P(\bar{A_2})P(\bar{A_3}) + P(A_1)P(\bar{A_2})P(\bar{A_3}) +$$
$$P(\bar{A_1})P(A_2)P(\bar{A_3}) + P(\bar{A_1})P(\bar{A_2})P(A_3) = 0.902$$

11. 解：A——"取到第一箱零件"；$B_i(i=1,2)$——"第 i 次取到一等品"，则

$$P(B_2 \mid B_1) = \frac{P(B_1B_2)}{P(B_1)} = \frac{P(B_1B_2 \mid A)P(A) + P(B_1B_2 \mid \bar{A})P(\bar{A})}{P(B_1 \mid A)P(A) + P(B_1 \mid \bar{A})P(\bar{A})} =$$

$$\frac{0.5(\dfrac{C_{10}^2}{C_{50}^2} + \dfrac{C_{18}^2}{C_{30}^2})}{0.5(0.2 + 0.6)} = 0.485\ 6$$

$$P(\bar{B_1}\ \bar{B_2}) = P(A)P(\bar{B_1}\ \bar{B_2} \mid A) + P(\bar{A})P(\bar{B_1}\ \bar{B_2} \mid \bar{A}) = 0.5(\dfrac{C_{40}^2}{C_{50}^2} + \dfrac{C_{12}^2}{C_{30}^2}) = 0.394\ 2$$

12.解:设 $A_1=\{$发信息 $A\}$,$A_2=\{$收到信息 $A\}$,$B_1=\{$发信息 $B\}$,$B_2=\{$收到信息 $B\}$.
已知

$$P(A_1)=\frac{2}{3},P(B_1)=\frac{1}{3},P(A_2\mid A_1)=0.98,P(B_2\mid B_1)=0.99$$

$$P(B_2\mid A_1)=0.02,P(A_2\mid B_1)=0.01$$

于是

$$P(A_1\mid A_2)=\frac{P(A_1A_2)}{P(A_2)}=\frac{P(A_1)P(A_2\mid A_1)}{P(A_1)P(A_2\mid A_1)+P(B_1)P(A_2\mid B_1)}=$$

$$\frac{\dfrac{2}{3}\times0.98}{\dfrac{2}{3}\times0.98+\dfrac{1}{3}\times0.01}=\frac{196}{197}$$

13.解:掷两颗骰子,共有 $C_6^1C_6^1=36$(种),两个点数不同,有 $C_6^1C_5^1=30$(种),A——"两颗点数不同",$P(A)=\dfrac{30}{36}=\dfrac{5}{6}$.

14.解:样本空间:C_{10}^3,有利事件数 $C_8^2C_2^1$,A——"3件中有2件正品",$P(A)=\dfrac{C_8^2C_2^1}{C_{10}^3}=$ 0.56.

15.解:将 10 个部位从 $1\sim10$ 编号.

A_i 表示"第 i 号部件强度太弱",仅为 3 只强度太弱的铆钉,同时装在第 i 号部件上 A_i 才能发生,从 50 只取 3 只,装在第 i 号部件上,其有 C_{50}^3 种,强度太弱的铆钉只有 3 只,它们都装在第 i 号部件上,只有 $C_3^3=1$(种),故

$$P(A_i)=\frac{1}{C_{50}^3}=\frac{1}{19\,600}\quad i=1,2,\cdots,10$$

$A_1,A_2,\cdots,A_{10}$ 互不相容,因此 10 个部件中有一个强度太弱的概率为

$$P(A_1+\cdots+A_{10})=P(A_1)+\cdots+P(A_{10})=\frac{10}{19\,600}=\frac{1}{1\,960}$$

16.解:A——"顾客取到 4 白,3 黑,2 红"

$$P(A)=\frac{C_{10}^4C_4^3C_3^2}{C_{17}^9}=\frac{252}{2\,431}$$

17. 解:B——"乙取一白",A_i——"甲取 2 球有 i 只白球",$i=0,1,2$.
由全概率公式

$$P(B)=P(A_0)P(B\mid A_0)+P(A_1)P(B\mid A_1)+P(A_2)P(B\mid A_2)=$$

$$\frac{C_5^2}{C_9^2}\cdot\frac{C_5^1}{C_{11}^1}+\frac{C_5^1C_4^1}{C_9^2}\cdot\frac{C_6^1}{C_{11}^1}+\frac{C_4^2}{C_9^2}\cdot\frac{C_7^1}{C_{11}^1}=\frac{53}{99}$$

18. 解:样本空间 C_{10}^3,A——"不含 0 和 5",有利事件数 C_8^3,于是

$$P(A)=\frac{C_8^3}{C_{10}^3}=\frac{7}{15}$$

19.解:(1) 这是贝努利概型,A_1——"有效但未通过",则

$$P(A_1)=\sum_{i=0}^3C_{10}^i(0.35)^i(0.65)^{10-i}=0.513\,9$$

(2)A_2——"无效,但通过",则

$$P(A_2) = \sum_{i=4}^{10} C_{10}^i (0.25)^i (0.75)^{10-i} = 0.224\ 1$$

20.解:(1) 设 A——"甲中",B——"乙中",C——"目标中一枪",则

$$C = A\bar{B} + \bar{A}B$$

$$P(A\bar{B} \mid C) = \frac{P(A\bar{B})}{P(C)} = \frac{P(A\bar{B})}{P(A\bar{B}) + P(\bar{A}B)} =$$

$$\frac{P(A)P(\bar{B})}{P(A)P(\bar{B}) + P(\bar{A})P(B)} = \frac{0.7 \times 0.4}{0.7 \times 2.4 + 0.3 \times 0.6} = \frac{14}{23}$$

(2)D——"目标被击中",则

$$D = A\bar{B} + \bar{A}B + AB$$

$$P(A\bar{B} + AB \mid D) = \frac{P(A)P(\bar{B}) + P(A)P(B)}{P(A)P(\bar{B}) + P(\bar{A})P(B) + P(A)P(B)} =$$

$$\frac{0.7 \times 0.4 + 0.7 \times 0.6}{0.7 \times 0.4 + 0.3 \times 0.6 + 0.7 \times 0.6} = \frac{35}{44}$$

(3)$P(A\bar{B} \mid D) = \frac{7}{22}$.

21.解:一枚骰子连掷两次,基本事件总数为 36,方程有实根的充分必要条件是 $B^2 \geqslant 4C$,即 $C \leqslant \frac{B^2}{4}$,则

B	1	2	3	4	5	6
$C \leqslant \dfrac{B^2}{4}$	0	1	2	4	6	6
$C = \dfrac{B^2}{4}$	0	1	0	1	0	0

$$p = \frac{19}{36}, q = \frac{2}{36} = \frac{1}{18}$$

四、证明题

1.证:由 $P(A \mid B) = P(A \mid \bar{B})$,可知

$$\frac{P(AB)}{P(B)} = \frac{P(A\bar{B})}{P(\bar{B})}$$

即

$$\frac{P(AB)}{P(B)} = \frac{P(A) - P(AB)}{1 - P(B)}$$

从而

$$P(AB) = P(A)P(B)$$

所以 A 与 B 独立.

第 2 章习题参考答案

一、填空题

1. $\dfrac{1}{3}$. $\begin{cases} 9C^2 - C + 3 - 8C = 1 \\ 0 \leqslant 9C^2 - C \leqslant 1 \\ 0 \leqslant 3 - 8C \leqslant 1 \end{cases} \Rightarrow C = \dfrac{1}{3}$.

2. 3.   正态分布密度表的图象关于 $X = \mu = 3$ 对称,因此 $C = 3$.

3. $\dfrac{4}{3}\mathrm{e}^{-2}$. $P(X=1) = P(X=2) \Rightarrow \dfrac{\lambda}{1!}\mathrm{e}^{-\lambda} = \dfrac{\lambda^2}{2!}\mathrm{e}^{-\lambda} \Rightarrow \lambda = 2, P(X=3) = \dfrac{2^3}{3!}\mathrm{e}^{-2} = $

$\dfrac{4}{3}\mathrm{e}^{-2}$.

4. 2. $\displaystyle\int_{-\infty}^{+\infty} f(x)\,\mathrm{d}x = 1 \Rightarrow \int_0^1 Ax\,\mathrm{d}x = 1 \Rightarrow A = 2$.

5. $\dfrac{1}{2}$. $\displaystyle\int_{-\infty}^{+\infty} f(x)\,\mathrm{d}x = 1 \Rightarrow \int_0^{+\infty} \dfrac{1}{\lambda}\mathrm{e}^{-2x}\,\mathrm{d}x = 1 \Rightarrow \lambda = \dfrac{1}{2}$.

6.

X	1	2	3
P	0.8	0.16	0.04

$$P\{X=1\} = 0.8, P\{X=2\} = 0.8 \times 0.2 = 0.16$$
$$P\{X=3\} = 1 - P\{X=1\} - P\{X=2\} = 0.04$$

7. $N(0,1)$.

8. $\dfrac{1}{2\sqrt{2\pi}}\mathrm{e}^{-\frac{(x-1)^2}{8}}, -\infty < x < +\infty$

9. $\dfrac{2}{3}\mathrm{e}^{-2}$. $P(X=1) = P(X=2) \Rightarrow \dfrac{\lambda}{1!}\mathrm{e}^{-\lambda} = \dfrac{\lambda^2}{2!}\mathrm{e}^{-\lambda} \Rightarrow \lambda = 2, P(X=4) = \dfrac{2^4}{4!}\mathrm{e}^{-\lambda} = $

$\dfrac{2}{3}\mathrm{e}^{-2}$.

10. $1 - \mathrm{e}^{-2}$. $P(X=1) = P(X=2) \Rightarrow \lambda = 2, P(X \geqslant 1) = 1 - P(X=0) = 1 - \mathrm{e}^{-2}$.

11.

X^2	0	1	4
P	0.3	0.3	0.4

12. $\dfrac{1}{4}$. $f(x) = \begin{cases} \dfrac{1}{4} & 2 \leqslant x \leqslant 6 \\ 0 & \text{其他} \end{cases}, P(3 < X < 4) = \displaystyle\int_3^4 \dfrac{1}{4}\,\mathrm{d}x = \dfrac{1}{4}$.

13. 4. $\displaystyle\int_{-\infty}^{+\infty} f(x)\,\mathrm{d}x = 1 \Rightarrow \int_0^1 Ax^3\,\mathrm{d}x = 1 \Rightarrow A = 4$.

14. $\frac{1}{5}$. $\frac{1}{5}+a+3a=1\Rightarrow a=\frac{1}{5}$.

15. 1. $\lim\limits_{x\to 1^{+}}F(x)=F(1)\Rightarrow k=1$.

16. 0. 2. $X\sim N(2,\sigma^{2})\Rightarrow P(X\leqslant 2)=P(X>2)=0.5,P(0\leqslant X\leqslant 2)=P(2<X<4)=0.3,P(X<0)=P(X\leqslant 2)-P(0\leqslant X\leqslant 2)=0.5-0.3=0.2$.

17.

X	3	4	5
P	$\frac{1}{10}$	$\frac{3}{10}$	$\frac{6}{10}$

$$P(X=3)=\frac{C_3^3}{C_5^3}=\frac{1}{10},P(X=4)=\frac{C_3^2}{C_5^3}=\frac{3}{10},P(X=5)=\frac{C_4^2}{C_5^3}=\frac{6}{10}$$

18. 3. X 的密度表的图象关于 $x=3$ 对称，则 $C=3$.

19. $f(x)=\frac{1}{\sqrt{2\pi}\sigma}e^{-\frac{(x-\mu)^2}{2\sigma^2}},-\infty<x<+\infty$.

20. $P\{X=k\}=\frac{\lambda^k e^{-\lambda}}{k!},k=0.1,\cdots$

21.

X	-3	1	2
P	$\frac{1}{3}$	$\frac{1}{2}$	$\frac{1}{6}$

$$P(0\leqslant X\leqslant\frac{3}{2})=\frac{1}{2}$$

22.

X	0	1	0
P	$\frac{C_{13}^3}{C_{15}^3}$	$\frac{C_2^1 C_{13}^2}{C_{15}^3}$	$\frac{C_{13}^1}{C_{15}^3}$

即

X	0	1	2
P	$\frac{22}{35}$	$\frac{12}{35}$	$\frac{1}{35}$

23. $\{X\leqslant x\}$.

24. 由 $F(-\infty)=0,F(+\infty)=1$ 得 $A=\frac{1}{2},B=\frac{1}{\pi}$.

$$25. A = \frac{1}{2}, F(x) = \int_{-\infty}^{x} f(t)\mathrm{d}t = \begin{cases} 0 & x < -\frac{\pi}{2} \\ \frac{1}{2} + \frac{1}{2}\sin x & -\frac{\pi}{2} \leqslant x < \frac{\pi}{2} \\ 1 & x \geqslant \frac{\pi}{2} \end{cases}.$$

$$26. F(x) = \begin{cases} 0 & x < 0 \\ 0.2 & 0 \leqslant x < 1 \\ 1 & x \geqslant 1 \end{cases}.$$

二、单项选择题

1. A. $X \sim N(\mu, \sigma^2) \Rightarrow \dfrac{X-\mu}{\sigma} \sim N(0,1)$.

2. A. $P\{|X-\mu_1| < 1\} = P\left\{\left|\dfrac{X-\mu_1}{\sigma_1}\right| < \dfrac{1}{\sigma_1}\right\} = 2\Phi\left(\dfrac{1}{\sigma_1}\right) - 1, P\{|Y-\mu_2| < 1\} =$

$P\left\{\left|\dfrac{Y-\mu_2}{\sigma_2}\right| < \dfrac{1}{\sigma_2}\right\} = 2\Phi\left(\dfrac{1}{\sigma_2}\right) - 1,$ 由 $\Phi\left(\dfrac{1}{\sigma_1}\right) > \Phi\left(\dfrac{1}{\sigma_2}\right) \Rightarrow \dfrac{1}{\sigma_1} > \dfrac{1}{\sigma_2} \Rightarrow \sigma_2 > \sigma_1.$

3. A. 由密度表的图象可知 A 正确.

4. B. 由 $\dfrac{1}{3} + \dfrac{1}{5} + a + \dfrac{1}{4} + b = 1$,因此 B 对.

5. C. $P\{|X-\mu| < \sigma\} = P\left\{-1 < \dfrac{X-\mu}{\sigma} < 1\right\} = 2\Phi(1) - 1.$

6. A. 由分布列表定义知 $P(X \leqslant 2.2) = \Phi(2.2) = 0.986\ 1.$

7. A. 几何分布.

8. A. 由 $F(+\infty) = 1$,有 $1 = a - b$,排除 B、C. 再由 $0 \leqslant F(x) \leqslant 1, -\infty < x < +\infty$, 排除 D,故选 A.

9. C. $P(X=3) = P(X=4), \dfrac{\lambda^3}{3!}\mathrm{e}^{-\lambda} = \dfrac{\lambda^4}{4!}\mathrm{e}^{-\lambda} \Rightarrow \lambda = 4, P(X \geqslant 1) = 1 - P(X=0) = 1 - \mathrm{e}^{-4}.$

10. A. $P_1 = P\{X \leqslant \mu - 4\} = P\left\{\dfrac{X-\mu}{4} \leqslant \dfrac{-4}{4}\right\} = \Phi(-1), P_2 = P\{Y \geqslant \mu + 5\} =$

$1 - P\{Y < \mu + 5\} = 1 - P\left\{\dfrac{y-\mu}{5} < \dfrac{5}{5}\right\} = 1 - \Phi(1) = \Phi(-1). p_1 = p_2.$

11. B. 由正态分布密度函数的对称性可知 $C = 2\ 008.$

12. D. $F_i(+\infty) = 1, i = 1, 2,$ 及 $0 \leqslant F(x) \leqslant 1$ 可知 A、B 错. 若 $x_1 \sim U(0,4),$ 则

$f_1(x) = \begin{cases} \dfrac{1}{4} & 0 \leqslant x \leqslant 4 \\ 0 & 其他 \end{cases}, x_2 \sim U(2,6),$ 则 $f_2(x) = \begin{cases} \dfrac{1}{4} & 2 \leqslant x \leqslant 6 \\ 0 & 其他 \end{cases},$ 则 $f_1(x)f_2(x) =$

$\begin{cases} \dfrac{1}{16} & 2 \leqslant x \leqslant 4 \\ 0 & 其他 \end{cases}, \displaystyle\int_{-\infty}^{+\infty} f_1(x)f_2(x)\mathrm{d}x = \int_2^4 \dfrac{1}{16}\mathrm{d}x = \dfrac{1}{8},$ 故 C 错,应选 D.

13. C. $\sum_{i=1}^{+\infty}\dfrac{a}{i(i+1)}=1\Rightarrow a=1$，则 $P(x<5)=P(x=1)+P(x=2)+P(x=3)+$

$P(x=4)=\dfrac{1}{1\times 2}+\dfrac{1}{2\times 3}+\dfrac{1}{3\times 4}+\dfrac{1}{4\times 5}=1-\dfrac{1}{5}=\dfrac{4}{5}$.

14. B. $P\{|x|<1\}=P\{-1<x<1\}=\displaystyle\int_0^1 x^2 e^{-\frac{x^3}{3}}\mathrm{d}x=-\int_0^1 e^{-\frac{x^3}{3}}\mathrm{d}(-\dfrac{x^3}{3})=$

$-[e^{-\frac{1}{3}}-e]=1-e^{-\frac{1}{3}}$.

15. A. $P\{X\leqslant 1\}=\displaystyle\int_0^1 x^2\mathrm{d}x=\dfrac{1}{3}$，$P\{Y=2\}=C_3^2(\dfrac{1}{3})^2(1-\dfrac{1}{3})=3\times\dfrac{1}{9}\times\dfrac{2}{3}=\dfrac{2}{9}$.

16. C. $\displaystyle\int_{-\infty}^{+\infty}f(x)\mathrm{d}x=1\Rightarrow\int_{-1}^1\dfrac{A}{\sqrt{1-x^2}}\mathrm{d}x=1\Rightarrow A=\dfrac{1}{\pi}$.

17. A. $X\sim N(\mu,\sigma^2)\Rightarrow aX+b\sim N(a\mu+b,a^2\sigma^2)$，则 $Y=2X-1\sim N(2\times 0-1,$

$2^2\times 1)=N(-1,4)$.

18. A. 连续型随机变量取任一固定点的概率皆为零.

19. C. 连续型随机变量 X 的密度函数 $f(x)$ 定义.

20. A. 由正态分布密度表的图象关于 $x=\mu=1$ 对称,知 A 对.

21. A. $P(X\leqslant 1+\mu)=P(\dfrac{X-\mu}{\sigma}\leqslant\dfrac{1}{\sigma})=\Phi(\dfrac{1}{\sigma})$，随 σ 的增大而减小.

22. C. 由 $X\sim E(\dfrac{1}{9})$，则密度函数 $f(x)=\begin{cases}\dfrac{1}{9}e^{-\frac{1}{9}x} & x>0\\ 0 & x\leqslant 0\end{cases}$，$P(3<X<9)=$

$\displaystyle\int_3^9\dfrac{1}{9}e^{-\frac{1}{9}x}\mathrm{d}x=\dfrac{1}{\sqrt[3]{e}}-\dfrac{1}{e}$.

23. B. 因为 $f(-x)=f(x)$，所以 $f(x)$ 为偶函数且 $F(0)=\dfrac{1}{2}$，则 $F(-a)=$

$F(x\leqslant -a)=\displaystyle\int_{-\infty}^{-a}f(x)\mathrm{d}x=\int_a^{+\infty}f(x)\mathrm{d}x=\int_0^{+\infty}f(x)\mathrm{d}x-\int_0^a f(x)\mathrm{d}x=\dfrac{1}{2}-\int_0^a f(x)\mathrm{d}x$.

24. A. $\displaystyle\int_{-\infty}^{+\infty}ke^{-x^2+2x}\mathrm{d}x=1\Rightarrow ke\int_{-\infty}^{+\infty}e^{-(x-1)^2}\mathrm{d}x=1\Rightarrow ke\int_{-\infty}^{+\infty}e^{-(x-1)^2}\mathrm{d}x-1=1\Rightarrow ke\sqrt{\pi}=$

$1\Rightarrow k=\dfrac{1}{e\sqrt{\pi}}=\dfrac{e^{-1}}{\sqrt{\pi}}$.

25. C. $X\sim U(0,2)$，则 $f(x)=\begin{cases}\dfrac{1}{2} & 0<x<2\\ 0 & \text{其他}\end{cases}$ 不是连续函数,则 A、B 错,D 错.

26. B. $X\sim E(\lambda)\Rightarrow f(x)\begin{cases}\lambda e^{-\lambda x} & x>0\\ 0 & x\leqslant 0\end{cases}\Rightarrow F_X(x)\begin{cases}1-e^{-\lambda x} & x>0\\ 0 & x\leqslant 0\end{cases}$，$F_2(x)=P\{2\leqslant$

$x\}=\begin{cases}1 & x\geqslant 2\\ 0 & x<2\end{cases}$，则

$F_Y(y)=1-[1-F_y(y)][1-F_2(y)]=$

$$\begin{cases} 1-(1-0)(1-0) & x \leqslant 0 \\ 1-(1-1+\mathrm{e}^{-\lambda x}) & 0 < x < 2 \\ 1-(1-1+\mathrm{e}^{-\lambda x})(1-1) & x \geqslant 2 \end{cases} = \begin{cases} 0 & x \leqslant 0 \\ 1-\mathrm{e}^{-\lambda x} & 0 < x < 2 \\ 1 & x \geqslant 2 \end{cases}$$

$$\lim_{x \to 0^+} 1-\mathrm{e}^{-\lambda x} = 0 = F_Y(0) , \lim_{x \to 2^-} 1-\mathrm{e}^{-\lambda x} = 1-\mathrm{e}^{-2\lambda} \neq F_Y(2)$$

则恰有一个间断点.

三、计算题

1. 解:(1) 由 $\displaystyle\int_{-\infty}^{+\infty} f(x)\,\mathrm{d}x = 1 \Rightarrow \int_0^1 Ax\,\mathrm{d}x = \frac{A}{2} = 1 \Rightarrow A = 2.$

(2) 分布函数 $F(x) = \displaystyle\int_{-\infty}^x f(t)\,\mathrm{d}t = \begin{cases} 0 & x \leqslant 0 \\ x^2 & 0 < x < 1. \\ 1 & x \geqslant 1 \end{cases}$

(3) $P(0.3 < X < 2) = F(2) - F(0.3) = 1 - 0.3^2 = 0.91.$

2. 解:(1) 由

$$\int_0^1 (ax+b)\,\mathrm{d}x = 1$$

$$\int_0^{\frac{1}{3}} (ax+b)\,\mathrm{d}x = \int_{\frac{1}{3}}^1 (ax+b)\,\mathrm{d}x$$

得

$$a = -\frac{3}{2}, b = \frac{7}{4}$$

(2) $F(x) = \displaystyle\int_{-\infty}^x f(t)\,\mathrm{d}t = \begin{cases} 0 & x < 0 \\ -\dfrac{3}{4}x^2 + \dfrac{7}{4}x & 0 \leqslant x \leqslant 1. \\ 1 & x \geqslant 1 \end{cases}$

3. 解:(1) 由 $\displaystyle\int_{-\infty}^{+\infty} f(x)\,\mathrm{d}x \Rightarrow \int_1^{+\infty} \frac{A}{x^4}\,\mathrm{d}x = 1 \Rightarrow \frac{A}{3} = 1 \Rightarrow A = 3.$

(2) 分布函数 $F(x) = \displaystyle\int_{-\infty}^x f(t)\,\mathrm{d}t = \begin{cases} 0 & x \leqslant 1 \\ \displaystyle\int_1^x \frac{3}{t^4}\,\mathrm{d}t = 1 - \frac{1}{x^3} & x > 1 \end{cases}.$

4. 解:(1) $\displaystyle\int_{-\infty}^{+\infty} f(x)\,\mathrm{d}x = 1 \Rightarrow \int_1^{+\infty} \frac{A}{x^5}\,\mathrm{d}x = 1 \Rightarrow \frac{A}{4} = 1 \Rightarrow A = 4.$

(2) $f(x) = \begin{cases} \dfrac{4}{x^5} & x \geqslant 1 \\ 0 & x < 1 \end{cases}$,进而 $F(x) = \displaystyle\int_{-\infty}^x f(t)\,\mathrm{d}t = \begin{cases} 0 & x < 1 \\ \displaystyle\int_1^x \frac{4}{t^5}\,\mathrm{d}t = 1 - \frac{1}{x^4} & x \geqslant 1 \end{cases}.$

(3) $P(1 \leqslant X \leqslant 2) = F(2) - F(1) = \left(1 - \dfrac{1}{2^4}\right) - (1-1) = \dfrac{15}{16}.$

5. 解:$X = 1, P(X=1) = \dfrac{5}{8}$;

$X = 2, P(X=2) = \dfrac{3}{8} \times \dfrac{6}{8} = \dfrac{18}{8^2}$;

$X=3, P(X=3)=\dfrac{3}{8}\times\dfrac{2}{8}\times\dfrac{7}{8}=\dfrac{42}{8^3}$;

$X=4, P(X=4)=\dfrac{3}{8}\times\dfrac{2}{8}\times\dfrac{1}{8}\times 1=\dfrac{6}{8^3}$.

X	1	2	3	4
P	$\dfrac{5}{8}$	$\dfrac{18}{8^2}$	$\dfrac{42}{8^3}$	$\dfrac{6}{8^3}$

6. 解:(1) 由 $\displaystyle\int_{-\infty}^{+\infty}f(x)\mathrm{d}x=1\Rightarrow\int_0^3 Ax^2\mathrm{d}x=\dfrac{A}{3}x^3\Big|_0^3=9A=1\Rightarrow A=\dfrac{1}{9}$.

(2) 分布函数 $F(x)=\displaystyle\int_{-\infty}^x f(t)\mathrm{d}t=\begin{cases}0 & x<0\\ \displaystyle\int_0^x\dfrac{1}{9}t^2\mathrm{d}t=\dfrac{1}{27}x^3 & 0\leqslant x<3.\\ 1 & x\geqslant 3\end{cases}$

(3) $P(1<X<3)=F(3)-F(1)=1-\dfrac{1}{27}=\dfrac{26}{27}$.

7. 解:(1) $\displaystyle\int_{-\infty}^{+\infty}f(x)\mathrm{d}x=1\Rightarrow\int_0^1 Cx^3\mathrm{d}x=\dfrac{C}{4}=1\Rightarrow C=4$.

(2) $F(x)=\displaystyle\int_{-\infty}^x f(t)\mathrm{d}t=\begin{cases}0 & x<0\\ \displaystyle\int_0^x 4t^3\mathrm{d}t=x^4 & 0\leqslant x<1.\\ 1 & x\geqslant 1\end{cases}$

(3) $P\left(\dfrac{1}{2}<X\leqslant 1\right)=F(1)-F\left(\dfrac{1}{2}\right)=1-\left(\dfrac{1}{2}\right)^4=\dfrac{15}{16}$.

8. 解:(1) $\displaystyle\int_{-\infty}^{+\infty}f(x)\mathrm{d}x=1$,即 $\displaystyle\int_0^1 Ax\mathrm{d}x=\dfrac{A}{2}=1\Rightarrow A=2$.

(2) $F(x)=\displaystyle\int_{-\infty}^x f(t)\mathrm{d}t=\begin{cases}0 & x<0\\ \displaystyle\int_0^x 2t\mathrm{d}t=x^2 & 0\leqslant x<1.\\ 1 & x\geqslant 1\end{cases}$

(3) $P\{0\leqslant X\leqslant\dfrac{1}{2}\}=F(\dfrac{1}{2})-F(0)=\dfrac{1}{4}$.

9. 解:(1) $1=\displaystyle\int_0^1 Ax(1-x)\mathrm{d}x=A\dfrac{1}{6}$,故 $A=6$.

(2) $F(x)=\displaystyle\int_{-\infty}^x f(x)\mathrm{d}x=\begin{cases}0 & x<0\\ \displaystyle\int_0^x 6u(1-u)\mathrm{d}u=3x^2-2x^3 & 0\leqslant x<1.\\ \displaystyle\int_0^1 6u(1-u)\mathrm{d}u=1 & x\geqslant 1\end{cases}$

10. 解:(1) 由 $\displaystyle\int_{-\infty}^{+\infty}f(x)\mathrm{d}x=1$,得 $\displaystyle\int_0^3 kx\mathrm{d}x+\int_3^4\left(2-\dfrac{x}{2}\right)\mathrm{d}x=1$,进而有 $k=\dfrac{1}{6}$.

(2)X 的分布函数

$$F(x) = \begin{cases} 0 & x < 1 \\ \int_0^x \dfrac{x}{6}\mathrm{d}x & 0 \leqslant x < 3 \\ \int_0^3 \dfrac{x}{6}\mathrm{d}x + \int_3^x (2 - \dfrac{x}{2})\mathrm{d}x & 3 \leqslant x < 4 \\ 1 & x \geqslant 4 \end{cases}$$

即

$$F(x) = \begin{cases} 0 & x < 1 \\ \dfrac{x^2}{12} & 0 \leqslant x < 3 \\ -3 + 2x - \dfrac{x^2}{4} & 3 \leqslant x < 4 \\ 1 & x \geqslant 4 \end{cases}$$

(3)$P\left\{1 < X \leqslant \dfrac{7}{2}\right\} = F(\dfrac{7}{2}) - F(1) = \dfrac{41}{48}.$

11. $\begin{cases} P(X = K) \geqslant P(X = K - 1) \\ P(X = K) \geqslant P(X = K + 1) \end{cases}$, 即 $\begin{cases} \dfrac{\lambda^K}{K!}\mathrm{e}^{-\lambda} \geqslant \dfrac{\lambda^{K-1}}{(K-1)!}\mathrm{e}^{-\lambda} \\ \dfrac{\lambda^K}{K!}\mathrm{e}^{-\lambda} \geqslant \dfrac{\lambda^{K+1}}{(1+K)!}\mathrm{e}^{-\lambda} \end{cases} \Rightarrow \begin{cases} K \leqslant \lambda \\ K \geqslant \lambda - 1 \end{cases}.$

(1)λ 不是整数时, 取 $K = [\lambda]$.

(2)λ 是整数时, 取 $K = \lambda$ 或 $K = \lambda - 1$.

12. $\begin{cases} P\{X = K\} \geqslant P\{X = K - 1\} \\ P\{X = K\} \geqslant P\{X = K + 1\} \end{cases} \Rightarrow \begin{cases} C_n^k P^k (1-P)^{n-k} \geqslant C_n^{k-1} P^{k-1} (1-P)^{n-k+1} \\ C_n^k P^k (1-P)^{n-k} \geqslant C_n^{k+1} P^{k+1} (1-P)^{n-k-1} \end{cases},$

$(n+1)P - 1 \leqslant K \leqslant (n+1)P.$

(1)$(n+1)P$ 不是整数, 取 $K = [(n+1)P]$.

(2)$(n+1)P$ 是整数, 取 $K = (n+1)P$ 或 $K = (n+1)P - 1$.

13.(1)$X \sim B(5, 0.9)$.

X	0	1	2	3
P	$(0.1)^5$	$C_5^1 0.9 \times (0.1)^4$	$C_5^2 (0.9)^2 \cdot (0.1)^3$	$C_5^3 (0.9)^3 \cdot (0.1)^2$

X	4	5
P	$C_5^4 (0.9)^4 \times 0.1$	$(0.9)^5$

(2)

X	1	2	3	4	5
P	0.9	0.1×0.9	$(0.1)^2 \times 0.9$	$(0.1)^3 \times 0.09$	$(0.1)^4$

14. $\int_{-\infty}^{+\infty} f(x)\,\mathrm{d}x = \int_{0}^{+\infty} Ax^7 \mathrm{e}^{-\frac{x^2}{2}}\,\mathrm{d}x \overset{\frac{x^2}{2}=t}{=} 8A\int_{0}^{+\infty} t^3 \mathrm{e}^{-t}\mathrm{d}t = 48A = 1, A = \dfrac{1}{48}.$

15. 设 X 表示考生成绩,则 $X \sim N(72,\sigma^2)$,由 $P(X>96)=0.023$,得 $\sigma=12$,于是

$$P(60 \leqslant X \leqslant 84) = P\left(-1 \leqslant \frac{X-72}{12} \leqslant 1\right) = 2\varphi(x)-1 \approx 0.682$$

16. $Y \sim B(5,P)$,$P = P(X>10) = \mathrm{e}^{-2}$,$P(Y \geqslant 1) = 1 - P(Y=0) = 1 - (1-\mathrm{e}^{-2})^5.$

第 3 章习题参考答案

一、填空题

1. 2. $\int_{-\infty}^{+\infty}\int_{-\infty}^{+\infty} f(x,y)\mathrm{d}x\mathrm{d}y = 1 \Rightarrow \int_{0}^{+\infty}\int_{0}^{+\infty} A\mathrm{e}^{-(2x+y)}\mathrm{d}x\mathrm{d}y = 1 \Rightarrow A=2.$

2. $\begin{cases} \mathrm{e}^{-x} & x>0 \\ 0 & x \leqslant 0 \end{cases}$ $f_X(x) = \int_{-\infty}^{+\infty} f(x,y)\mathrm{d}y = \begin{cases} \int_{x}^{+\infty} \mathrm{e}^{-y}\mathrm{d}y = \mathrm{e}^{-x} & x>0 \\ 0 & x \leqslant 0 \end{cases}.$

3. $\dfrac{5}{3}$ 或 $\dfrac{7}{3}$. $X \sim U[1,\ 3]$,则 X 的分布函数 $F(x) = \begin{cases} 0 & x<1 \\ \dfrac{x-1}{2} & 1 \leqslant x < 3. \\ 1 & x \geqslant 3 \end{cases}$

$P(A) = P(x^2-a) = F(a), P(B) = P(1>a) = 1 - P(Y \leqslant a) = 1 - F(a), P(AB) = P(X \leqslant a, Y > a) = P(x \leqslant a)P(Y>a) = F(a)[1-F(a)] = F(a) - F^2(a). \dfrac{7}{9} = P(A \bigcup B) = P(A) + P(B) - P(AB) = F(a) + 1 - F(a) - F(a) + F^2(a) \Rightarrow F(a) = \dfrac{1}{3}$ 或 $\dfrac{2}{3}$,即

$\dfrac{a-1}{2} = \dfrac{1}{3}$ 或 $\dfrac{a-1}{2} = \dfrac{2}{3}$,所以 $a = \dfrac{1}{3}$ 或 $a = \dfrac{7}{3}$.

4. $\dfrac{5}{7}$. $P\{\max(X,Y) \geqslant 0\} = P\{X \geqslant 0\} + P\{Y \geqslant 0\} - P\{X \geqslant 0, Y \geqslant 0\} = \dfrac{4}{7} + \dfrac{4}{7} - \dfrac{3}{7} = \dfrac{5}{7}.$

5. $\dfrac{1}{7}$. $P\{\max(X,Y) < 0\} = P\{X<0, Y<0\} = 1 - [P\{X \geqslant 0\} + P\{Y \geqslant 0\} - P\{x \geqslant 0, y \geqslant 0\}] = \dfrac{1}{7}.$

6. $\dfrac{2}{7}$. $P\{\max(X,Y) < 0\} = 1 - P\{\max(X,Y) \geqslant 0\} = 1 - \dfrac{5}{7} = \dfrac{2}{7}.$

7. $\begin{cases} 6\mathrm{e}^{-(3x+2y)} & x>0, y>0 \\ 0 & 其他 \end{cases}.$ $X \sim E(3) \Rightarrow f_X(x) = \begin{cases} 3\mathrm{e}^{-3x} & x>0 \\ 0 & x \leqslant 0 \end{cases}. Y \sim$

$E(2) \Rightarrow f_Y(y) = \begin{cases} 2\mathrm{e}^{-2x} & y>0 \\ 0 & y \leqslant 0 \end{cases}. X$ 与 Y 独立 $\Rightarrow f(x,y) = f_X(x)f_Y(y) =$

$$\begin{cases} 6e^{-3x-2y} & x>0, y>0 \\ 0 & \text{其他} \end{cases}.$$

8. $a\geqslant 0, b\geqslant 0,$ 且 $a+b=\dfrac{1}{3}.$
$$\begin{cases} \dfrac{1}{6}+\dfrac{1}{9}+\dfrac{1}{18}+\dfrac{1}{3}+a+b=1 \\ 0\leqslant a\leqslant 1 \\ 0\leqslant b\leqslant 1 \end{cases} \Rightarrow \begin{cases} a+b=\dfrac{1}{3} \\ a\geqslant 0 \\ b\geqslant 0 \end{cases}.$$

9. 0.

10.

Z	0	1
P	$\dfrac{1}{4}$	$\dfrac{3}{4}$

因为

X＼Y	0	1
0	$\dfrac{1}{4}$	$\dfrac{1}{4}$
1	$\dfrac{1}{4}$	$\dfrac{1}{4}$

$Z=\max(X,Y).\ P\{Z=0\}=P\{X=0,Y=0\}=\dfrac{1}{4},\ P\{Z=1\}=1-P\{Z=0\}=\dfrac{3}{4}.$

11. $1-e^{-3}.\quad X\sim P(1),\ X=0,1,2,\cdots.\ P\{X=k\}=\dfrac{1}{k!}e^{-1},\ Y\sim P(2),\ Y=0,1,$
$2,\cdots.\ P\{Y=k\}=\dfrac{2^k}{k!}e^{-2}.\ P\{\max(X,Y)\}=1-P\{X=0,Y=0\}=1-P\{X=0\}P\{Y=0\}=1-e^{-1}e^{-2}=1-e^{-3}.$

12. 12. $\displaystyle\int_{-\infty}^{+\infty}\int_{-\infty}^{+\infty}f(x,y)\mathrm{d}x\mathrm{d}y=1\Rightarrow\int_0^1\mathrm{d}x\int_0^x Ay^2\mathrm{d}y=1\Rightarrow A=12.$

二、单项选择题

1. A.

由题意可知

X＼Y	-1	1
-1	$\dfrac{1}{4}$	$\dfrac{1}{4}$
1	$\dfrac{1}{4}$	$\dfrac{1}{4}$

$P\{X=Y\}=P\{X=-1,Y=-1\}+P\{X=1,Y=1\}=\dfrac{1}{4}+\dfrac{1}{4}=\dfrac{1}{2}.$

2. B.

Y X	1	2	3	$P_i.$
1	$\dfrac{1}{6}$	$\dfrac{1}{9}$	$\dfrac{1}{18}$	$\dfrac{1}{3}$
2	$\dfrac{1}{3}$	α	β	$\dfrac{1}{3}+\alpha+\beta$
$P._j$	$\dfrac{1}{2}$	$\dfrac{1}{9}+\alpha$	$\dfrac{1}{18}+\beta$	1

$$\begin{cases}\dfrac{1}{6}+\dfrac{1}{9}+\dfrac{1}{18}+\dfrac{1}{3}+\alpha+\beta=1\\[2mm](\dfrac{1}{9}+\alpha)\times\dfrac{1}{3}=\dfrac{1}{9}\end{cases}\Rightarrow\begin{cases}\alpha=\dfrac{2}{9}\\[2mm]\beta=\dfrac{1}{9}\end{cases}$$

3. D.

4. D. $\displaystyle\int_{-\infty}^{+\infty}\int_{-\infty}^{+\infty}f(x,y)\mathrm{d}x\mathrm{d}y=1\Rightarrow\int_0^1\mathrm{d}x\int_0^x Ay^2\mathrm{d}y=1\Rightarrow A=12.$

5. C.

由题意有

X	0	1
P	$\dfrac{1}{2}$	$\dfrac{1}{2}$

Y	0	1
P	$\dfrac{1}{2}$	$\dfrac{1}{2}$

Y X	0	1
0	$\dfrac{1}{4}$	$\dfrac{1}{4}$
1	$\dfrac{1}{4}$	$\dfrac{1}{4}$

因此 $P\{X=Y\}=P\{X=0,Y=0\}+P\{X=1,Y=1\}=\dfrac{1}{4}+\dfrac{1}{4}=\dfrac{1}{2}.$

6. B.　方程有相同实根的等价条件为 $\Delta=(2X)^2-4Y=0$，即 $Y=X^2$，则

$$P\{Y=X^2\}=P\{X=0,Y=0\}+P\{X=1,Y=1\}$$

再由 X 与 Y 独立,则

$$P\{Y=X^2\}=P\{X=0\}P\{Y=0\}+P\{X=1\}P\{Y=1\}=\frac{1}{2}\times\frac{2}{3}+\frac{1}{2}\times\frac{1}{3}=\frac{1}{2}$$

7. D. 设 $X\sim U(a,b)$, $Y\sim U(c,d)$,则 X,Y 的密度函数分别为

$$f_X(x)=\begin{cases}\dfrac{1}{b-a} & a<x<b \\ 0 & \text{其他}\end{cases}$$

$$f_Y(y)=\begin{cases}\dfrac{1}{d-c} & 0<y<d \\ 0 & \text{其他}\end{cases}$$

由 X 与 Y 独立,则 (X,Y) 的密度函数

$$f(x,y)=f_X(x)f_Y(y)=\begin{cases}\dfrac{1}{(b-a)(d-c)} & a<x<b,c<y<d \\ 0 & \text{其他}\end{cases}$$

即 (X,Y) 服从区域 $G=\{(x,y)\mid a<x<b,c<y<d\}$ 上均匀分布.

8. D. 对于 B、D 有 $F(+\infty,+\infty)\neq1$. 对于 A 有 $P(0\leqslant X\leqslant1,0<Y\leqslant1)=F(1,1)-F(1,0)-F(0,1)+F(0,0)=1-1-1+0=-1<0$. 故选 C,C 确实满足分布函数的 5 条性质.

9. A. 由 $X\sim E(1)$,则 $F_X(x)=\begin{cases}1-e^{-x} & x>0 \\ 0 & x\leqslant0\end{cases}$,再由 $F_1(x)=\begin{cases}1 & x\geqslant1 \\ 0 & x<1\end{cases}$. 从而

$$F_Y(y)=F_X(y)F_1(y)=\begin{cases}1-e^{-y} & y\geqslant1 \\ 0 & y<1\end{cases}$$

10. B. $\displaystyle\int_{-\infty}^{+\infty}f(x,y)\mathrm{d}x\mathrm{d}y\Rightarrow\int_0^{-2}\mathrm{d}x\int_1^4 k(x^2+y^2)\mathrm{d}y=1\Rightarrow k=\frac{1}{50}$.

11. C. $X\sim U(0,2)$,则 X 的密度函数 $f_X(x)=\begin{cases}\dfrac{1}{2} & 0<x<2 \\ 0 & \text{其他}\end{cases}$. 再由 X,Y 相互独立,有 (X,Y) 的密度函数 $f(x,y)=f_X(x)f_Y(y)=\begin{cases}\dfrac{1}{2}e^{-y} & 0<x<2,y\geqslant0 \\ 0 & \text{其他}\end{cases}$

从而 $P(X+Y\geqslant1)=1-\int_0^1\mathrm{d}x\int_0^{1-x}\frac{1}{2}e^{-y}\mathrm{d}y=1-\frac{1}{2}e^{-1}$.

三、计算题

1. 解:(1) $f_X(x)=\int_{-\infty}^{+\infty}f(x,y)\mathrm{d}y=\begin{cases}3x^2 & 0\leqslant x\leqslant1 \\ 0 & \text{其他}\end{cases}$;

$f_Y(y)=\int_{-\infty}^{+\infty}f(x,y)\mathrm{d}x=\begin{cases}2y & 0\leqslant y\leqslant1 \\ 0 & \text{其他}\end{cases}$.

(2) 由于 $f(x,y)=f_X(x)f_Y(y)$,所以 X,Y 独立.

2. 解：(1) $\int_{-\infty}^{+\infty}\int_{-\infty}^{+\infty}f(x,y)\mathrm{d}x\mathrm{d}y=1 \Rightarrow \int_0^1 \mathrm{d}x \int_{x^2}^x A\mathrm{d}y=1 \Rightarrow \frac{1}{6}A=1 \Rightarrow A=6.$

(2) $f_X(x)=\int_{-\infty}^{+\infty}f(x,y)\mathrm{d}y=\begin{cases}\int_{x^2}^x 6\mathrm{d}y=6(x-x^2) & 0\leqslant x\leqslant 1 \\ 0 & 其他\end{cases};$

$f_Y(y)=\int_{-\infty}^{+\infty}f(x,y)\mathrm{d}x=\begin{cases}\int_y^{\sqrt{y}} 6\mathrm{d}x=6(\sqrt{y}-y) & 0\leqslant y\leqslant 1 \\ 0 & 其他\end{cases}.$

(3) 因为 $f_X(x)f_Y(y)\neq f(x,y)$，所以 X,Y 不独立.

3. 解：$P(X_1 X_2=0)=1$ 知

$$P(X_1=-1, X_2=-1)=0, P(X_1=-1, X_2=1)=0$$
$$P(X_1=1, X_2=-1)=0, P(X_1=1, X_2=1)=0$$

故有

X_1＼X_2	-1	0	1	
-1	0	$\frac{1}{4}$	0	$\frac{1}{4}$
0	$\frac{1}{4}$	0	$\frac{1}{4}$	$\frac{1}{2}$
1	0	$\frac{1}{4}$	0	$\frac{1}{4}$
	$\frac{1}{4}$	$\frac{1}{2}$	$\frac{1}{4}$	

$$P(X_1=X_2)=0$$

4. 解：(1) $y\geqslant 0$ 时，$f_{X|Y}(x\mid y)=\begin{cases}e^{-x} & x\geqslant 0 \\ 0 & x<0\end{cases};$

(2) $x\geqslant 0$ 时，$f_{Y|X}(y\mid x)=\begin{cases}e^{-y} & y\geqslant 0 \\ 0 & y<0\end{cases};$

(3) X 与 Y 独立，因为 $f(x,y)=f_X(x)f_Y(y)$.

5. 解：(1) $\int_{-\infty}^{+\infty}\int_{-\infty}^{+\infty}f(x,y)\mathrm{d}x\mathrm{d}y=1$，即

$$\int_0^2 \mathrm{d}x \int_0^1 Axy^2 \mathrm{d}y=\frac{A}{3}\int_0^2 x\mathrm{d}x=\frac{A}{6}x^2\Big|_0^2=\frac{2}{3}A=1, A=\frac{3}{2}$$

(2) $f_X(x)=\int_{-\infty}^{+\infty}f(x,y)\mathrm{d}y=\begin{cases}\int_0^1 \frac{3}{2}xy^2\mathrm{d}y=\frac{x}{2} & 0\leqslant x\leqslant 2 \\ 0 & 其他\end{cases};$

$f_Y(y)=\int_{-\infty}^{+\infty}f(x,y)\mathrm{d}x=\begin{cases}\int_0^2 \frac{3}{2}xy^2\mathrm{d}y=3y^2 & 0\leqslant y\leqslant 1 \\ 0 & 其他\end{cases}.$

(3) 因为 $f_X(x)f_Y(y)=f(x,y)$，所以 X,Y 独立.

6. 解：因为 $P(A)P(B\mid A)=P(AB)=\dfrac{1}{8}$，$P(AB)=P(B)P(A\mid B)=\dfrac{1}{8}$，所以

$P(B)=\dfrac{1}{4}$，于是

$$P(X=0,Y=0)=P(\bar A\bar B)=P(\overline{A\bigcup B})=1-P(A\bigcup B)=$$
$$1-P(A)-P(B)+P(AB)=\frac{5}{8}$$

$$P(X=1,Y=0)=P(A\bar B)=P(A)-P(AB)=\frac{1}{8}$$

$$P(X=1,Y=1)=P(AB)=\frac{1}{8}$$

$$P(X=0,Y=1)=P(\bar A B)=P(B)-P(AB)=\frac{1}{8}$$

故 (X,Y) 的联合分布律为

Y\X	0	1
0	$\frac{5}{8}$	$\frac{1}{8}$
1	$\frac{1}{8}$	$\frac{1}{8}$

7. 解：(X_1,X_2) 的所有可能值为 $(0,0),(0,1),(1,0),(1,1)$，则

$$P\{X_1=0,X_2=0\}=P\{X_3=1\}=0.1$$
$$P\{X_1=0,X_2=1\}=P\{X_2=1\}=0.1$$
$$P\{X_1=1,X_2=0\}=P\{X_1=1\}=0.8$$
$$P\{X_1=1,X_2=1\}=P\{\varnothing\}=0$$

X_1\X_2	0	1	
0	0.1	0.1	0.2
1	0.8	0	0.8
	0.9	0.1	

8. 解：(1)

$$f_X(x)=\int_{-\infty}^{+\infty}f(x,y)\mathrm{d}y=\begin{cases}\int_{-\sqrt{1-x^2}}^{\sqrt{1-x^2}}\frac{1}{\pi}\mathrm{d}y & |x|\leqslant1\\0 & 其他\end{cases}=\begin{cases}\dfrac{2\sqrt{1-x^2}}{\pi} & |x|\leqslant1\\0 & 其他\end{cases}$$

由对称性

$$f_Y(y)=\int_{-\infty}^{+\infty}f(x,y)\mathrm{d}x=\begin{cases}\iint_{-\sqrt{1-y^2}}^{\sqrt{1-y^2}}\frac{1}{\pi}\mathrm{d}y & |y|\leqslant1\\0 & 其他\end{cases}=\begin{cases}\dfrac{2\sqrt{1-y^2}}{\pi} & |y|\leqslant1\\0 & 其他\end{cases}$$

(2)X 与 Y 也不独立,因为

$$f(x,y) = \frac{1}{\pi} \neq f_X(x)f_Y(y)$$

9.解:(1) $f_X(x) = \int_{-\infty}^{+\infty} f(x,y)\mathrm{d}y = \begin{cases} \int_{x^2}^{x} 6\mathrm{d}y = 6(x - x^2) & 0 \leqslant x \leqslant 1 \\ 0 & \text{其他} \end{cases}$;

$f_Y(y) = \int_{-\infty}^{+\infty} f(x,y)\mathrm{d}x = \begin{cases} \int_{y}^{\sqrt{y}} 6\mathrm{d}x = 6(\sqrt{y} - y) & 0 \leqslant y \leqslant 1 \\ 0 & \text{其他} \end{cases}$.

(2) 因为 $f_X(x)f_Y(y) \neq f(x,y)$,所以 X,Y 不独立.

10.解:(1) 由于 $F(-\infty,y) = F(x,-\infty) = 0, F(+\infty,+\infty) = 1$,有

$$\begin{cases} A(B - \frac{\pi}{2})(C + \arctan \frac{y}{3}) = 0 \\ A(B + \arctan \frac{x}{2})(C - \frac{\pi}{2}) = 0 \Rightarrow A = \frac{1}{\pi^2}, \ B = C = \frac{\pi}{2} \\ A(B + \frac{\pi}{2})(C + \frac{\pi}{2}) = 1 \end{cases}$$

(2) $f(xy) = \frac{\partial^2 F}{\partial x \partial y}$,从而 $f(xy) = \frac{6}{\pi^2(4 + x^2)(9 + y^2)}$.

11.解:(1) 由 $\int_{-\infty}^{|\infty|} \int_{-\infty}^{|\infty|} f(xy)\mathrm{d}x\mathrm{d}y = 1$,即 $\int_{0}^{1} \int_{0}^{1} cxy\mathrm{d}x\mathrm{d}y = 1 \Rightarrow c = 4$.

(2) 由于 $x = y$ 为平面上的一条直线,故 $P(X = Y) = 0$.

(3) $P(X < Y) = \iint\limits_{x < y} f(xy)\mathrm{d}x\mathrm{d}y = \int_{0}^{1} \left(\int_{0}^{y} 4xy\mathrm{d}x \right)\mathrm{d}y = \int_{0}^{1} 2y^3\mathrm{d}y = \frac{1}{2}$.

12.

X	-1	0	1
P	0.134 4	0.731 2	0.134 4

13. (1)$k = \frac{1}{8}$;(2)$P(X \leqslant 2, Y \leqslant 3) = \frac{5}{8}$;(3)$P(X \leqslant \frac{3}{2}) = \frac{27}{32}$;(4)$P(X + Y \leqslant 4) = \frac{2}{3}$.

14. (1)$c = \frac{21}{4}$.

(2)$f_X(x) = \begin{cases} \frac{21}{8}(x^2 - x^6) & -1 \leqslant x \leqslant 1 \\ 0 & \text{其他} \end{cases}$, $f_Y(y) = \begin{cases} \frac{7}{2}y^{\frac{5}{2}} & 0 \leqslant y \leqslant 1 \\ 0 & \text{其他} \end{cases}$.

15. (1)$P(X = i, Y = j) = \frac{5!}{i! \ j! \ (5 - i - j)!} \left(\frac{3}{10}\right)^i \left(\frac{5}{10}\right)^j \left(\frac{2}{10}\right)^{5 - i - j}$ $(0 \leqslant i + j \leqslant 5)$.

(2)$P = (X = i) = C_5^i \left(\frac{3}{10}\right)^i \left(\frac{7}{10}\right)^{5 - i}, i = 0, 1, 2, 3, 4, 5$.

$$P = (Y = j) = C_5^j (\frac{5}{10})^j (\frac{5}{10})^{5-j}, j = 0, 1, 2, 3, 4, 5.$$

16.（1）

V U	1	2	3
1	$\frac{1}{9}$	0	0
2	$\frac{2}{9}$	$\frac{1}{9}$	0
3	$\frac{2}{9}$	$\frac{2}{9}$	$\frac{1}{9}$

（2）边际分布律为

U	1	2	3
P	$\frac{1}{9}$	$\frac{1}{3}$	$\frac{5}{9}$

V	1	2	3
P	$\frac{5}{9}$	$\frac{1}{3}$	$\frac{1}{9}$

（3）条件分布律 $V = 2$

U	2	3
P	$\frac{1}{3}$	$\frac{2}{3}$

17.（1）$A = 4.$

（2）$f_X(x) = \int_{-\infty}^{+\infty} f(xy) \mathrm{d}y = \begin{cases} 2x & 0 \leqslant x \leqslant 1 \\ 0 & \text{其他} \end{cases}$；

$f_Y(y) = \int_{-\infty}^{+\infty} f(xy) \mathrm{d}y = \begin{cases} 2y & 0 \leqslant y \leqslant 1 \\ 0 & \text{其他} \end{cases}$.

（3）$f(x, y) = f_X(x) f_Y(y)$，故 X, Y 独立.

（4）$F(x, y) = \begin{cases} 0 & x < 0 \text{ 或 } y < 0 \\ x^2 y^2 & 0 \leqslant x < 1 \text{ 且 } 0 \leqslant y < 1 \\ x^2 & 0 \leqslant x < 1 \text{ 且 } y \geqslant 1 \\ y^2 & x \geqslant 1 \text{ 且 } 0 \leqslant y < 1 \\ 1 & x \geqslant 1 \text{ 且 } y \geqslant 1 \end{cases}$.

18. $f_Z(z) = \dfrac{1}{2\pi}\left[\varphi(\dfrac{\pi-(z-\mu)}{\sigma}) - \varphi(\dfrac{-\pi-(z-\mu)}{\sigma})\right].$

四、证明题

1. 证：不妨设 X, Y 的密度函数为 $f(x), f(y)$，于是由 X 与 Y 独立，得 (x, y) 的联合密度函数 $f(x, y) = f(x)f(y)$，于是

$$P(X \leqslant Y) = \iint\limits_{x \leqslant y} f(x)f(y)\mathrm{d}x\mathrm{d}y$$

由于被积函数 $f(x)f(y)$ 关于 x, y 对称，故

$$\iint\limits_{x \leqslant y} f(x)f(y)\mathrm{d}x\mathrm{d}y = \iint\limits_{y \leqslant x} f(x)f(y)\mathrm{d}x\mathrm{d}y$$

但

$$\iint\limits_{x \leqslant y} f(x)f(y)\mathrm{d}x\mathrm{d}y + \iint\limits_{y \leqslant x} f(y)f(x)\mathrm{d}x\mathrm{d}y = \iint\limits_{R^2} f(x)f(y)\mathrm{d}x\mathrm{d}y = 1$$

所以 $P(X \leqslant Y) = \dfrac{1}{2}.$

第4章习题参考答案

一、填空题

1. 0. 4. $\begin{cases} E(X) = np = 6 \\ D(X) = np = 3.6 \end{cases} \Rightarrow p = 0.4.$

2. $\dfrac{1}{3}.$　$D(X) = \dfrac{(3-1)^2}{12} = \dfrac{1}{3}.$

3. 97.　$D(X-2Y) = D(X) + D(-2Y) + 2Cov(X, -2Y) = D(X) + 4D(Y) - 4Cov(X, Y) = D(X) + 4D(Y) - 4\rho_{xy}\sqrt{D(X)}\sqrt{D(Y)} = 25 + 4\times36 - 4\times0.6\times5\times6 = 169 - 72 = 97.$

4. 2.　$E[(X+Y)^2] = E(X^2 + 2XY + Y^2) = E(X^2) + 2E(X)E(Y) + E(Y^2) = D(X) + [E(X)]^2 + D(Y) + [D(Y)]^2 = 1 + 0 + 1 + 0 = 2.$

5. 30.　$X \sim U[2, 4] \Rightarrow E(x) = \dfrac{2+4}{2} = 3$，$D(X) = \dfrac{(4-2)^2}{12} = \dfrac{1}{3}$，则 $E(3X^2+2) = 3E(X^2) + 2 = 3\{D(X) + [E(X)]^2\} + 2 = 3(\dfrac{1}{3} + 9) + 2 = 30.$

6. 1.　$X \sim N(-2, 1) \Rightarrow D(X) = 1$，则 $D(X+3) = D(X) = 1.$

7. $-1.$　因为 $X + Y = n$，即 $Y = n - X, D(Y) = D(n - X) = DX$，　$Cov(X, Y) = Cov(X, n-X) = -Cov(X, X) = -DX, \rho_{XY} = \dfrac{Cov(X,Y)}{\sqrt{DX}\sqrt{DY}} = \dfrac{-DX}{\sqrt{DX}\sqrt{DX}} = -1.$ 也可用 $Y = n - X, Y$ 是 X 的线性函数，且 X 的系数为 $-1 < 0$，故 X 和 Y 的相关系数等于 $-1.$

8.2.4. $Cov(X,Y)=\rho_{XY}\sqrt{D(X)}\sqrt{D(Y)}=0.4\times2\times3=2.4$.

9. -10. $X\sim N(-3,4)\Rightarrow E(X)=-3,Y\sim B(10,\frac{1}{5})\Rightarrow E(Y)=2$,则 $E(2X-2Y)=2E(X)-2E(Y)=2\times(-3)-2\times2=-10$.

10.30. $D(2X-3Y)=4D(X)+9D(Y)=4\times3+9\times2=30$.

11.0.5. $X\sim N(1,1),Y\sim N(2,3),X$ 与 Y 独立,则 $X-Y\sim N(-1,4)$.由正态分布密度函数的对称性可知 $P\{X-Y\leqslant-1\}=0.5$.

12.0.

13. $np(1-p)$.

14.6. $\begin{cases}EX=np=2.4\\DX=np(1-P)=1.44\end{cases}\Rightarrow\begin{cases}n=6\\p=0.4\end{cases}$.

15. -1. $E(X)=3,E(Y)=5,E(Z)=E(X-2Y)=E(X)-2E(Y)=3-2\times5=-7$.

16.0. $E(X,Y)=E(X)E(Y)\Leftrightarrow D(X\pm Y)=D(X)D(Y)$,因此 $D(X+Y)-D(X-Y)=0$.

17.2. $E(X)=\lambda,D(X)=\lambda$,则 $\frac{D(2X)}{E(2X)}=\frac{4D(X)}{2E(X)}=\frac{4\lambda}{2\lambda}=2$.

18.10.

19.0.7. $\rho_{YZ}=\frac{Cov(Y,Z)}{\sqrt{D(Y)}\sqrt{D(Z)}}=\frac{Cov(Y,X+5)}{\sqrt{D(Y)}\sqrt{D(X)}}=\frac{Cov(X,Y)}{\sqrt{D(X)}\sqrt{D(Y)}}=\rho_{XY}=0.7$.

20. $E(X)=-1\times\frac{1}{4}+0\times\frac{1}{2}+1\times\frac{1}{4}=0$.

21. $X\sim B(10,0.4),E(X)=np=4,D(X)=npq=2.4,E(X^2)=2.4+4^2=18.4$.

二、单项选择题

1.B. 由题意有 $X\sim E(\frac{1}{\theta})$,则 $D(X)=\frac{1}{\left(\frac{1}{\theta}\right)^2}=\theta^2$.

2.D.

3.C. $E(X^2)=D(X)+[E(X)]^2=\lambda+\lambda^2$.

4.B. $E(X+Y)=E(X)+E(Y)=\frac{1}{2}+\frac{1}{2}=1$.

5.B.

6.B.

7.C. $X\sim N(0,1),Y\sim N(2,3),X,Y$ 独立,则 $X-Y\sim N(-2,4)$,所以 $P\{X-Y\leqslant-2\}=\frac{1}{2}$.

8.C.

9.A. $D(2X-3Y)=4D(X)+9D(Y)=4\times1+2\times9=22$.

10.A. $E(Y)=E(5X^2)=5\{D(X)+[E(X)]^2\}=5\times(9+0)=45$.

11. B.　$\dfrac{D(X)}{E(X)} = \dfrac{np(1-p)}{np} = 1 - p$.

12. A.　因为 $E[(X-C)^2] = E(X^2 - 2CX + C^2) = E(X^2) - 2CE(X) + C^2 = E(X^2) - 2C\mu + C^2$. $E[(X-\mu)^2] = E(X - 2\mu X + \mu^2) = E(X^2) - 2\mu E(X) + \mu^2 = E(X^2) - 2\mu^2 + \mu^2 = E(X^2) - \mu^2$,所以 $E[(X-C^2)] - E[(X-\mu)^2] = -2C\mu + C^2 + \mu^2 = (\mu - C)^2 \geqslant 0$,即 $E[(X-C)^2] \geqslant E[(X-\mu)^2]$.

13. B.

14. A.

X^2	0	4
P	0.3	0.7

$E(X^2) = 0 \times 0.3 + 4 \times 0.7 = 2.8$,则 $E(3X^2 + 5) = 3E(X^2) + 5 = 3 \times 2.8 + 5 = 13.4$.

15. D.　$E(2X+1) = 2E(X) + 1 = 2np + 1$,$D(2x+1) = 4D(x) = 4np(1-p)$.

16. C.

17. A.　$E[3(X^2-2)] = 3E(X^2-2) = 3E(X^2) - 6 = 3[D(X) + [E(X)]^2] - 6 = 3 \times (1+3) - 6 = 6$.

18. D.　$D(XY) = E(X^2Y^2) - [E(XY)]^2 = E(X^2)E(Y^2) - [E(X)]^2[E(Y)]^2$. $D(X) = E(X^2) - [E(X)]^2$,$D(Y) = E(Y^2) - [E(Y)]^2$. $D(XY) - D(X)D(Y) = E(X^2)[E(Y)]^2 - [E(X)]^2[E(Y)]^2 + [E(X)]^2E(Y^2) - [E(X)]^2[E(Y)]^2 = [E(Y)]^2[E(X^2) - [E(X)]^2] + [E(X)]^2[E(Y^2) - [E(Y)]^2] = [E(Y)]^2D(X) + [E(X)]^2D(Y) \geqslant 0$,故 A、C 错. 由 X 与 Y 独立,则 $E\left(\dfrac{X}{Y}\right) = E\left(X \cdot \dfrac{1}{Y}\right) = E(X)E\left(\dfrac{1}{Y}\right)$,即 D 正确.

19. C.　对于任意有限个随机变量和的数学期望等于期望的和,故 C 对.

20. C.　X 与 Y 不相关 $\Leftrightarrow D(X+Y) = D(X) + D(Y)$,故 $D(X+Y) = D(X_1 + aX_2 + X_1 + bX_2) = D[2X_1 + (a+b)X_2] = 4D(X_1) + (a+b)^2D(X_2)$,$D(X) = D(X_1 + aX_2) = D(X_1) + a^2D(X_2)$,$D(Y) = D(X_1 + bX_2) = D(X_1) + b^2D(X_2)$,则 $4D(X_1) + (a+b)^2D(X_2) = 2D(X_1) + (a^2+b^2)D(X_2) \Rightarrow 2D(X_1) + 2abD(X_2) = 0$. 又因为 X_1 与 X_2 同分布,所以 $D(X_1) = D(X_2)$. 再由方差大于零,从而 $2 + 2ab = 0$,即 C 正确.

三、计算题

1. 解：(1) $E(X) = \displaystyle\int_{-\infty}^{+\infty} xf(x)\,\mathrm{d}x = \int_0^1 2x^2\,\mathrm{d}x = \dfrac{2}{3}$;

(2) $D(X) = E(X^2) - [E(X)]^2 = \displaystyle\int_0^1 2x^3\,\mathrm{d}x - \dfrac{4}{9} = \dfrac{1}{2} - \dfrac{4}{9} = \dfrac{1}{18}$.

2. 解：$X = 3$,$X = 4$,$X = 5$,得

$$P(X=3) = \frac{\mathrm{C}_3^3}{\mathrm{C}_5^3} = \frac{1}{10}$$

$$P(X=4) = \frac{\mathrm{C}_3^2}{\mathrm{C}_5^3} = \frac{3}{10}$$

$$P(X=5)=\frac{C_4^2}{C_5^3}=\frac{6}{10}$$

X 的分布律为

X	3	4	5
P	$\frac{1}{10}$	$\frac{3}{10}$	$\frac{6}{10}$

$$E(X)=\frac{1}{10}\times 3+\frac{3}{10}\times 4+\frac{6}{10}\times 5=4.5$$

3.解:(1) 由 $\int_{-\infty}^{+\infty}f(x)\mathrm{d}x\Rightarrow\int_{1}^{+\infty}\frac{A}{x^4}\mathrm{d}x=1\Rightarrow\frac{A}{3}=1\Rightarrow A=3.$

(2) 分布函数 $F(x)=\int_{-\infty}^{x}f(t)\mathrm{d}t=\begin{cases}0 & x\leqslant 1\\ \int_{1}^{x}\frac{3}{t^4}\mathrm{d}t=1-\frac{1}{x^3} & x>1\end{cases}.$

(3) $E(X)=\int_{-\infty}^{+\infty}xf(x)\mathrm{d}x=\int_{1}^{+\infty}\frac{3}{x^3}\mathrm{d}x=\frac{3}{2}.$

4.解: $\int_{-\infty}^{+\infty}f(x)\mathrm{d}x=1,有\int_{0}^{1}(ax^2+bx+c)\mathrm{d}x=1,即\frac{1}{3}a+\frac{1}{2}b+c=1.$

又 $E(X)=\int_{-\infty}^{+\infty}xf(x)\mathrm{d}x=\int_{0}^{1}x(ax^2+bx+c)\mathrm{d}x=0.5,即\frac{a}{4}+\frac{b}{3}+\frac{c}{2}=\frac{1}{2}.$再

$$D(X)=E(X^2)-[E(X)]^2,E(X^2)=D(X)+[E(X)]^2=0.4$$

即 $\qquad\int_{0}^{1}x^2(ax^2+bx+c)\mathrm{d}x=0.4,-\frac{1}{5}a+\frac{1}{4}b+\frac{1}{3}c=0.4$

联立解之得 $a=12,b=-12,c=3.$

5.解:V 的概率密度函数为

$$f(v)=\begin{cases}\frac{1}{a} & 0<v<a\\ 0 & 其他\end{cases}$$

$$E(W)=\int_{-\infty}^{+\infty}kv^3f(v)\mathrm{d}v=\int_{0}^{a}kv^3\frac{1}{a}\mathrm{d}v=\frac{1}{4}ka^3$$

6.解:(1) $\int_{-\infty}^{+\infty}f(x)\mathrm{d}x=1\Rightarrow\int_{0}^{1}Cx^3\mathrm{d}x=\frac{C}{4}=1\Rightarrow C=4.$

(2) $E(X)=\int_{-\infty}^{+\infty}xf(x)\mathrm{d}x=\int_{0}^{1}4x^4\mathrm{d}x=\frac{4}{5}.$

7.解:(1) (X_1,X_2) 的所有可能值为 $(0,0),(0,1),(1,0),(1,1)$,则

$$P\{X_1=0,X_2=0\}=P\{X_3=1\}=0.1$$
$$P\{X_1=0,X_2=1\}=P\{X_2=1\}=0.1$$
$$P\{X_1=1,X_2=0\}=P\{X_1=1\}=0.8$$
$$P\{X_1=1,X_2=1\}=P\{\varnothing\}=0$$

X_2 X_1	0	1	
0	0.1	0.1	0.2
1	0.8	0	0.8
	0.9	0.1	

$(2) E(X_1) = 0.8, E(X_2) = 0.1, D(X_1) = 0.8 \times 0.2 = 0.16, D(X_2) = 0.1 \times 0.9 = 0.09.$

$E(X_1 X_2) = 0 \times 0 \times 0.1 + 0 \times 1 \times 0.1 + 1 \times 0 \times 0.8 + 1 \times 1 \times 0 = 0.$

$Cov(X_1, X_2) = E(X_1 X_2) - E(X_1) E(X_2) = -0.08.$

$\rho_{X_1 X_2} = \dfrac{Cov(X_1, X_2)}{\sqrt{D(X_1)} \sqrt{D(X_2)}} = \dfrac{-0.08}{\sqrt{0.16} \sqrt{0.09}} = -\dfrac{2}{3}.$

8. 解: $P(X_1 X_2 = 0) = 1$, 知

$$P(X_1 = -1, X_2 = -1) = 0$$
$$P(X_1 = -1, X_2 = 1) = 0$$
$$P(X_1 = 1, X_2 = -1) = 0$$
$$P(X_1 = 1, X_2 = 1) = 0$$

故有

X_2 X_1	-1	0	1	
-1	0	$\dfrac{1}{4}$	0	$\dfrac{1}{4}$
0	$\dfrac{1}{4}$	0	$\dfrac{1}{4}$	$\dfrac{1}{2}$
1	0	$\dfrac{1}{4}$	0	$\dfrac{1}{4}$
	$\dfrac{1}{4}$	$\dfrac{1}{2}$	$\dfrac{1}{4}$	

$(2) Cov(X_1 X_2) = E(X_1 X_2) - E(X_1) E(X_2) = 0.$

9. 解: (X, Y) 的分布律为

Y X	0	1
0	$\dfrac{1}{4}$	$\dfrac{1}{4}$
1	$\dfrac{1}{4}$	$\dfrac{1}{4}$

由此可得 $Z = \min(X, Y)$ 的分布律为

Z	0	1
P	$\dfrac{3}{4}$	$\dfrac{1}{4}$

因此

$$E(Z)=0\times\frac{3}{4}+1\times\frac{1}{4}=\frac{1}{4},E(Z^2)=0^2\times\frac{3}{4}+1^2\times\frac{1}{4}=\frac{1}{4}$$

$$D(Z)=E(Z^2)-[E(Z)]^2=\frac{1}{4}-\frac{1}{16}=\frac{3}{16}$$

10. 解:(1)$1=\int_0^1 Ax(1-x)\mathrm{d}x=A\,\frac{1}{6}$,故 $A=6$.

(2)$EX=\int_0^1 x6x(1-x)\mathrm{d}x=0.5$,$DX=\int_0^1 x^2 6x(1-x)\mathrm{d}x-0.25=0.05$.

11. 由题意可知 $X=0,1,2,3$,$P\{X=0\}=\dfrac{C_3^3}{C_6^3}=\dfrac{1}{20}$,$P\{X=1\}=\dfrac{C_3^1 C_3^2}{C_6^3}=\dfrac{9}{20}$,

$P\{X=2\}=\dfrac{C_3^2 C_3^1}{C_6^3}=\dfrac{9}{20}$,$P\{X=3\}=\dfrac{C_3^3}{C_6^3}=\dfrac{1}{20}$,则

X	0	1	2	3
P	$\dfrac{1}{20}$	$\dfrac{9}{20}$	$\dfrac{9}{20}$	$\dfrac{1}{20}$

所以

$$E(X)=0\times\frac{1}{20}+1\times\frac{9}{20}+2\times\frac{9}{20}+3\times\frac{1}{20}=\frac{3}{2}$$

12. 由题意可得

X / Y	1	2	3	4	5
1	$\dfrac{1}{5}$	$\dfrac{1}{10}$	$\dfrac{1}{15}$	$\dfrac{1}{20}$	$\dfrac{1}{25}$
2	0	$\dfrac{1}{10}$	$\dfrac{1}{15}$	$\dfrac{1}{20}$	$\dfrac{1}{25}$
3	0	0	$\dfrac{1}{15}$	$\dfrac{1}{20}$	$\dfrac{1}{25}$
4	0	0	0	$\dfrac{1}{20}$	$\dfrac{1}{25}$
5	0	0	0	0	$\dfrac{1}{25}$

所以

Y	1	2	3	4	5
P	$\dfrac{137}{300}$	$\dfrac{77}{300}$	$\dfrac{47}{300}$	$\dfrac{9}{100}$	$\dfrac{1}{25}$

则 $E(Y) = 1 \times \dfrac{137}{300} + 2 \times \dfrac{77}{300} + 3 \times \dfrac{47}{300} + 4 \times \dfrac{9}{100} + 5 \times \dfrac{1}{25} = 2$

13. 由题意有 $X = 0,1,2,3$. $P\{X=0\} = \dfrac{1}{2}$，$P\{X=1\} = \dfrac{1}{2} \times \dfrac{1}{2} = \dfrac{1}{4}$，$P\{X=2\} = \left(\dfrac{1}{2}\right)^2 \times \dfrac{1}{2} = \dfrac{1}{8}$，$P\{X=3\} = \dfrac{1}{8}$，所以

X	0	1	2	3
P	$\dfrac{1}{2}$	$\dfrac{1}{4}$	$\dfrac{1}{8}$	$\dfrac{1}{8}$

$\dfrac{1}{1+X}$	1	$\dfrac{1}{2}$	$\dfrac{1}{3}$	$\dfrac{1}{4}$
P	$\dfrac{1}{2}$	$\dfrac{1}{4}$	$\dfrac{1}{8}$	$\dfrac{1}{8}$

所以 $E\left(\dfrac{1}{1+X}\right) = 1 \times \dfrac{1}{8} + \dfrac{1}{2} \times \dfrac{1}{4} + \dfrac{1}{3} \times \dfrac{1}{8} + \dfrac{1}{4} \times \dfrac{1}{8} = \dfrac{67}{96}$

14.（1）由题意可知 $X \sim E(1)$，则 $E(X) = 1, D(X) = 1$，所以
$$E(Y) = E(2X) = 2E(X) = 2 \times 1 = 2$$
（2）$E(Y) = \displaystyle\int_{-\infty}^{+\infty} e^{-2x} f(x) dx = \int_0^{+\infty} e^{-2x} e^{-x} dx = \int_0^{+\infty} e^{-3x} dx = \dfrac{1}{3}$.

15. $E(X) = \displaystyle\int_{-\infty}^{+\infty} x f(x) dx = \int_1^{+\infty} x \dfrac{3}{x^4} dx = \dfrac{3}{2}$.

$D(X) = E(X^2) - [E(X)]^2 = \displaystyle\int_1^{+\infty} x^2 \dfrac{3}{x^4} dx - \left(\dfrac{3}{2}\right)^2 = 3 - \dfrac{9}{4} = \dfrac{3}{4}$.

16.（1）因为

P	0.1	0.3	0.15	0.2	0.05	0	0	0.1	0.1
(X,Y)	(−1,0)	(−1,1)	(−1,2)	(0,0)	(0,1)	(0,2)	(2,0)	(2,1)	(2,2)
XY	0	−1	−2	0	0	0	0	2	4

所以

XY	−1	−2	0	2	4
P	0.3	0.15	0.35	0.1	0.1

所以 $E(XY) = -1 \times 0.3 + (-2) \times 0.15 + 0 \times 0.35 + 2 \times 0.1 + 4 \times 0.1 = 0$
（2）又因为

X^2Y^2	0	1	4	16
P	0.35	0.3	0.25	0.1

所以
$$D(XY) = E(X^2Y^2) - [E(XY)]^2 =$$

$$0 \times 0.35 + 1 \times 0.3 + 4 \times 0.25 + 16 \times 0.1 = 2.9$$

17. (1)$E(X) = \int_{-\infty}^{+\infty} \int_{-\infty}^{+\infty} x f(x,y) \mathrm{d}x \mathrm{d}y = \int_0^1 \mathrm{d}x \int_0^x x 12 y^2 \mathrm{d}y = \dfrac{4}{5}$;

(2)$E(Y) = \int_{-\infty}^{+\infty} \int_{-\infty}^{+\infty} y f(x,y) \mathrm{d}x \mathrm{d}y = \int_0^1 \mathrm{d}x \int_0^x y 12 y^2 \mathrm{d}y = \dfrac{3}{5}$;

(3) $E(XY) = \int_{-\infty}^{+\infty} \int_{-\infty}^{+\infty} xy f(x,y) \mathrm{d}x \mathrm{d}y = \int_0^1 \mathrm{d}x \int_0^x xy 12 y^2 \mathrm{d}y = \dfrac{1}{2}$;

(4) $E(X^2 + Y^2) = \int_{-\infty}^{+\infty} \int_{-\infty}^{+\infty} (x^2 + y^2) f(x,y) \mathrm{d}x \mathrm{d}y = \int_0^1 \mathrm{d}x \int_0^x (x^2 + y^2) 12 y^2 \mathrm{d}y = \dfrac{16}{15}$.

18.

P	$\frac{1}{8}$	$\frac{1}{8}$	$\frac{1}{8}$	$\frac{1}{8}$	0	$\frac{1}{8}$	$\frac{1}{8}$	$\frac{1}{8}$	$\frac{1}{8}$
(X,Y)	$(-1,-1)$	$(-1,0)$	$(-1,1)$	$(0,-1)$	$(0,0)$	$(0,1)$	$(1,-1)$	$(1,0)$	$(1,1)$
XY	1	0	-1	0	0	0	-1	0	1

XY	-1	0	1
P	$\frac{2}{8}$	$\frac{4}{8}$	$\frac{2}{8}$

$E(XY) = -1 \times \dfrac{2}{8} + 0 \times \dfrac{4}{8} + 1 \times \dfrac{2}{8} = 0$,再由

$X \backslash Y$	-1	0	1	$P\xi$
-1	$\frac{1}{8}$	$\frac{1}{8}$	$\frac{1}{8}$	$\frac{3}{8}$
0	$\frac{1}{8}$	0	$\frac{1}{8}$	$\frac{2}{8}$
1	$\frac{1}{8}$	$\frac{1}{8}$	$\frac{1}{8}$	$\frac{3}{8}$
P	$\frac{3}{8}$	$\frac{2}{8}$	$\frac{3}{8}$	1

$$E(X) = -1 \times \dfrac{3}{8} + 0 \times \dfrac{2}{8} + 1 \times \dfrac{3}{8} = 0$$

$$E(Y) = -1 \times \dfrac{3}{8} + 0 \times \dfrac{2}{8} + 1 \times \dfrac{3}{8} = 0$$

所以 $\qquad Cov(X,Y) = E(XY) - E(X)E(Y) = 0$

(2) 因为 $Cov(X,Y) = 0$,所以 X,Y 不相关. 因为 $P\{X=0, Y=0\} = 0$,而 $P\{X=0\} = \dfrac{3}{8}$, $P\{Y=0\} = \dfrac{2}{8}$,即 $P\{X=0, Y=0\} \neq P\{X=0\} P\{Y=0\}$,所以 X,Y 不独立.

19. 若 $(X,Y) \sim N(\mu_1, \mu_2, \sigma_1^2, \sigma_2^2, \rho)$，则其密度函数

$$f(x,y) = \frac{1}{2\pi\sigma_1\sigma_2\sqrt{1-\rho^2}} e^{-\frac{1}{2(1-\rho^2)}\left[\frac{(x-\mu_1)^2}{\sigma_1^2} - 2\rho\frac{(x-\mu_1)(y-\mu_2)}{\sigma_1\sigma_2} + \frac{(y-\mu_2)^2}{\sigma_2^2}\right]} \quad -\infty < x, y < +\infty$$

由题意可知 $\mu_1 = 0, \mu_2 = 0, \sigma_1 = \sqrt{3}, \sigma_2 = 2, \rho = \rho_{xy} = -\frac{1}{4}$，所以

$$f(x,y) = \frac{1}{2\pi 2\sqrt{3}\sqrt{1-\left(\frac{1}{4}\right)^2}} e^{-\frac{1}{2}\left[\frac{1}{1-(\frac{1}{4})^2}\right]\left[\frac{(x-0)^2}{3} + \frac{2}{4}\cdot\frac{xy}{2\sqrt{3}} + \frac{y^2}{4}\right]} =$$

$$\frac{1}{3\sqrt{5}\pi} e^{-\frac{8}{15}\left(\frac{x^2}{3} + \frac{xy}{4\sqrt{3}} + \frac{y^2}{4}\right)} \quad -\infty < x, y < +\infty$$

20. 证明

X	0	1
P	$P(\bar{A})$	$P(A)$

Y	0	1
P	$P(\bar{B})$	$P(B)$

XY	0	1
P	$1-P(AB)$	$P(AB)$

$$EX = P(A), EY = P(B), EXY = P(AB)$$

若 $\rho_{XY} = 0$，得 $E(XY) = E(X)E(Y)$，即 $P(AB) = P(A)P(B)$，故 A, B 独立.

第 5 章习题参考答案

一、填空题

1. $\frac{8}{9}$.　$P\{\mu - 3\sigma < X < \mu + 3\sigma\} = P\{(X-\mu) < 3\sigma\} \geqslant 1 - \frac{\sigma^2}{9\sigma^2} = \frac{8}{9}$.

2. $\frac{24}{25}$.　$P\{\mu - 5\sigma < X < \mu + 5\sigma\} = P\{(X-\mu) < 5\sigma\} \geqslant 1 - \frac{\sigma^2}{25\sigma^2} = \frac{24}{25}$.

3. 0.3.　$P\{|X - E(X)| < \varepsilon\} \geqslant 1 - \frac{D(X)}{\varepsilon^2} \geqslant 0.9 \Rightarrow \varepsilon \geqslant 0.3$，即 $\varepsilon_{\min} = 0.3$.

4. $\frac{1}{8}$.　由 $X \sim P(2)$，则 $E(X) = 2, D(X) = 2$，因此 $P\{|x-2| \geqslant 4\} \leqslant \frac{2}{4^2} = \frac{1}{8}$.

5. $\frac{8}{9}$.　$P\{2 < X < 20\} = P\{|X-11| < 9\} \geqslant 1 - \frac{9}{9^2} = \frac{8}{9}$.

6. $\dfrac{1}{12}$. 因为 $E(X-Y)=E(X)-E(Y)=2-2=0,D(X-Y)=D(X)-D(Y)-$

$2Cov(X,Y)=1+4-2\sqrt{D(X)}\sqrt{D(Y)}\rho_{XY}=5-2\times1\times2\times0.5=3$,所以 $P\{|X-Y|\geqslant$

$6\}\leqslant\dfrac{D(X-Y)}{6^2}=\dfrac{3}{6^2}=\dfrac{1}{12}$.

7. 10. $P\{|X-75|\geqslant k\}\leqslant\dfrac{5}{k^2}=0.05$,则 $k=10$.

8. 0.816. 因为 $E(X+2Y)=E(X)+2E(Y)=1+2\times0=1,D(X+2Y)=$

$D(X)+4D(Y)+4[E(XY)-E(X)E(Y)]=1+4+4[-0.1-1\times0]=1+4-0.4=4.$

6,所以 $P\{-4<X+2Y<6\}=P\{|X+2Y-1|<5\}\geqslant1-\dfrac{4.6}{5^2}=0.816$.

二、单项选择题

1. A. 因为 $E(X+Y)=E(X)+E(Y)=2-2=0,D(X+Y)=D(X)+D(Y)+$

$2\sqrt{D(X)}\sqrt{D(Y)}\rho_{XY}=1+4+2\times1\times2\times0.5=7$,所以 $P\{|X+Y|\geqslant6^2\}\leqslant\dfrac{7}{6^2}=\dfrac{7}{36}$.

2. D. 由切比雪夫不等式可知 D 正确.

3. D. $P\{|X-E(X)|<3\}=1-P\{|X-E(X)|\geqslant3\}\geqslant1-\dfrac{2}{9}=\dfrac{7}{9}$.

三、计算题

1. 解:设 X_i —— 第 i 袋重量,一箱重量为 X. $X=X_1+X_2+\cdots+X_{100}$,由林德伯格 —

列维定理 $P\{49\,750\leqslant X\leqslant50\,250\}=P\left\{\dfrac{-250}{100}\leqslant\dfrac{X-100\times500}{100}\leqslant\dfrac{250}{100}\right\}\approx\Phi(2.5)-$

$\Phi(-2.5)=2\Phi(2.5)-1=2\times0.993\,8-1=0.997\,6$.

2. 解:设 X 是答对的题数,$X\sim B(100,\dfrac{1}{4}),E(X)=25,D(X)=\dfrac{75}{4}$. $P\{X>35\}=1-$

$P\{X\leqslant35\}=1-P\left\{\dfrac{X-25}{\sqrt{\dfrac{75}{4}}}\leqslant\dfrac{35-25}{\sqrt{\dfrac{75}{4}}}\right\}\approx1-\Phi\left(\dfrac{4}{\sqrt{3}}\right)=1-\Phi(2.309\,4)=0.010\,4$.

3. 解:(1) 设 X 表示在任一时刻工作着的车床的数目,则由题设知 $X\sim B(100,0.8)$.

$E(X)=np=80,D(X)=np(1-p)=16$,由棣莫弗 — 拉普拉斯定理 $P\{70\leqslant X\leqslant86\}=$

$P\left\{\dfrac{70-80}{4}\leqslant\dfrac{X-80}{4}\leqslant\dfrac{86-80}{4}\right\}\approx\Phi(1.5)-\Phi(-2.5)=\Phi(1.5)+\Phi(2.5)-1=$

$0.927\,0$.

(2) $P\{X>80\}=1-P\{X\leqslant80\}=1-P\left\{\dfrac{X-80}{4}\leqslant\dfrac{80-80}{4}\right\}\approx1-\Phi(0)=\dfrac{1}{2}$.

4. 解:设 X 表示 2 500 人中死亡的人数,则 $X\sim B(2\,500,0.002)$.由棣莫弗 — 拉普拉

斯定理知:

(1) 保险公司亏本的概率

$$P\{2\,500 \times 120 - 20\,000X < 0\} = P\{X > 15\} = 1 - P\{X \leqslant 15\} =$$

$$1 - P\left\{\frac{X - 2\,500 \times 0.002}{\sqrt{2\,500 \times 0.002 \times 0.998}} \leqslant \frac{15 - 2\,500 \times 0.002}{\sqrt{2\,500 \times 0.002 \times 0.998}}\right\} =$$

$$1 - P\left\{\frac{X - 5}{\sqrt{4.99}} \leqslant \frac{10}{\sqrt{4.99}}\right\} \approx 1 - \Phi(4.476\,6) = 0.000\,069$$

（2）保险公司获利不少于 100 000 元的概率

$$P\{2\,500 \times 120 - 20\,000X \geqslant 100\,000\} = P\{X \leqslant 10\} =$$

$$P\left\{\frac{X - 2\,500 \times 0.002}{\sqrt{2\,500 \times 0.002 \times 0.998}} \leqslant \frac{10 - 2\,500 \times 0.002}{\sqrt{2\,500 \times 0.002 \times 0.998}}\right\} =$$

$$P\left\{\frac{X - 5}{\sqrt{4.99}} \leqslant \frac{5}{\sqrt{4.99}}\right\} = \Phi(2.238\,3) = 0.987\,4$$

5. 解：设 X 为 400 粒种子中不发芽的种子数. 显然 $X \sim B(400, 0.05)$. 因此 $P\{X \leqslant 25\} = P\left\{\frac{X - np}{\sqrt{npq}} \leqslant \frac{25 - 400 \times 0.05}{\sqrt{400 \times 0.05 \times 0.95}}\right\} \approx \Phi(1.147) = 0.874\,9.$

6. 解：设 X_i——"装运的第 i 箱重量"（单位：kg），n 为所求的箱数，则 $X_1, X_2, \cdots, X_n$ 相互独立同分布. $E(X_i) = 50, D(X_i) = 5^2 = 25, i = 1, 2, \cdots, n.$ n 箱的重量 $X = X_1 + \cdots + X_n$，则

$$P\{X \leqslant 5\,000\} = P\left\{\frac{\sum_{i=1}^{n} X_i - 50n}{5\sqrt{n}} \leqslant \frac{5\,000 - 50n}{5\sqrt{n}}\right\} \approx \Phi\left(\frac{1\,000 - 10n}{\sqrt{n}}\right) > 0.977 = \Phi(2)$$

即 $\frac{1\,000 - 10n}{\sqrt{n}} > 2$，解得 $n < 98.019\,9$，故最多可装 98 箱.

7. 解：设 X_k——"第 k 次轰炸命中目标的炸弹数"，$k = 1, 2, \cdots, 100.$ $E(X_k) = 2,$ $D(X_k) = 1, k = 1, 2, \cdots, 100, X = \sum_{k=1}^{100} X_k$，则

$$P\{180 \leqslant X \leqslant 220\} = P\left\{180 \leqslant \sum_{k=1}^{100} X_k \leqslant 220\right\} =$$

$$P\left\{\frac{180 - 100 \times 2}{\sqrt{100} \times 1} \leqslant \frac{\sum_{k=1}^{100} X_k - 100 \times 2}{\sqrt{100} \times 1} \leqslant \frac{220 - 100 \times 2}{\sqrt{100} \times 1}\right\} \approx$$

$$\Phi(2) - \Phi(-2) = 2\Phi(2) - 1 = 2 \times 0.977\,2 - 1 = 0.954\,4$$

8. 解：在 90 000 次波浪的冲击中纵摇角大于 $3°$ 的次数记为 X，则

$$X \sim b\left(90\,000, \frac{1}{3}\right)$$

因此

$$P\{29\,500 \leqslant X \leqslant 30\,500\} =$$

$$P\left\{\frac{29\,500 - 90\,000 \times \frac{1}{3}}{\sqrt{90\,000 \times \frac{1}{3} \times \frac{2}{3}}} \leqslant \frac{X - 90\,000 \times \frac{1}{3}}{\sqrt{90\,000 \times \frac{1}{3} \times \frac{2}{3}}} \leqslant \frac{30\,500 - 90\,000 \times \frac{1}{3}}{\sqrt{90\,000 \times \frac{1}{3} \times \frac{2}{3}}}\right\} \approx$$

$$\Phi\left(\frac{5\sqrt{2}}{2}\right) - \Phi\left(-\frac{5\sqrt{2}}{2}\right) = 0.999\ 6$$

9.解：设机器出故障的台数为 X，则 $X \sim B(400, 0.2)$，分别用三种方法计算.

(1) 用二项分布计算

$$P\{X \geqslant 2\} = 1 - P\{X < 2\} = 1 - P\{X = 0\} - P\{X = 1\} =$$
$$1 - C_{400}^0 (0.02)^0 (0.98)^{400} - C_{400}^1 0.02 \times (0.98)^{399} = 0.997\ 2$$

(2) 用泊松分布作近似计算

$$n = 400, P = 0.02, np = \lambda = 8$$
$$P\{X \geqslant 2\} = 1 - P\{X < 2\} = 1 - P\{X = 0\} - P\{X = 1\} \approx$$
$$1 - \frac{8^0}{0!}e^{-8} - \frac{8}{1!}e^{-8} = 1 - 9e^{-8} = 0.996\ 98$$

(3) 用正态分布作近似计算

$$P\{X \geqslant 2\} = 1 - P\{X < 2\} = 1 - P\left\{\frac{X - 8}{2.8} < \frac{2 - 8}{2.8}\right\} =$$
$$1 - \Phi\left(\frac{-6}{2.8}\right) = \Phi(2.143) = 0.983\ 8$$

第 6 章习题参考答案

一、填空题

1. $E(\bar{X}) = n, D(\bar{X}) = 2, E(S^2) = 2n$. 因为 $X_1, X_2, \cdots, X_n$ 为来自 $\chi^2(n)$ 的一个样本，所以 $E(X_i) = n, D(X_i) = 2n, i = 1, 2, 3, \cdots$ 且相互独立.

$$E(\bar{X}) = E\left(\frac{1}{n}\sum_{i=1}^n X_i\right) = \frac{1}{n}\sum_{i=1}^n E(X_i) = \frac{1}{n} \times n \times n = n.$$

$$D(\bar{X}) = D\left(\frac{1}{n}\sum_{i=1}^n X_i\right) = \frac{1}{n^2}\sum_{i=1}^n D(X_i) = \frac{1}{n^2} \times n \times 2n = 2.$$

$$E(S^2) = D(X) = 2n.$$

2. χ^2 分布，自由度为 1. $\bar{X} \sim N\left(\mu, \frac{\sigma^2}{n}\right) \Rightarrow \dfrac{\bar{X} - \mu}{\frac{\sigma}{\sqrt{n}}} \sim N(0,1) \Rightarrow \left(\dfrac{\bar{X} - \mu}{\frac{\sigma}{\sqrt{n}}}\right)^2 = W \sim$

$\chi^2(1)$.

3. Y 服从 χ^2 分布，自由度为 2. 因为 $E\left[\frac{1}{\sqrt{20}}(X_1 - 2X_2)\right] = \frac{1}{\sqrt{20}}[E(X_1) -$

$2E(X_2)] = \frac{1}{\sqrt{20}}[0 - 2 \times 0] = 0, D\left[\frac{1}{\sqrt{20}}(X_1 - 2X_2)\right] = \frac{1}{\sqrt{20}}[D(X_1) + 4D(X_2)] =$

$\frac{1}{\sqrt{20}}[4 - 4 \times 4] = 1.$ 所以 $\frac{X_1 - 2X_2}{\sqrt{20}} \sim N(0,1).$ 又因为 $E\left[\frac{1}{10}(3X_3 - 4X_4)\right] = 0,$

$$D\left[\frac{1}{10}(3X_3-4X_4)\right]=\frac{1}{100}[D(X_3)+16D(X_4)]=\frac{1}{100}[9\times4-16\times4]=1.\quad\text{所以}$$

$\dfrac{3X_3-4X_4}{10}\sim N(0,1).$ 因此 $Y=\dfrac{1}{20}(X_1-2X_2)^2+\dfrac{1}{100}(3X_3-4X_4)^2\sim\chi^2(2).$

4.0.025. 因为 $\dfrac{X_i}{0.5}\sim N(0,1)$，所以 $\displaystyle\sum_{i=1}^{7}\left[\dfrac{X_i}{\frac{1}{2}}\right]^2\sim\chi^2(7).P\left\{\displaystyle\sum_{i=1}^{7}X_i^2>4\right\}=$

$P\left\{4\displaystyle\sum_{i=1}^{7}X_i^2>4\times4\right\}=P\left\{\displaystyle\sum_{i=1}^{7}\left[\dfrac{X_i}{\frac{1}{2}}\right]^2>16\right\}=P\{\chi^2(7)>16\}\approx0.025\text{（查表可知）.}$

5. $\dfrac{2}{5}\sigma^4.$ 由题可知 $\dfrac{(6-1)S^2}{\sigma^2}\sim\chi^2(5)$，所以

$$D\left(\frac{(6-1)S^2}{\sigma^2}\right)=2\times5=10\Rightarrow\frac{5^2}{\sigma^4}D(S^2)=10\Rightarrow D(S^2)=\frac{2}{5}\sigma^4$$

6.统计量 $\dfrac{X_1-X_2}{\sqrt{X_3^2+X_4^2}}$ 服从 t 分布，自由度为 2. $X_1-X_2\sim N(0,2)\Rightarrow\dfrac{X_1-X_2}{\sqrt{2}}\sim$

$N(0,1).X_3^2+X_4^2\sim\chi^2(2).$ 从而 $\dfrac{\frac{X_1-X_2}{\sqrt{2}}}{\sqrt{\frac{X_3^2+X_4^2}{2}}}=\dfrac{X_1-X_2}{\sqrt{X_3+X_4}}\sim t(2).$

7.0.004. 由 $X\sim t(10)$，可知 $X^2\sim F(1,10)$，进而 $\dfrac{1}{X^2}\sim F(10,1).$ 从而由

$P\{X^2<\lambda\}=0.05$ 可得 $P\{X^2<\lambda\}=P\left\{\dfrac{1}{X^2}>\dfrac{1}{\lambda}\right\}=0.05.$ 查表可得 $\dfrac{1}{\lambda}=242,\lambda\approx0.004.$

8.统计量 $\dfrac{(X_1+X_2)^2}{(X_1-X_2)^2}$ 服从 F 分布，自由度为 $(1,1).$ 由 $X_1+X_2\sim N(0,2)$，则

$\dfrac{X_1+X_2}{\sqrt{2}}\sim N(0,1)$，进而 $\dfrac{X_1+X_2}{2}\sim\chi^2(1).$ 再由 $X_1+X_2\sim N(0,2)$，则 $\dfrac{X_1-X_2}{\sqrt{2}}\sim N(0,$

$1)$，进而 $\dfrac{X_1-X_2}{2}^2\sim\chi^2(1).$ 因此 $\dfrac{\frac{(X_1+X_2)^2}{2}}{\frac{(X_1-X_2)^2}{2}}=\dfrac{(X_1+X_2)^2}{(X_1-X_2)^2}\sim F(1,1).$

9.t 分布，自由度为 $n-1.$ 由 $\bar{X}\sim N(\mu,\dfrac{\sigma^2}{n})$，则 $X_{n+1}-\bar{X}\sim N(0,\sigma^2+\dfrac{\sigma^2}{n})$，进而

$$\frac{X_{n+1}-\bar{X}}{\sqrt{\sigma^2+\frac{\sigma^2}{n}}}\sim N(0,1)$$

再由 $\dfrac{(n-1)S^2}{\sigma^2}\sim\chi^2(n-1)$，所以

$$\frac{\frac{X_{n+1}-\bar{X}}{\sigma\sqrt{1+\frac{1}{n}}}}{\sqrt{\frac{(n-1)S^2}{(n-1)\sigma^2}}}=\frac{X_{n+1}-\bar{X}}{S}\sqrt{\frac{n}{n-1}}\sim t(n-1)$$

10.服从 F 分布,自由度为$(3,6)$.　由 $X_i \sim N(0,\sigma^2)$,则 $\dfrac{X_i}{\sigma} \sim N(0,1), i=1,2,3,\cdots,$

9.因此 $\left(\dfrac{X_1}{\sigma}\right)^2 + \left(\dfrac{X_2}{\sigma}\right)^2 + \left(\dfrac{X_3}{\sigma}\right)^2 \sim \chi^2(3),\left(\dfrac{X_4}{\sigma}\right)^2 + \left(\dfrac{X_5}{\sigma}\right)^2 + \cdots + \left(\dfrac{X_9}{\sigma}\right)^2 \sim \chi^2(6)$,所以

$$Y = \frac{2(X_1^2 + X_2^2 + X_3^2)}{X_4^2 + \cdots + X_9^2} = \frac{\left[\left(\dfrac{X_1}{\sigma}\right)^2 + \left(\dfrac{X_2}{\sigma}\right)^2 + \left(\dfrac{X_3}{\sigma}\right)^2\right]\dfrac{1}{3}}{\left[\left(\dfrac{X_4}{\sigma}\right)^2 + \cdots + \left(\dfrac{X_9}{\sigma}\right)^2\right]\dfrac{1}{6}} \sim F(3,6)$$

二、单项选择题

1.C.　由样本定义可知 C 正确.

2.C.　由统计计量定义可知 C 正确.

3.C.　由 χ^2 分布定义可知 C 正确.

4.C.　$X \sim N(\mu,\sigma^2)$,则 $\dfrac{X-\mu}{\sigma} \sim N(0,1)$.再由 χ^2 分布定义可知 C 正确.

5.D.　由 $\dfrac{\overline{X}-\mu}{\dfrac{\sigma}{\sqrt{n}}} \sim N(0,1)$,有 $\left[\dfrac{\overline{X}-\mu}{\dfrac{\sigma}{\sqrt{n}}}\right]^2 \sim \chi^2(1)$.再由 $\dfrac{(N-1)S^2}{\sigma^2} \sim \chi^2(n-1)$,则

$$\frac{\left[\dfrac{\overline{X}-\mu}{\dfrac{\sigma}{\sqrt{n}}}\right]^2}{\dfrac{(n-1)S^2}{\sigma^2(n-1)}} \sim F(1,n-1),即\ Y \sim F(1,n-1).$$

三、计算题

1.解:(1)$X \sim B(1,p)$,则其分布律为 $P(x) = \begin{cases} p^x(1-p)^{1-x} & x=0\ 或\ x=1 \\ 0 & 其他 \end{cases}$,所以样本$(X_1,X_2,\cdots,X_n)$的概率分布为

$$P_n(x_1,x_2,\cdots,x_n) = \prod_{i=1}^{n} P(x_i) = \begin{cases} p^{x_1+x_2+\cdots+x_n}(1-p)^{n-(x_1+x_2+\cdots+x_n)} & x_i=1\ 或\ 0 \\ 0 & 其他 \end{cases}$$

(2)由 $X \sim B(1,P),X_1,X_2,\cdots,X_n$ 为来自 X 的样本,则 $\displaystyle\sum_{i=1}^{n} X_i \sim B(n,p)$.因此

$$P\left\{\sum_{i=1}^{n} X_i = k\right\} = C_n^k p^k (1-p)^{n-k}$$

(3)由 $\overline{X} = \dfrac{1}{n}\displaystyle\sum_{i=1}^{n} X_i$ 及 $\displaystyle\sum_{i=1}^{n} X_i \sim B(n,p)$,有

$$E(\overline{X}) = E\left(\frac{1}{n}\sum_{i=1}^{n} X_i\right) = \frac{1}{n}E\left(\sum_{i=1}^{n} X_i\right) = \frac{1}{n} \cdot np = p$$

$$D(\overline{X}) = D\left(\frac{1}{n}\sum_{i=1}^{n} X_i\right) = \frac{1}{n^2}D\left(\sum_{i=1}^{n} X_i\right) = \frac{1}{n^2} \cdot np(1-p) = \frac{1}{n}p(1-p)$$

$$E(S^2) = D(X) = p(1-p)$$

2.解：(1) $X \sim U(0,b)$，其密度函数 $f(x) = \begin{cases} \dfrac{1}{b-a} & a \leqslant x \leqslant b \\ 0 & \text{其他} \end{cases}$，所以 $(X_1, X_2, \cdots,$

$X_n)$ 的联合密度函数

$$f(x_1, x_2, \cdots, x_n) = \prod_{i=1}^{n} f(x_i) = \begin{cases} \dfrac{1}{(b-a)^n} & a \leqslant x_i \leqslant b \\ 0 & \text{其他} \end{cases} \quad i = 1, 2, \cdots, n$$

$(2) E(\bar{X}) = E\left(\dfrac{1}{n} \sum_{i=1}^{n} X_i\right) = \dfrac{1}{n} \sum_{i=1}^{n} E(X_i) = \dfrac{1}{n} \times n \times \dfrac{a+b}{2} = \dfrac{a+b}{2}$;

$D(\bar{X}) = D\left(\dfrac{1}{n} \sum_{i=1}^{n} X_i\right) = \dfrac{1}{n^2} \sum_{i=1}^{n} D(X_i) = \dfrac{1}{n^2} \times n \times \dfrac{(b-a)^2}{12} = \dfrac{(b-a)^2}{12n}.$

3.解：样本均值 $\bar{X} \sim N\left(80, \dfrac{25}{36}\right)$，则

$$P\{78 < \bar{X} < 82.5\} = P\left\{\dfrac{78-80}{\sqrt{\dfrac{25}{36}}} < \dfrac{\bar{X}-80}{\sqrt{\dfrac{25}{36}}} < \dfrac{82.5-80}{\sqrt{\dfrac{25}{36}}}\right\} =$$

$$\Phi\left(\dfrac{82.5-80}{\sqrt{\dfrac{25}{36}}}\right) - \Phi\left(\dfrac{78-80}{\sqrt{\dfrac{25}{36}}}\right) = \Phi(3) - \Phi(-2.4) = \Phi(3) + \Phi(2.4) - 1 =$$

$0.9987 + 0.9918 - 1 = 0.9905$

4.解：$\dfrac{X_i}{0.3} \sim N(0,1)$，所以 $\sum_{i=1}^{10} \left(\dfrac{X_i}{0.3}\right)^2 = \dfrac{\sum_{i=1}^{10} X_i^2}{0.09} \sim \chi^2(10)$，则

$$P\left\{\sum_{i=1}^{10} X_i^2 > 1.44\right\} = P\left\{\dfrac{\sum_{i=1}^{10} X_i^2}{0.09} > \dfrac{1.44}{0.09}\right\} = P\left\{\dfrac{\sum_{i=1}^{10} X_i^2}{0.09} > 16\right\} =$$

$$P\{\chi^2(10) > 16\} \overset{\text{查表}}{\approx} 0.1$$

5.总体 $X \sim N(a, 0.2^2)$，$X_1, X_2, \cdots, X_n$ 为样本，$\bar{X}_n$ 为样本均值，$\bar{X}_n \sim N\left(a, \dfrac{0.2^2}{n}\right)$，则

$$P\{|\bar{X}_n - a| < 0.1\} = P\{-0.1 < \bar{X}_n - a < 0.1\} =$$

$$P\left\{\dfrac{-0.1}{\dfrac{0.2}{\sqrt{n}}} < \dfrac{\bar{X}_n - a}{\dfrac{0.2}{\sqrt{n}}} < \dfrac{0.1}{\dfrac{0.2}{\sqrt{n}}}\right\} = \Phi\left(\dfrac{0.1}{\dfrac{0.2}{\sqrt{n}}}\right) - \Phi\left(\dfrac{-0.1}{\dfrac{0.2}{\sqrt{n}}}\right) = 2\Phi\left(\dfrac{1}{2}\sqrt{n}\right) - 1$$

由 $P\{|\bar{X}_n - a| < 0.1\} \geqslant 0.9$，可知 $2\Phi\left(\dfrac{1}{2}\sqrt{n}\right) - 1 \geqslant 0.9$，即 $\Phi\left(\dfrac{1}{2}\sqrt{n}\right) \geqslant 0.95$，所以

$\dfrac{1}{2}\sqrt{n} \geqslant 1.65$ 从而 $n \geqslant 11$.

第7章习题参考答案

一、填空题

1. $74.002, 6 \times 10^{-6}, 6.857 \times 10^{-6}$. $\hat{\mu} = \frac{1}{8} \sum\limits_{i=1}^{8} X_i = 74.002, \hat{\sigma}^2 = \frac{1}{8} \sum\limits_{i=1}^{8} (X_i - \bar{X})^2 =$

$\frac{1}{8} \sum\limits_{i=1}^{8} (X_i - 74.002)^2 = 6 \times 10^{-6}, S^2 = \frac{1}{7} \sum\limits_{i=1}^{8} (X_i - \bar{X})^2 = \frac{1}{7} \sum\limits_{i=1}^{8} (X_i - 74.002)^2 \approx$

6.857×10^{-6}.

2. θ 矩估计量为 $\hat{\theta} = \bar{X} - 1$, 最大似然估计量为 $\hat{\theta} = \min\limits_{1 \leqslant i \leqslant n} \{X_i\}$. $E(X) = \int_{\theta}^{+\infty} x \cdot$

$e^{-(x-\theta)} dx = 1 + \theta, A_1 = \frac{1}{n} \sum\limits_{i=1}^{n} X_i = \bar{X}, 1 + \theta = \bar{X}$, 所以 θ 矩估计量为 $\hat{\theta} = \bar{X} - 1$. 由

$f(x, \theta) = \begin{cases} e^{-(x-\theta)} & x > \theta \\ 0 & x \leqslant \theta \end{cases}$, 则似然函数 $L(\theta) = \prod\limits_{i=1}^{n} f(x_i; \theta) = \begin{cases} e^{-\sum\limits_{i=1}^{n} (x_i - \theta)} & x > \theta \\ 0 & x \leqslant \theta \end{cases}$. 两边取

对数有 $\ln e^{-\sum\limits_{i=1}^{n}(x_i-\theta)} = -\sum\limits_{i=1}^{n} (x_i - \theta), \dfrac{d(-\sum\limits_{i=1}^{n} x_i - \theta)}{d\theta} = n > 0$, 所以 $L(\theta)$ 单调递增. 由于

$\theta < x_i (i = 1, 2, \cdots, n)$, 因此当 θ 取 $\min(X_1, X_2, \cdots, X_n)$ 时, $L(\theta)$ 取最大值, 所以最大似然

估计量为 $\hat{\theta} = \min\limits_{1 \leqslant i \leqslant n} \{X_i\}$.

3. $C = \frac{1}{n}$. $E(\bar{X}^2 - CS^2) = E(\bar{X}^2) - CE(S^2) = D(\bar{X}) + [E(\bar{X})]^2 - C\sigma^2 =$

$D(\frac{1}{n} \sum\limits_{i=1}^{n} X_i) + [E(\frac{1}{n} \sum\limits_{i=1}^{n} X_i)]^2 - C\sigma^2 = \frac{\sigma^2}{n} + \mu^2 - C\sigma^2$. 若统计量 $\bar{X}^2 - CS^2$ 是 μ^2 的无偏估

计, 则 $E(\bar{X}^2 - CS^2) = \mu^2$, 因此 $C = \frac{1}{n}$.

4. $(4.412, 5.558)$. 因为 $\dfrac{\bar{X} - \mu}{\frac{\sigma}{\sqrt{n}}} \sim N(0, 1)$, 所有 μ 的置信度为 0.95 的置信区间是

$$(\bar{X} - \frac{\sigma}{\sqrt{n}} Z_{\frac{0.05}{2}}, \bar{X} + \frac{\sigma}{\sqrt{n}} Z_{\frac{0.05}{2}}) = (5 - \frac{0.9}{3} Z_{\frac{0.05}{2}}, 5 + \frac{0.9}{3} Z_{\frac{0.05}{2}}) =$$

$$(5 - 0.3 \times 1.96, 5 + 0.3 \times 1.96) =$$

$$(4.412, 5.588)$$

二、单项选择题

1. D. $E\left(\frac{1}{n} \sum\limits_{i=1}^{n} X_i^2\right) = \frac{1}{n} \sum\limits_{i=1}^{n} E(X_i^2) = \frac{1}{n} \sum\limits_{i=1}^{n} [D(X_i) + (E(X))^2] = \frac{1}{n} \sum\limits_{i=1}^{n} (\sigma^2 + \mu^2) =$

$\sigma^2 + \mu^2$.

2. C. 由题可知置信区间为 $(\bar{X} \pm \dfrac{\sigma}{\sqrt{n}} Z_{\frac{a}{2}})$，因此置信区间长度为 $2\dfrac{\sigma}{\sqrt{n}} Z_{\frac{a}{2}}$. 故 C 正确.

三、计算题

1. (1) $E(X) = 1 \cdot \theta^2 + 2 \cdot 2\theta(1-\theta)^2 + 3 \cdot (1-\theta)^2 = 3 - 2\theta$. 由 $E(X) = \bar{X}$，有 $3 - 2\theta = \bar{X}, \theta = \dfrac{3 - \bar{X}}{2}$，而 $\bar{x} = \dfrac{1+2+1}{3} = \dfrac{4}{3}$，所以 θ 的矩估计值为 $\hat{\theta} = \dfrac{3 - \bar{x}}{2} = \dfrac{5}{6}$.

(2) 对样本 $X_1 = 1, X_2 = 2, X_3 = 1$，似然函数 $L(\theta) = \prod\limits_{k=1}^{3} P\{X_k = x_k\} = P\{X = 1\} P\{X = 2\} P\{X = 1\} = \theta^2 2\theta(-\theta)\theta^2 = 2\theta^5(1-\theta)$. 等式两边取对数有 $\ln L(\theta) = \ln 2 + 5\ln \theta + \ln(-\theta), \dfrac{d\ln L(\theta)}{d\theta} = \dfrac{5}{\theta} - \dfrac{1}{1-\theta} = 0$，解得 $\theta = \dfrac{5}{6}$. 所以最大似然估计值为 $\hat{\theta} = \dfrac{5}{6}$.

2. 解：(1) 矩估计，$E(X) = \bar{X}$.

$E(X) = \int_{-\infty}^{+\infty} x f(x) \mathrm{d}x = \int_{-\infty}^{+\infty} x\theta C^{\theta} x^{-(\theta+1)} \mathrm{d}x = \dfrac{C\theta}{\theta - 1}$，即 $\dfrac{C\theta}{\theta - 1} = \bar{X}$，从而 $\theta = \dfrac{\bar{X}}{\bar{X} - C}$. 故

θ 的矩估计量为 $\hat{\theta} = \dfrac{\bar{X}}{\bar{X} - C}$.

(2) 似然函数

$$L(\theta) = \prod_{i=1}^{n} f(x, \theta) = \begin{cases} \theta^n C^{n\theta} \prod\limits_{i=1}^{n} x_i^{-(\theta+1)} & x_i > C, i = 1, 2, \cdots, n \\ 0 & \text{其他} \end{cases}$$

$$\ln L(\theta) = n\ln \theta + n\theta\ln C - (\theta+1) \sum_{i=1}^{n} \ln x_i$$

$$\frac{d\ln L(\theta)}{d\theta} = \frac{n}{\theta} + n\ln C - \sum_{i=1}^{n} \ln x_i = 0$$

$$\theta = \frac{n}{\sum\limits_{i=1}^{n} \ln x_i - n\ln C}$$

所以 θ 的最大似然值估计量为

$$\hat{\theta} = \frac{n}{\sum\limits_{i=1}^{n} \ln X_i - n\ln C}$$

3. 证明: $E\left[\dfrac{\sum\limits_{i=1}^{n} a_i X_i}{\sum\limits_{i=1}^{n} a_i}\right] = \dfrac{1}{\sum\limits_{i=1}^{n} a_i} \sum\limits_{i=1}^{n} E(a_i X_i) = \dfrac{1}{\sum\limits_{i=1}^{n} a_i} \sum\limits_{i=1}^{n} a_i E(X_i) = \dfrac{\mu}{\sum\limits_{i=1}^{n} a_i} \sum\limits_{i=1}^{n} a_i = \mu.$

4. 证明: $E(\hat{\theta})^2 = D(\hat{\theta}) + (E\hat{\theta})^2 = D(\hat{\theta}) + \theta^2 > \theta^2$, 故 $(\hat{\theta})^2$ 不是 θ^2 的无偏估计量.

第 8 章习题参考答案

一、填空题

1. $\{|\bar{X} - 5| \geqslant 0.98\}$. $H_0: \mu = 5, H_1: \mu \neq 5. \ Z_{\frac{\alpha}{2}} = Z_{0.025} = 1.96. \ Z = \left|\dfrac{\bar{X} - 5}{2}\sqrt{16}\right| =$

$|2(\bar{X} - 5)|$, 拒绝域为 $|Z| > Z_{\frac{\alpha}{2}}$, 即 $\{|\bar{X} - 5| \geqslant 0.98\}$.

2. $T = \dfrac{\bar{X}}{Q}\sqrt{n(n-1)}$.   由于 σ^2 未知, H_0 为真, $\mu = 0$, 因此 t 检验使用统计量

$$T = \dfrac{\bar{X} - 0}{S}\sqrt{n}$$

其中 $S^2 = \dfrac{1}{n-1} \sum\limits_{i=1}^{n} (X_i - \bar{X})^2 = \dfrac{Q}{n-1}$, 从而得 $T = \dfrac{\bar{X}}{Q}\sqrt{n(n-1)}$.

3. $\dfrac{1}{\sigma_0^2} \sum\limits_{i=1}^{n} (X_i - \mu)^2$; $\chi^2(n)$. $H_0: \sigma^2 = \sigma_0^2, W = \dfrac{\sum\limits_{i=1}^{n} (X_i - \mu_0)^2}{\sigma_0^2} \sim \chi^2(n)$, 则统计量为

$$W = \dfrac{\sum\limits_{i=1}^{n} (X_i - \mu_0)^2}{\sigma_0^2}$$

当 H_0 成立时, 服从 $\chi^2(n)$ 分布.

4. $F = \dfrac{S_1^2}{S_2^2}; W = \{F < F_{1-\frac{\alpha}{2}}(n_1 - 1, n_2 - 1)\} \cup \{F \geqslant F_{\frac{\alpha}{2}}(n_1 - 1, n_2 - 1)\}$.

$H_0: \sigma_1^2 = \sigma_2^2. \ F = \dfrac{S_1^2}{S_2^2} \sim F(n_1 - 1, n_2 - 1)$, 拒绝域为

$$W = \{F < F_{1-\frac{\alpha}{2}}(n_1 - 1, n_2 - 1)\} \cup \{F > F_{\frac{\alpha}{2}}(n_1 - 1, n_2 - 1)\}$$

5. $P\{(X_1, X_2, \cdots, X_n) \in W \mid H_0 \text{ 成立}\}, P\{(X_1, X_2, \cdots, X_n) \notin W \mid H_1 \text{ 成立}\}$.

第一类错误为弃真错误, 其概率 $\alpha = P\{(X_1, X_2, \cdots, X_n) \in W \mid H_0 \text{ 成立}\}$. 第二类错误为取伪错误, 其概率 $\beta = P\{(X_1, X_2, \cdots, X_n) \notin W \mid H_1 \text{ 成立}\}$.

二、单项选择题

1. C.   第二类错误是取伪错误, 即原假设不真, 但接受了原假设. 应选 C.

2. A. 由 T 检验的拒绝域 $|T| = \left| \dfrac{\bar{X} - \mu_0}{S} \sqrt{n} \right| > t_{\frac{\alpha}{2}}(n-1)$，可知对固定的样本值，$\alpha$ 变小，分位数 $t_{\frac{\alpha}{2}}(n-1)$ 变大. 故当 $|T| < t_{0.025}(n-1)$ 时，一定有 $|T| < t_{0.005}(n-1)$，应选 A.

3. D. 左侧 t 检验法.

4. C. $H_0 : \sigma^2 \geqslant \sigma_0^2$，$\mu$ 未知. 应选统计量 $W = \dfrac{(n-1)S^2}{\sigma_0^2}$，由题可知 $\sigma_0^2 = 4$. 故 C 正确.

三、计算题

1. $X \sim N(\mu, \sigma^2)$，σ^2 未知对 μ 的假设检验.

$H_0 : \mu = 3.25$，统计量 $t = \dfrac{\bar{X} - \mu}{S} \sqrt{n} \sim t(n-1)$，即 $t = \dfrac{\bar{X} - 3.25}{S} \sqrt{5} \sim t(4)$.

$|t| = 0 < t_{0.005}(4)$，接受 H_0，即在显著性水平 $\alpha = 0.01$ 下，可以认为这批矿砂镍的含量均值为 3.25.

2. $X \sim N(\mu, \sigma^2)$，σ^2 未知对 μ 的单侧假设检验. 选用 t 检验法.

$H_0 : \mu \leqslant \mu_0 = 12$，统计量

$$t = \frac{\bar{X} - \mu_0}{S} \sqrt{n} \sim t(n-1)$$

$$t = \frac{12.8 - 12}{2.6} \times 6 = 1.846 > t_{0.05}(35) = 1.6869$$

t 属于拒绝域，接受 H_1 在 $\alpha = 0.05$ 下，认为这批木材小头的平均直径在 12 cm 以上.

3. $H_0 : \mu \leqslant 40$，统计量 $Z = \dfrac{\bar{X} - \mu_0}{\sigma} \sqrt{n} = \dfrac{\bar{X} - 40}{2} \times 5 \sim N(0,1)$，$Z = 3.125 > Z_\alpha = 1.645$，拒绝 H_0，接受 H_1，即认为这批标准器的燃烧率有显著提高.

4. $H_0 : \sigma = \sigma_0 = 8$，统计量 $\chi^2 = \dfrac{1}{\sigma_0^2} \sum\limits_{i=1}^{n} (X_i - \mu)^2 \sim \chi^2(n)$. $\chi_{0.975}^2(10) = 3.247$，$\chi_{0.025}^2(10) = 20.483$，$\chi^2 = 10.75$，

故 $\chi_{0.975}^2(10) = 3.247 < \chi^2 = 10.75 < \chi_{0.025}^2(10) = 20.483$ 不属于拒绝域，接受 H_0，可以认为该月生产的钢丝折断力的标准差也是 8 N.

参考文献

[1] 盛骤,谢式千,潘承毅.概率论与数理统计[M].4版.北京:高等教育出版社,2008.

[2] 张玉春,刘玉凤.概率论与数理统计学习指导[M].北京:国防工业出版社,2008.

[3] 同济大学工程数学教研室.概率统计复习与解题指导[M].上海:同济大学出版社,2002.

[4] 李博纳,赵新泉.概率论与数理统计[M].北京:高等教育出版社,2003.

[5] 朱志范,金宝胜,李菊雁,等.概率论与数理统计教程[M].哈尔滨:哈尔滨工业大学出版社,2012.

[6] 杨萍,田玉敏,汪志宏.概率论与数理统计学习指要[M].西安:西北工业大学出版社,2006.